WISSENSCHAFT
UND
GESELLSCHAFT

Herausgegeben
vom
Institut für
Theorie, Geschichte
und Organisation
der Wissenschaft
der
Akademie der Wissenschaften
der DDR
durch
Günter Kröber

Band 15

Problem und Methode in der Forschung

Herausgegeben von
Heinrich Parthey

AKADEMIE-VERLAG · BERLIN
1978

Leitung des Autorenkollektivs: Heinrich Parthey
Mitglieder des Autorenkollektivs: Karel Berka, Klaus Fuchs-Kittowski, Wolfram Heitsch, Ewald Lang, Klaus Lemgo, Ernst Mühlenberg, Heinrich Parthey, Peter Stöber, Wolfgang Wächter, Gert Wangermann

Erschienen im Akademie-Verlag, 108 Berlin, Leipziger Str. 3—4

Lizenznummer: 202 · 100/58/78
Gesamtherstellung: VEB Druckerei „Thomas Müntzer“, 582 Bad Langensalza
Bestellnummer: 753 075 4 (2162/15) LSV 0305
Printed in GDR
DDR 18,— M

Inhaltsverzeichnis

Vorwort

Wissenschaftliches Erkennen als Bilden von Theorien, als Aufstellen und Überprüfen von Hypothesen wird schon lange in der Methodologie untersucht. Dabei geht es um die allgemeine Struktur von Theorien und Methoden überhaupt, um ihre idealisierte Struktur. Dies sind legitime Fragestellungen, aber in ihrer Orientierung auf ideale Strukturen tragen sie nur sehr indirekt bei zur Beantwortung von wissenschaftstheoretischen Fragen, zu deren Bearbeitung aktuelle Probleme der Leitung und Organisation der Forschung auffordern. So bezogen sich die Hinweise auf Wege zur Steigerung der Produktivität der geistig-schöpferischen Arbeit in den letzten Jahren unter anderem auf die richtige Auswahl und Festlegung von Forschungsproblemen, auf die Anwendung produktiver Forschungsmethoden und auf den rationellen Ablauf der wissenschaftlich-technischen Arbeiten. Untersuchungen zur Methodologie des wissenschaftlichen Erkennens im Rahmen der Theorie, Geschichte und Organisation der Wissenschaft zu konzipieren erfordert, den genetischen Zusammenhang der Wissenschaft als Erkenntnissystem mit dem System wissenschaftlicher Tätigkeiten zu berücksichtigen. Den Prozeß der wissenschaftlichen Tätigkeit in seinem Bezug zum Produkt derselben zum Gegenstand ihrer Untersuchung zu machen, heißt sich von folgenden Fragen leiten zu lassen: Wie entsteht neues Wissen in der wissenschaftlichen Tätigkeit? Was zeichnet den Problemlösungsprozeß im wissenschaftlichen Erkennen aus? Wodurch kann die methodische Beherrschbarkeit der Forschungstätigkeit erhöht werden? Überlegungen dieser Art kommt entgegen, daß sich in jüngster Zeit in der methodologischen Literatur eine stärkere Orientierung auf Fragen der Entwicklung von Theorien feststellen läßt, z. B. auf Fragen, wie spätere Theorien aus früheren entstehen, wie Wissenschaftsgeschichte und methodisches Vorgehen in der Forschung rational zu rekonstruieren sind. Mit solchen Fragestellungen werden konkrete Theoriefolgen und das methodische Vorgehen untersucht und modelliert. Zum Test solcher Modelle wird wissenschaftshistorisches Material herangezogen. In dieser Literatur, die im wissenschaftlichen Erkennen ein forschendes Vorgehen sieht, steht immer mehr die Konzeption des wissenschaftlichen Problems im Mittelpunkt; die Forschung wird als eine besondere Art problemlösender Tätigkeit angesehen. Dieser Gesichtspunkt ist auch den

Beiträgen des vorliegenden Bandes eigen, wobei jeder von ihnen eine in sich geschlossene Argumentation enthält. Die vorgelegten Beiträge entsprechen einem bestimmten Fortgang der vor zehn Jahren begonnenen (und in den „Rostocker Philosophischen Manuskripten" — beginnend mit dem dritten Heft zum Thema Problemstruktur und Problemverhalten in der wissenschaftlichen Forschung — publizierten) Untersuchungen und vollziehen einen Übergang von der früher vorherrschenden strukturellen zu einer betont funktionalen Auffassung des Problems und des Methodischen. Dies gestattet, die weiteren Untersuchungen nicht nur deklarativ, sondern auch substantiell auf die Tätigkeitsauffassung der Wissenschaft einzustellen.

Der vorliegende Band erhebt nicht den Anspruch, eine umfassende Darstellung des Zusammenhangs von Problem und Methode in der Forschung zu sein. Er bezweckt einmal die Funktion des theoretischen Wissens als Voraussetzung sowohl für die Formulierung von Forschungsproblemen als auch für das methodische Vorgehen in der Forschung zu erfassen und zum anderen die vermittelnde Funktion des Wissens für den Zusammenhang von Problem und Methode in der Forschung vorzustellen. Die Aufeinanderfolge der Beiträge legt eine gewisse Lesereihenfolge fest. In den ersten beiden Beiträgen wird die Auffassung entwickelt, daß Forschungsprobleme solche Erkenntnisprobleme sind, deren Formulierung den Kriterien der Wissenschaftlichkeit genügen muß, und daß bei der Formulierung von Forschungsproblemen sowohl Problemsituationen der Forschung als auch Problemsituationen der gesellschaftlichen Praxis zu berücksichtigen sind. Von besonderem Interesse ist dabei der Gesichtspunkt, daß die Kriterien der Wissenschaftlichkeit unter der Voraussetzung der herrschenden Auffassung von der Wissenschaft gelten und sich mit diesen verändern. In weiteren Untersuchungen käme es darauf an, Fragestellungen zu entwickeln, die es gestatten, den Zusammenhang zwischen den Kriterien der Wissenschaftlichkeit und den Prozessen, in denen sich neue Erkenntnisse durchsetzen, zu untersuchen.

Die nächsten drei Beiträge des Bandes wenden sich Aspekten des methodischen Vorgehens sowie der Funktion von Fragen und Prinzipien in der Forschung zu. Wesentlich ist dabei das Moment, daß diese Gebilde nicht methodisch an sich sind, sondern daß sie eine methodische Funktion erhalten auf Grund ihrer Rolle innerhalb des die Problemlösung umspannenden Ziel-Bedingungs-Zusammenhangs. Diese Auffassung gestattet, an die Stelle einer abstrakten Distanzierung von der traditionellen Methodologie immer mehr ihre positive Auswertung treten zu lassen und einen Begriffsapparat zu entwickeln, dessen methodologische Tragfähigkeit für die Erfassung des real aufweisbaren methodischen Vorgehens durch Fallstudien aus der Wissenschaftsgeschichte belegt werden kann. Wissenschaftstheoretisches Interesse beansprucht der Versuch, methodisches Vorgehen als das Primäre gegenüber Methoden zu bestimmen.

Neben allgemeinen Bestimmungen zum Begriff des Problems und zum Begriff des methodischen Vorgehens bei der Problembearbeitung werden in den übrigen vier Beiträgen des Bandes aus unterschiedlicher Sicht spezielle theoretische Voraussetzungen für die Gestaltung des Zusammenhangs von Problem und methodischem Vorgehen in der Forschung vorgestellt.

Der erste Beitrag geht davon aus, daß eine geeignete Differenzierung von wissenschaftlichen Begriffen und von Informationen eine theoretische Grundlage für den Einsatz der automatisierten Informationsverarbeitung in der Forschung darstellt. Ein Beitrag mit dieser Thematik im vorliegenden Band weist auch auf den engen Kontakt der Wissenschaftswissenschaft mit der Informatik hin, die gegenwärtig bestrebt ist, optimale Formen für den Einsatz der automatisierten Informationsverarbeitung auch in der Forschung zu finden. Diese Sichtweise benutzt unter anderem die Differenzierung wissenschaftlicher Begriffe in metrische und nichtmetrische. Dies stellt einen Bezug her zum anschließenden Beitrag, der einen Überblick zum Themenkreis der Quantifizierung, Metrisierung und Messung in der Forschung bietet. Er macht deutlich, daß in der internationalen Literatur diesem Komplex weitaus mehr Arbeiten gewidmet sind als bei uns. In den letzten zwei Beiträgen des Bandes werden logisch begründete Verfahren vorgestellt: ein Verfahren zur Bestimmung des Erwartungswertes von Experimenten sowie zur Aufdeckung seiner Abhängigkeit vom zu lösenden Problemtyp und ein Verfahren zur Ermittlung einer hinsichtlich des vorhandenen Wissens optimalen induktiven Methode. Das erste Verfahren wird illustriert in Hinblick auf seine Anwendungsmöglichkeit in der automatisierten medizinischen Diagnostik. Das zweite Verfahren kann Anwendung finden, wenn es darum geht, in einer Problemsituation, die eine Entscheidung unter Risiko verlangt, eine Methode zu entwickeln, die es gestattet, eine bezüglich des vorhandenen Wissens optimale Wahrscheinlichkeitsbewertung vorzunehmen.

Die vorgestellten Beiträge verstehen sich insgesamt als Argument dafür, daß der Zusammenhang von Problem und Methode in der Forschung einer wissenschaftstheoretischen Betrachtung zugänglich ist, ohne daß der jedem Forschungsproblem eigene konkrete natur- und gesellschaftswissenschaftliche Inhalt im Detail berücksichtigt werden muß. Dies ist und bleibt im Verantwortungsbereich von Natur- und Gesellschaftswissenschaftlern, die das jeweilige Verhältnis von Problem und Methode in ihren Wissenschaftsdisziplinen beherrschen und darstellen können.

Es bleibt zu wünschen, daß auf dieser Basis die in den Beiträgen dieses Bandes vorgestellten Überlegungen Interesse finden und Vertreter verschiedener Wissenschaften zur gemeinsamen Reflexion anregen.

Berlin, im September 1976

Heinrich Parthey

Heinrich Parthey

Das Problem und Merkmale seiner Formulierung in der Forschung

Die Funktion der Forschung in konkret historischer Sicht besteht vor allem darin, durch Gewinnung von neuem Wissen zur Lösung von Problemsituationen in der gesellschaftlichen Praxis beizutragen. In welchem Maße das gelingt, hängt wesentlich davon ab, inwieweit ein und derselbe Bereich der Wirklichkeit sowohl Objekt der Forschung als auch Gegenstand der gesellschaftlichen Praxis ist. Diese Bedingung ist insbesondere dann zu sichern, wenn Situationen in der gesellschaftlichen Praxis auftreten, in denen zur Erreichung eines praktischen Zieles Wissen benötigt wird, das im verfügbaren Wissensfundus nicht vorhanden ist. Andererseits wird der Grad, in dem sich die historisch konkrete Funktion der Forschung ausprägt, auch dadurch bestimmt, in welchem Maße die Überführung von Erkenntnisresultaten der Forschung in solchen Formen des Wissens gelingt, die unmittelbar geeignet sind, zur Auflösung von Problemsituationen der gesellschaftlichen Praxis beizutragen. Letzteres hat sowohl wissenschaftsorganisatorisch als auch wissenschaftstheoretisch eine gebührende Beachtung gefunden.[1]

Zur Sicherung einer Forschung im gesellschaftlichen Auftrag liegen bereits Erfahrungen vor, die die Notwendigkeit aufzeigen, die Forschung bereits im Stadium ihrer Planung inhaltlich und in ihren organisatorischen Formen und ökonomischen Beziehungen fest mit der gesellschaftlichen Praxis zu verbinden.[2] Eine wissenschaftshistorische Untersuchung der Merkmale der Formulierung von Forschungsproblemen bei Berücksichtigung von Problemsituationen der gesellschaftlichen Praxis kann sich auch auf wissenschaftstheoretisches Material stüt-

[1] Siehe: Überführung Wissenschaft — Produktion: Materialien eines Kolloquiums der Akademie der Wissenschaften der DDR im Mai 1973 zu Problemen der Überführung naturwissenschaftlicher Ergebnisse der Grundlagenforschung in die Produktion, Akademie der Wissenschaften der DDR. Hrsg. im Auftrag des Präsidenten der Akademie der Wissenschaften der DDR von U. Hofmann, Wissenschaftl. Red. im Auftrag des Instituts für Wissenschaftstheorie und -organisation der AdW der DDR von Heinz Seickert, Berlin 1974.

[2] Vgl.: H. H. Sindermann: Forschung im gesellschaftlichen Auftrag. Ansprache des Vorsitzenden des Ministerrats auf der Festveranstaltung anläßlich des 275. Jubiläums der Akademie der Wissenschaften der DDR, in: Spektrum, 9/1975, S. 6—14.

zen. Entsprechende Analysen hat unter anderem B. M. Kedrov vorgenommen, nach dessen Meinung die Geschichte einer beliebigen Wissenschaft dem Wesen nach vor allem auch die Geschichte ihrer Knotenprobleme ist, wozu er folgende Annahme vertritt: „Wenn ein wissenschaftliches Problem oder Forschungsgebiet oder eine wissenschaftliche Richtung sich als nächste Aufgabe der betreffenden Wissenschaft erweist sowohl vom Standpunkt der Anforderungen der Praxis, der Bedürfnisse der Technik auf der einen Seite, als auch gleichzeitig vom Standpunkt der inneren Logik der Entwicklung der Wissenschaft auf der anderen Seite, so werden solche Probleme zu Knotenproblemen. In ihnen kreuzen sich, kommen zusammen oder berühren sich gleichsam beide Seiten (oder ‚Linien') der wissenschaftlichen Entwicklung — die materiell-produktive und die erkenntnismäßig-logische. Durch die Berührung dieser beiden ‚Linien' entsteht auch jenes Problem, von dessen Lösung sowohl der Erfolg der Lösung der Probleme abhängt, die von der Praxis gestellt sind, als auch gleichzeitig der Übergang der Wissenschaft auf jene höhere Stufe, an die die Wissenschaft im Resultat ihrer vorangegangenen Entwicklung logisch dicht herangekommen ist."[3]

Diese interessante und illustrierbare Annahme kann unter Berücksichtigung folgender Sachverhalte erörtert werden: Einmal ist davon auszugehen, daß Forschungsprobleme nur im Bewußtsein des Forschers existieren. Für Zwecke der Forschungsplanung genügt es bereits, die gesellschaftliche Funktion von Erkenntniszielen der Forschung zu kennen und zu bewerten.[4] Zum anderen erfolgt die Formulierung von Forschungsproblemen mit Bezug auf Problemsituationen sowohl der Forschung als auch der gesellschaftlichen Praxis. Eine wissenschaftstheoretische Untersuchung dieser Sachverhalte erfordert von einer allgemeinen Bestimmung des Begriffs des Problems auszugehen und zu erörtern, welche verschiedenen Formen von Praxis- und Erkenntnisproblemen — gewissermaßen als Vorformen des Forschungsproblems — auftreten können.

Die folgenden Ausführungen beginnen deshalb mit Bemerkungen über das Verhältnis von Problemsituationen und Problem, es folgen Bemerkungen über den Unterschied und den Zusammenhang zwischen Praxis- und Erkenntnisproblem und drittens wird das Forschungsproblem als wissenschaftlich formuliertes Erkenntnisproblem charakterisiert. Weiterhin werden zwei ausgewählte Fälle des Zusammenhangs zwischen Praxis- und Forschungsproblemen analysiert, und abschließend wird die Struktur der Wege zur Formulierung von Forschungsproblemen unter Bezug auf Problemsituationen der Forschung und der gesellschaftlichen Praxis betrachtet.

[3] B. M. Kedrov: O zakonach razvitija nauki, in: Upravlenie, planirovanie i organizacija naučnych i techničeskich issledovanij, Bd. 1, Moskau 1970, S. 92.

[4] P. Hanke: Planungsprobleme in der Grundlagenforschung, in: Reihe Wissenschaft und Gesellschaft, Hrsg. Institut für Wissenschaftstheorie und -organisation der AdW der DDR durch Günter Kröber, Bd. 4, Berlin 1975.

1. Problemsituation und Problem

Problemsituationen und Probleme sind Gebilde, die nur in der gesellschaftlichen Tätigkeit auftreten. Offensichtlich entstehen Probleme nur dort, wo zur Erreichung von Zielen bestimmte Bedingungen berücksichtigt werden müssen, unter denen die Zielerreichung nicht ohne weiteres möglich ist. In allen Fällen, in denen die gegebenen Bedingungen — darunter auch der vorliegende Wissensstand — nicht ausreichen, um ein bestimmtes Ziel zu erreichen, wird von Problemsituationen gesellschaftlicher Tätigkeit und entsprechend formulierten gesellschaftlichen Problemen gesprochen.

Jedem Problem geht eine Problemsituation voraus, die objektiver Natur ist. Das gilt auch für Problemsituationen des wissenschaftlichen Erkennens in der Forschung, da sie unabhängig davon existieren, ob sich der Forscher der Diskrepanz zwischen dem bei Beginn des Erkennens bereits vorhandenen Wissensstand einerseits und dem zur Zielerreichung benötigten Wissensniveau andererseits bewußt oder nicht bewußt ist. Wird er sich dieser Diskrepanz bewußt, und zwar unter Beteiligung aller rationalen und emotionalen Bestandteile seines Bewußtseins, dann hat er bezüglich der vorhandenen Problemsituation Problembewußtsein erlangt. Das Bewußtsein einer Problemsituation, ihr Erleben, Erkennen und Bewerten ist umfassender als die ideell gesetzten Ziele, denn es bildet einen Zusammenhang zwischen gesetzten Zielen und gegebenen Bedingungen in besonderer Form ab.

Von besonderer Bedeutung sind nun die Formen des Problembewußtseins, die rationale Gebilde sind und sprachlich repräsentiert werden können. In diesem Sinne wird im folgenden unter Problem ein gedankliches Gebilde verstanden, das die für Problemsituationen charakteristische Ziel-Bedingungs-Relation abbildet und in einem sprachlich repräsentierten und damit reproduzierbaren Satzsystem ausdrückt. Seiner gedanklichen Struktur nach stellt jedes Problem ein System von Aussagen und Fragen dar. Durch die Aussagen werden die dem Problem entsprechende Problemsituation und die Bedingungen ihrer Beseitigung abgebildet, während die Fragen die Wissenslücken fixieren und auf fehlendes Wissen hinweisen. Diesen Überlegungen folgend schlagen wir in Anlehnung an frühere Bestimmungen[5] folgende Definition für den Begriff „Problem" vor, die von Vertretern verschiedener Wissenschaftsdisziplinen bereits für unterschiedliche Zwecke verwendet wurde[6]: *Ein System von Fragen und Aussagen, das — bezogen*

[5] Vgl.: H. Parthey, W. Wächter: Das Problem und seine Struktur in der wissenschaftlichen Forschung, in: Problemstruktur und Problemverhalten in der wissenschaftlichen Forschung. Rostock 1966, (Rostocker Philosophische Manuskripte, Heft 3), S. 31; H. Parthey: Das Problem als erkenntnistheoretische Kategorie, in: Deutsche Zeitschrift für Philosophie (Berlin), Sonderheft, 1968, S. 162—170; H. Parthey, D. Wittich: Problem, in: G. Klaus, H. Buhr (Hrsg.): Philosophisches Wörterbuch, Bd. 2, Leipzig 1974, S. 974.

[6] Vgl.: H. Korch (Hrsg.): Die wissenschaftliche Hypothese, Berlin 1972, S. 170; H. P. Jaeck: Bemerkungen über den Begriff und einige Aufgaben der marxistisch-leninistischen Geschichts-

auf ein gesetztes Ziel — sowohl bereits vorhandenes Wissen als auch Fragen nach noch fehlendem Wissen enthält, ist ein Problem, wenn kein Algorithmus bekannt ist, durch den der festgestellte Wissensmangel in einer endlichen Zahl von Schritten beseitigt werden kann. Ist ein solcher Algorithmus bekannt, dann liegt eine Aufgabe vor.

Auch das Erkennen eines bislang noch nicht bekannten Algorithmus genannter Art erfordert Forschungstätigkeit. In jedem Fall erfordert die Lösung eines Problems die Gewinnung von Wissen, und zwar so lange, bis die im Problem enthaltenen Fragen beantwortet sind, damit sich die für das Problem spezifische Verbindung von Fragen und Aussagen auflöst. Anders gesagt: Die Lösung von Problemen besteht in der Gewinnung von neuem Wissen, so daß das Wissen, das bei der ursprünglichen Problemformulierung vorlag, zu einem erweiterten Wissen fortgeführt werden kann und somit das ursprüngliche Problem nicht mehr vorhanden ist. In problemtheoretischen Überlegungen sollte deshalb die Eigenschaft der Lösbarkeit nur auf die für das Problem charakteristische Verbindung von Fragen und Aussagen bezogen werden. Versuche, in denen Ausdrücke wie „unbekannt" und „ungelöst" bzw. „bekannt" und „gelöst" gleichbedeutend verwandt werden,[7] gestatten es nicht, zwischen bekannten und gelösten Problemen zu unterscheiden und von bekannten, aber noch nicht gelösten Problemen zu sprechen. In diesem Zusammenhang ist interessant, daß bereits Denker früherer Jahrhunderte wie Aristoteles und Descartes in ihren problemtheoretischen Ansichten[8] darauf hingewiesen haben, daß das Problem selbst vollkommen bekannt sein muß, wenngleich man die Wege zu seiner Lösung noch nicht weiß. Liegt ein Problem vor, so forderte Descartes, muß man sich erstens darum bemühen zu begreifen, was eigentlich gesucht wird. Das bei jedem Problem Gesuchte muß zweitens durch bestimmte Bedingungen derart bezeichnet sein, daß man sich unausweichlich angewiesen sieht, eines eher als etwas anderes zu tun, und drittens muß man sich hüten, nicht mehr oder nichts Bestimmteres, als gegeben ist, vorauszusetzen. Im Anschluß an Descartes hat sich besonders Leibniz um problemtheoretische Untersuchungen bemüht. Unter einem Problem

methodologie, in: F. Engelberg (Hrsg.): Probleme der Geschichtsmethodologie, Berlin 1972, S. 81; H. Berger, H. Jetzschmann: Der soziologische Forschungsprozeß, Berlin 1973, S. 63; R. Marr: Innovation und Kreativität, Wiesbaden 1973, S. 59; H. Philipp: Logische Beschreibungen von Aspekten des Problemlösungsprozesses, Dissertation A, Technische Universität Dresden, Sektion Philosophie/Kulturwissenschaften, 1973, S. 2f.; A. P. Chilkevič: Gnoseologičeckaja priroda gipotezy, Minsk 1974, S. 54; A. Polikarov: The Divergent — Couvergent Method — A Heuristic Approach to Problem-Solving, in: R. S. Cohen, M. W. Wartofsky (Hrsg.): Methodological and historical Essays in the Natural and Social Sciences, Dortrecht—Boston 1974, S. 216; W. Friedrich, W. Hennig (Hrsg.): Der sozialwissenschaftliche Forschungsprozeß, Berlin 1975, S. 154.

[7] Vgl. F. Loeser, D. Schulze: Erkenntnistheoretische Fragen einer Kreativitätslogik, Berlin 1976, S. 75ff.

[8] Siehe: Aristoteles: Metaphysik, Berlin 1960, S. 54—56; R. Descartes: Regeln zur Leitung des Geistes, Leipzig 1948, S. 73—79.

versteht Leibniz insbesondere die Fragen, die einen Teil des Satzes unausgefüllt lassen, woraus sich die Aufforderung ergibt, unter der Voraussetzung von etwas Gegebenem und bei Einhaltung bestimmter Bedingungen etwas Weiteres zu finden.[9] Durch Zerlegung des Gegebenen in seine einfachen Bestandteile und Systematisierung der möglichen Verbindungen dieser Elemente soll sich nach Leibniz das jeweils Gesuchte ergeben.[10] Für unsere Betrachtung über Kriterien der Formulierung von Forschungsproblemen ist wichtig, daß jede Problemformulierung — und nicht nur die von Forschungsproblemen — als Produkt einer bestimmten Erkenntnistätigkeit aufgefaßt werden kann.

2. Praxisprobleme und Erkenntnisprobleme

Tätigkeiten können, je nachdem, ob ihr Ziel die praktische Veränderung der Wirklichkeit oder die Gewinnung von Erkenntnissen über die Wirklichkeit ist, in praktische Tätigkeiten und in Erkenntnistätigkeiten unterschieden werden, wobei die praktischen Tätigkeiten Grundlage der Erkenntnistätigkeiten sind. F. Engels hat darauf hingewiesen: „Naturwissenschaft wie Philosophie haben den Einfluß der Tätigkeit des Menschen auf sein Denken bisher ganz vernachlässigt, sie kennen nur Natur einerseits, Gedanken andererseits. Aber gerade die Veränderung der Natur durch den Menschen, nicht die Natur als solche allein ist die wesentlichste und nächste Grundlage des menschlichen Denkens."[11]

Danach können Praxis- und Erkenntnisprobleme unterschieden werden, wobei ihr Zusammenhang sich im allgemeinen wie folgt darstellt: In dem Maße, wie Problemsituationen in der praktischen Tätigkeit auftreten und entsprechende Praxisprobleme formuliert werden, in denen zum Ausdruck kommt, daß zur Erreichung eines praktischen Zieles Wissen benötigt wird, das nicht bereits vorhandenen Wissensspeichern entnommen werden kann, sondern neu gewonnen werden muß, entsteht in vielgestaltiger Weise das gesellschaftliche Bedürfnis, Erkenntnisprobleme zu formulieren. In genannter Reihenfolge fällt auf, daß die Ebene der Problemsituationen der Erkenntnistätigkeiten keine besondere Erwähnung findet. Der Grund dafür liegt im Verhältnis von Praxis und Erkenntnis, d. h. Ebenen der Problemsituationen können überall dort auftreten, wo eine Form praktischer Tätigkeit mit der ihr eigenen Wechselwirkung zur Erkenntnistätigkeit vorliegt. In diesem Sinne können auch Formen der praktischen Tätigkeiten in der Forschung zur Entwicklung von Problemsituationen beitragen. Praktische Tätigkeiten in der Forschung sind z. B. Beobachtungsverfahren, experi-

[9] Siehe: G. W. Leibniz: Neue Abhandlungen über den menschlichen Verstand, Bd. 2, Frankfurt/Main 1961, S. 253—257.

[10] Siehe: G. W. Leibniz: De arte combinatoria, in: Leibniz: Philosophische Schriften, Bd. IV, Berlin 1880.

[11] F. Engels: Dialektik der Natur, in: K. Marx/F. Engels, Werke, (im folgenden: MEW), Bd. 20, Berlin 1962, S. 498.

mentelle und messende Tätigkeiten. Dabei ist es möglich, von Problemsituationen der Forschung zu sprechen, die alle Merkmale der Verbindung von Praxis und Erkenntnistätigkeit haben. Im Laufe der Entwicklung von Problemsituationen in der Forschung und der mit ihnen verbundenen Erkenntnisprobleme hat sich gezeigt, daß der wissenschaftlichen Formulierung von Erkenntnisproblemen eine besondere Bedeutung für die Bewältigung von Problemsituationen in der Praxis zukommt. Dies gilt insbesondere für Problemsituationen, die Bedürfnisse nach neuem Gesetzeswissen entsprechen. Für solche Problemsituationen ist — ganz gleich in welchen Bereichen der praktischen Tätigkeit sie auftreten — das Forschungsproblem die adäquateste Abbildung. Dazu ist aber in jedem Fall Forschungsarbeit notwendig, wobei in ihr selbst auf Grund der ihr eigenen Entwicklung von praktischer Tätigkeit und Erkenntnistätigkeit auch Problemsituationen entstehen können, die in der Formulierung von Forschungsproblemen gegenüber den aktuellen Bedürfnissen der gesellschaftlichen Praxis weit voraus sind.

Dieser Umstand unterstreicht die Notwendigkeit, bei der Analyse der Kriterien der Formulierung von Forschungsproblemen denen eine besondere Beachtung zu schenken, die als Kriterien der Wissenschaftlichkeit fungieren.

3. Kriterien der Wissenschaftlichkeit und ihre Funktion bei der Formulierung von Forschungsproblemen

Es ist ein Grundprinzip aller Problemformulierungen, sich der Voraussetzung einer Problemstellung bewußt zu werden und sie im Zuge der Problembearbeitung unter Kontrolle zu behalten. Dabei wird stets dem vorausgesetzten Wissen eine besondere Bedeutung beigemessen. Wissen hat in dem Maße wissenschaftlichen Charakter, wie es aus Gesetzesaussagen bzw. Aussagen besteht, die im Zusammenhang mit der Gewinnung von Gesetzesaussagen auftreten oder verwendet werden. Ist das bei einer Problemstellung vorausgesetzte Wissen wissenschaftlicher Natur, dann liegen wissenschaftlich formulierte Probleme vor. In diesem Sinne kann sowohl ein Praxisproblem als auch ein Erkenntnisproblem wissenschaftlich formuliert werden. Ein Forschungsproblem tritt nur in dem Fall auf, wenn ein wissenschaftlich formuliertes Problem die Zielstellung enthält, neue wissenschaftliche Erkenntnisse zu gewinnen. Oder anders gesagt: Die Klasse der Forschungsprobleme ist sowohl eine Unterklasse der wissenschaftlich formulierten Problemstellungen als auch eine Unterklasse der Erkenntnisprobleme, genauer gesagt, der mengentheoretische Durchschnitt beider. Forschung kann somit als eine Art und Weise wissenschaftlicher Tätigkeit verstanden werden, die auf der Grundlage vorliegender wissenschaftlicher Erkenntnisse methodisch zur Gewinnung neuer wissenschaftlicher Erkenntnisse vollzogen wird. Beim Formulieren von Forschungsproblemen muß erstens darauf geachtet werden, daß auf die bereits vorliegenden wissenschaftlichen Erkenntnisse Bezug genommen wird. Oder anders gesagt, die in Forschungsproblemen enthaltenen Aussagen müssen

Elemente von bereits vorhandenen Aussagensystemen sein, die Gesetzmäßigkeiten eines bestimmten Wirklichkeitsbereiches abbilden. Dieser erste Gesichtspunkt, der bei der Formulierung von Forschungsproblemen Beachtung findet, kann zur Gewinnung wohlformulierter Forschungsprobleme verwendet werden. In der Forschung sind gut formulierte Probleme selten von vornherein gegeben. Gewöhnlich entwickelt sich eine wohlformulierte Problemstellung erst in dem Maße, wie die Problembearbeitung vorangekommen ist.

Kriterien solcher Problemstellungen werden oft auf der Grundlage erster Ansätze einer Logik der Frage-Antwort-Beziehung erörtert.[12] So werden vorwiegend Regeln angegeben, deren Ausführung solche Fragen sichern, die zu einer einzigen, wenn auch vielgliedrigen Antwort auffordern.[13] Darüber hinaus werden Normen formuliert, die sich auf die Verfügbarkeit der Gesamtheit wissenschaftlicher Kenntnisse beziehen, in der das Problem so weit entwickelt werden kann, daß es überhaupt bearbeitbar ist.[14]

Normen dieser Art beziehen sich auf die zur Problemlösung erforderliche Menge von wissenschaftlichen Aussagen, in der alle zur Erreichung der jeweiligen Zielsetzung notwendigen Bedingungen angegeben werden und die diesbezüglich einen Vollständigkeitsgrad gleich Eins besitzt. Im Vergleich dazu muß die im Forschungsproblem verwendete Menge wissenschaftlicher Aussagen einen Grad besitzen, der kleiner als Eins und größer als Null ist.[15]

Die Bestimmung etwaiger Bedingungen für die Lösung von Problemen wurde von einigen Autoren auch als Norm für gut formulierte Forschungsprobleme verwendet. Die Aufmerksamkeit galt dabei besonders der Bestimmung des Problemtyps, entsprechend den Prinzipien der Klassifikation von Problemen, sowie der Bestimmung der Forschungsmethode, die speziell vom Problemtyp unmittelbar abhängt.[16]

Neben diesen Überlegungen zur Aufstellung von Normen für wohlformulierte Forschungsprobleme, die von den wissenschaftlichen Erkenntniszielen und den im Problem enthaltenen wissenschaftlichen Aussagen und Fragen ausgehen, ist ein zweiter Gesichtspunkt von Bedeutung, insbesondere wenn es darauf ankommt, das System von wissenschaftlichen Erkenntnissen genetisch mit dem Tätigkeitssystem der Wissenschaft zu verbinden. Die Formulierung von Erkenntnisproblemen muß den Kriterien der Wissenschaftlichkeit genügen, damit diese als Forschungsprobleme gelten können. Die Kriterien der Wissenschaftlichkeit

[12] Ein Überblick findet sich in: J. Hintikka: Vopros o voprosach, in: Filosofija v sovremennom mire. Filosofija i Logika, Moskau 1974, S. 303—362.

[13] Siehe: M. Bunge: Scientific Research I, Berlin—Heidelberg—New York 1967, S. 170—178.

[14] Ebenda, S. 189ff.

[15] Siehe: H. Parthey: Wege zur Formulierung von Forschungsproblemen, in: Wissenschaftliche Zeitschrift der Humboldt-Universität zu Berlin, Mathematisch-Naturwissenschaftliche Reihe, 1, 1973, S. 127—131.

[16] Siehe J. S. Sharikov: Das wissenschaftliche Problem, in: P. W. Kopnin, M. W. Popowitsch (Hrsg.): Logik der wissenschaftlichen Forschung, Berlin 1969, S. 31—63.

haben dabei vor allem die Funktion, das Erkennen in der Forschung zielstrebig darauf zu lenken, in den Erscheinungsformen der Forschungsobjekte ihr Wesen aufzudecken, denn „alle Wissenschaft wäre überflüssig, wenn die Erscheinungsform und das Wesen der Dinge unmittelbar zusammenfielen“[17]. Dabei sind Wesen und Gesetz „Begriffe gleicher Ordnung . . ., welche Vertiefung der Erkenntnis der Erscheinungen, der Welt etc. durch den Menschen zum Ausdruck bringen“[18]. Entstehung und Veränderung der Kriterien der Wissenschaftlichkeit entsprechen bestimmten Stadien des historischen Prozesses „der Vertiefung der Erkenntnis des Dinges, der Erscheinung, Prozesses usw. durch den Menschen, von den Erscheinungen zum Wesen und weniger tiefen zum tieferen Wesen“[19]. Unter diesem Gesichtspunkt lassen sich für einzelne Klassen von Kriterien der Wissenschaftlichkeit mehr oder weniger ausgeprägte Veränderungen in dem Sinne nachweisen, daß entsprechend dem erreichten Stand und der weiteren Richtung der Vertiefung der Gesetzeserkenntnis sich historisch aufeinanderfolgend weitergehende Forderungen an die Art und Weise des wissenschaftlichen Erkennens herausgebildet haben. Zum Zwecke dieser Betrachtung können die Kriterien der Wissenschaftlichkeit eingeteilt werden in (1) Kriterien zur Feststellung der Wahrheit von Beschreibungen im Prozeß der Vertiefung der Erkenntnis von der Erscheinung zum Wesen der Forschungsobjekte, in (2) Kriterien zur Sicherung der Erkenntnisfunktion des Erklärens im Prozeß der Gesetzeserkenntnis vom weniger tiefen zum tieferen Wesen der Forschungsobjekte und schließlich in (3) Kriterien zur Sicherung der weiterführenden Problematisierung im Prozeß der Vertiefung der Erkenntnis von der Erscheinung zum Wesen und vom weniger tiefen zum tieferen Wesen der Forschungsobjekte.

An erster Stelle jeder Aufzählung von Kriterien der Wissenschaftlichkeit müssen die genannt werden, die die Feststellung der Wahrheit von Bestimmungs-, Bedingungs- und Gesetzesaussagen über natürliche und gesellschaftliche Sachverhalte betreffen. Es ist nicht möglich, vom wissenschaftlichen Erkennen zu sprechen, wenn diese Kriterien verletzt werden. Hinsichtlich des wissenschaftlichen Erkennens in der Forschung ist es verhältnismäßig leicht, neue theoretische Gebilde über die Wirklichkeit aufzustellen, es ist aber erstaunlich schwierig, gesichert wahre Theorien zu erhalten. Ausgehend von der Bestimmung der Wahrheit als Übereinstimmung der Erkenntnis — genauer: der vom erkennenden Subjekt formulierten Aussagen — mit dem erkannten Sachverhalt, die erstmalig von Aristoteles entwickelt wurde, haben sich im Laufe der Wissenschaftsentwicklung verschiedene Forderungen zur Feststellung der Wahrheit von Aussagen und Aussagensystemen herausgebildet. Als historisch erste (1.1) sind hierzu die Forderungen nach beobachtender Feststellung des behaupteten Sachverhaltes und die Forderung nach aussagenlogisch gesicherter Systematisierung von Aussagen zu nennen. Letzteres

[17] K. Marx: Das Kapital, Dritter Band, in: MEW, Bd. 25, Berlin 1964, S. 825.
[18] W. I. Lenin: Philosophische Hefte, in: Werke, Bd. 38, Berlin 1964, S. 142.
[19] Ebenda, S. 213.

fordert, daß in einer Gesamtheit von Gesetzes-, Bestimmungs- und Bedingungsaussagen keine aussagenlogischen Widersprüche auftreten dürfen. Auch muß ein Schlußfolgern von Aussagen auf Aussagen entweder auf der Grundlage aussagenlogischer Gesetze als deduktives Schließen oder wenigstens auf der Grundlage aussagenlogischer Neutralitäten als reduktives Schließen mit dem Spezialfall des induktiven Schließens gesichert sein. Diese Kriterien der Wissenschaftlichkeit reichten für das Erkennen in der Forschung so lange aus, bis objektiv vorhandene — aber der bloßen Beobachtung verborgene — Sachverhalte der Erforschung zugänglich wurden. Die Möglichkeit dazu besteht in der Veränderung der vorgefundenen Naturerscheinungen durch experimentelle Bedingungen, die vom Forscher mit Hilfe seiner eigenen und der von ihm bereits beherrschten Naturkräfte bewußt gesetzt werden konnten. Die Verwirklichung dieser Möglichkeit veränderte die Art und Weise der beobachtenden Naturforschung und damit auch die Kriterien der Wissenschaftlichkeit, da an die Stelle der bloßen Beobachtung die experimentell bedingte Beobachtung getreten war. Das naturwissenschaftliche Experiment ist ein solcher Bestandteil der gesellschaftlichen Praxis, der sich auf der Grundlage der Produktionspraxis zum spezifischen Wahrheitskriterium naturwissenschaftlichen Erkennens entwickelte. Damit haben sich in einem bestimmten historischen Entwicklungsstadium weitere Kriterien der Wissenschaftlichkeit ausgeprägt, vor allem als (1.2) Forderung nach objektiv kontrollierbarer und reproduzierbarer Feststellung von Sachverhalten, die der bloßen Beobachtung nicht mehr zugänglich sind. Diese Forderung schließt ein, daß der in Aussagen behauptete Sachverhalt unter experimentellen Bedingungen feststellbar sein muß, und sie ist offensichtlich darin begründet, daß eine Vertiefung natur- und gesellschaftswissenschaftlicher Gesetzeserkenntnis ab einem bestimmten Niveau nur auf der Grundlage experimentierender Tätigkeit erreicht werden kann.[20] In ähnlicher Weise läßt sich ein drittes Entwicklungsstadium nachweisen. Objektive Widerspiegelungsinhalte, insbesondere Gesetzeserkenntnis, erfordern bei einem bestimmten Niveau ihrer Vertiefung, (1.3) einen kontrollierbaren Zusammenhang zwischen der Metrisierung und der Formulierung von Gesetzesaussagen einerseits und den Meßverfahren im methodischen Vorgehen bei ihrer Aufstellung und Überprüfung andererseits.[21] Der Grund für das historische Aufkommen solcher Kriterien liegt darin, daß bestimmte Gesetzmäßigkeiten, und zwar diejenigen, die drei und mehr Variable enthalten, nur mit Hilfe metrischer Begriffe in Gesetzesaussagen wiedergegeben werden können.

[20] Dies zeigte sich insbesondere Ende des 16. Jahrhunderts und zu Beginn des 17. Jahrhunderts, in einer Zeit, in der Galilei die physikalische Naturwissenschaft mit der experimentellen Methode begründete. Vgl. H. Parthey, D. Wahl: Die experimentelle Methode in Natur- und Gesellschaftswissenschaften, Berlin 1966; E. Schmutzer, W. Schütz: Galileo Galilei, Leipzig 1976.

[21] Vgl. K. Berka: Die Quantifizierung bei der Formulierung und Bearbeitung von Forschungsproblemen, in diesem Band, S. 169.

Kriterien der Metrisierung sind ohne Zweifel für das Formulieren von Forschungsproblemen von Bedeutung, denn ein gutformuliertes Forschungsproblem muß für alle Bestandteile nur klassifikatorische oder nur komparative oder nur metrische Ausdrücke verwenden.[22] In diesem Stadium der Ausprägung von Kriterien zur Feststellung der Wahrheit von Aussagen ergibt sich vor allem die Forderung nach einer durch Meßverfahren gesicherten Konsistenz metrischer Ausdrücke, d. h., die zur Definition der Begriffe einer Theorie verwendeten primären Meßverfahren müssen auch bei ihrer Überprüfung Verwendung finden. Gleichzeitig muß die bei der Feststellung der Wahrheit einbezogene Meßtheorie in möglichst enger Übereinstimmung mit der neugewonnenen Theorie über die Untersuchungsobjekte stehen, die mit den Meßgeräten in Wechselwirkung gebracht werden. Anderenfalls besteht die Möglichkeit, daß die bei der Überprüfung angewandten Meßverfahren zur Definition von metrischen Begriffen verwendet werden, die nicht mit denen der zu überprüfenden Theorie übereinstimmen. Ein Scheinpluralismus metrisch formulierter Theorien wäre die Folge und würde dem nicht Rechnung tragen, daß die Bestätigung neugewonnener Theorien allein von der Feststellung der in ihnen behaupteten Sachverhalte abhängt und nicht durch eine Neudefinition ihrer Begriffe ersetzt werden kann, die den bei ihrer Überprüfung angewandten Meßverfahren entsprechen. Die Forderung nach Konsistenz metrischer Ausdrücke bereits bei der Formulierung von Forschungsproblemen sowie bei der Aufstellung und Überprüfung von Theorien richtet sich gegen das Aufkommen eines solchen Scheinpluralismus.

Festlegungen dieser Art sind für das wissenschaftliche Erkennen stets dann erforderlich, wenn Problemstellung und Erkenntnisresultat mit Hilfe metrischer Begriffe formuliert werden. Damit muß das wissenschaftliche Formulieren von Erkenntnisproblemen Kriterien zur Feststellung der Wahrheit von wissenschaftlichen Aussagen genügen, deren größere Detailliertheit letztlich in gesellschaftlichen Anforderungen zur weiteren Vertiefung der Gesetzeserkenntnis und im Entwicklungsstand der Meßtechnik begründet sind. So hat die Klasse von Kriterien zur Feststellung der Wahrheit von Beschreibungen bei der Gewinnung von Gesetzeserkenntnissen selbst im Laufe der Wissenschaftsentwicklung eine Ausprägung erfahren, die neuartige Bedingungen für das wissenschaftliche Denken beim tieferen Erkennen von Gesetzmäßigkeiten der Natur und Gesellschaft setzt.

Die Kriterien zur Sicherung der Erkenntnisfunktion des Erklärens als der zweiten Klasse von Kriterien der Wissenschaftlichkeit entsprechen der Forderung, daß es für das Erkennen in der Forschung darauf ankommt, solche Erkenntnisse über die Wirklichkeit zu gewinnen, die nicht nur gesichert wahr sind, sondern es auch gestatten, möglichst alle Ereignisse eines bestimmten Wirklichkeitsbereiches zu erklären. Beim wissenschaftlichen Erklären wird mittels Aussagen, unter denen

[22] Vgl. H. Parthey: Struktur von Erklärungsproblemen bei metrischer Beschreibung des zu erklärenden Sachverhaltes, in: Zeitschrift für Psychologie, Berlin 4/1974, S. 394—399.

sich mindestens eine Gesetzesaussage befindet, diejenige abgeleitet, die das zu erklärende Ereignis beschreibt. Es kommt also für das wissenschaftliche Formulieren von Erklärungsproblemen vor allem darauf an, sich auf solche Theorien zu beziehen, die erstens gut bestätigt sind und die zweitens einem Sachverhalt des betreffenden Wirklichkeitsbereiches entsprechen, dem die zu erklärenden Ereignisse angehören. Schließlich muß ein wissenschaftlich formuliertes Erklärungsproblem auch die Aussagen enthalten, die das zu erklärende Ereignis beschreiben, denn sonst wüßte man nicht, was erklärt werden soll. So sind mit dem Erklärungsproblem stets bestimmte Beschreibungs-, Beweis-, Explikations- und Definitionsprobleme verbunden, die sich untereinander in ihrer Erkenntnisfunktion unterscheiden, jedoch gehören die Kriterien, denen ihre Formulierung genügen muß, insgesamt zur erstgenannten Klasse:

Beschreibungsprobleme, d. h. ihre Lösung besteht darin, einen bestimmten Sachverhalt in Aussagen abzubilden, deren Wahrheit durch Beobachtung, Experiment und Messung festzustellen ist.

Beweisprobleme, d. h. Probleme, deren Lösung darin besteht, eine bestimmte Aussage zu beweisen, indem diese Aussage durch eine bereits als wahr festgestellte Aussage bzw. durch ein bereits als wahr festgestelltes Aussagensystem belegt werden kann.

Explikations- und Definitionsprobleme, d. h. Probleme, deren Lösung Explikationen und Definitionen sind. In einer Explikation wird einem Ausdruck mit ungenauer Bedeutung ein Ausdruck mit präzisierter Bedeutung zugeordnet. Bei einer Definition wird die Bedeutung des sprachlichen Zeichens durch einen Ausdruck, dessen Bedeutung bekannt ist, festgesetzt. Im Zusammenhang mit der Metrisierung und Formulierung von Gesetzesaussagen einerseits und den Meßverfahren im methodischen Vorgehen bei ihrer Aufstellung und Überprüfung andererseits lassen sich bekanntlich alle natur- und gesellschaftswissenschaftlichen Ausdrücke entweder in klassifikatorische oder in komparative oder in metrische Ausdrücke einteilen. Diese Einteilung gilt auch für die Beschreibungsprobleme, jedoch nicht für die Beweisprobleme und auch nicht für die Erklärungsprobleme. Nach unserer Auffassung kann dieses Verhältnis von Beschreibung und Erklärung unter Berücksichtigung unterschiedlicher Klassen von Kriterien der Wissenschaftlichkeit zur Unterscheidung der experimentellen und theoretischen Tätigkeit verwendet werden, wie sie im Rahmen der Theorie, Geschichte und Organisation der Wissenschaft notwendig sind. Die experimentelle Tätigkeit wird durch das Vorhandensein einer Beschreibung ohne Erklärung charakterisiert, d. h. diese Tätigkeit genügt der Klasse von Kriterien zur Feststellung der Wahrheit von Bestimmungs-, Bedingungs- und Gesetzesaussagen. Die theoretische Tätigkeit verbindet die Beschreibung stets mit einer Erklärung, d. h. diese Tätigkeiten genügen sowohl der Klasse von Kriterien zur Feststellung der Wahrheit wie auch der Klasse von Kriterien der Erklärung. Sicherlich ist es schwierig, Begriffe und Konzeptionen aus der Methodologie der Wissenschaft direkt auf das Gebiet der empirischen Untersuchung der wissenschaftlichen Tätigkeit zu übertragen. Uns erscheint es deshalb für diesen Zweck günstiger, wenn von den genannten zwei Klassen der Kriterien der Wissenschaftlichkeit ausgegangen wird.[23]

Die weiterführende Problematisierung, genauer die Forderung progressiver Problemverschiebungen als dritte Klasse von Kriterien der Wissenschaftlichkeit, bezieht sich unmittelbar darauf, daß die wissenschaftliche Formulierung neuer Erkenntnisprobleme der gedankliche Ausgangspunkt jeder Forschung ist, und daß jede neu gewonnene wissenschaftliche Erkenntnis auch danach beurteilt wird, welchen Beitrag sie zur Gewinnung weiterer gedanklicher Ausgangspunkte der Forschung leistet. Auf diese Klasse von Kriterien der Wissenschaftlichkeit hat insbesondere Lakatos in seiner Auseinandersetzung mit Poppers „Logik der Forschung"[24] hingewiesen. Lakatos geht davon aus, daß die Kriterien der Wissenschaftlichkeit nicht nur als Kriterien für Modifikationen einzelner theoretischer Erkenntnisse zu betrachten sind, und schlägt vor, die Reihe historisch aufeinanderfolgender Modifikationen theoretischer Erkenntnisse im Zusammenhang mit ihren vorausgesetzten Theorien zu sehen. Im Gegensatz zu Popper hält deshalb Lakatos eine rationale Nachkonstruktion der Wissenschaftsgeschichte für möglich. In einer Reihe von Fallstudien, insbesondere aus der Geschichte der Physik, weist Lakatos darauf hin, daß aus den Inkonsistenzen einer Theorie und ihren Widersprüchen zu experimentellen Befunden Theorienfolgen entstehen, die durch ein Forschungsprogramm bestimmt sind.[25]

Verschiedene Forschungsprogramme unterscheiden sich nach Lakatos dadurch, daß sie entweder eine weiterführende Formulierung von Forschungsproblemen gestatten (progressive Problemverschiebung) oder die Möglichkeit der weiteren Problemstellung einschränken (degenerative Problemverschiebung).

Ob eine vorgeschlagene Lösungsvariante in Form einer Hypothese ein Problem

[23] Vgl.: H. Parthey, J. Wolf: Zur Analyse und rationellen Gestaltung des methodischen Vorgehens in der experimentellen Forschung, in: G. M. Dobrov, D. Wahl (Hrsg.): Leitung der Forschung. Probleme und Ergebnisse, Reihe: Wissenschaft und Gesellschaft, Hrsg.: Institut für Wissenschaftstheorie und -organisation der AdW der DDR durch Günter Kröber, Bd. 7, Berlin 1976, S. 381—402.

[24] I. Lakatos: Popper zum Abgrenzungs- und Induktionsproblem, in: H. Lenk (Hrsg.): Neue Aspekte der Wissenschaftstheorie, Braunschweig 1971.

[25] Im Sinne von Lakatos hat ein Forschungsprogramm folgende Struktur: Es besteht aus einem „harten Kern" von theoretischen Annahmen, die vorerst nicht in Frage gestellt werden, und einer positiven Heuristik, die aus einer Reihe von Vorschlägen und Hinweisen besteht, wie man Probleme formulieren soll und wie eine Hülle von Hilfshypothesen gestaltet werden kann. Das Programm bleibt progressiv, solange es imstande ist, mit einem gewissen Erfolg neue Sachverhalte zu erklären oder vorauszusagen. Es stagniert, wenn seine theoretische Leistungsfähigkeit hinter dem empirischen Material zurückbleibt. Lakatos wandte sich mit seiner Auffassung, daß die größten wissenschaftlichen Errungenschaften die Forschungsprogramme sind, gegen die positivistischen Ansichten von der Wissenschaft als Art intellektuellen Spiels und faßte Wissenschaft als ernstes Bemühen auf, der Wahrheit über das Universum näher zu kommen. Siehe: I. Lakatos: Falsifikation und die Methodologie wissenschaftlicher Forschungsprogramme, in: I. Lakatos, A. Musgrave (Hrsg.): Kritik und Erkenntnisfortschritt, Braunschweig 1974, S. 89—192.

löst und gleichzeitig zu neuen Problemen führt oder ob sie lediglich dieses eine Problem löst, stellt sich damit als ein Kriterium für ihre weitere Bearbeitung dar. Diese Klasse von Kriterien der Wissenschaftlichkeit regelt die Ablehnung von sogenannten Ad-hoc-Hypothesen, denn diese können zwar das gestellte Forschungsproblem auflösen, sind aber nicht Grundlage für neue Problemformulierungen.[26] In dem Maße, wie das Kriterium der weiterführenden Problematisierung nicht nur als Forderung verstanden wird, jede Forschung auf die Gewinnung von Wissen zu richten, das gegenüber dem gesellschaftlich bereits verfügbaren Wissensfundus neu ist, sondern auch als Forderung danach, mit diesem erstrebten Wissen zur Lösung gesellschaftlicher Praxisprobleme beizutragen, ergibt sich eine historische Ausprägung von Kriterien der fortgesetzten Problematisierung je nach der Gesellschaft, in der und für die Forschung betrieben wird. Inwieweit diese Annahme über die historische Veränderlichkeit des Kriteriums der weiterführenden Problematisierung berechtigt ist, können Analysen des Zusammenhangs zwischen gesellschaftlichen Praxisproblemen und Forschungsproblemen zeigen.

4. Zwei historische Beispiele für den Zusammenhang von gesellschaftlichen Praxisproblemen und Forschungsproblemen

Das gesellschaftliche Erfordernis, Forschungsprobleme zu formulieren und zu bearbeiten, entstand historisch in dem Maße, wie praktische Probleme in der gesellschaftlichen Tätigkeit auftreten, in denen zum Ausdruck kommt, daß zur Zielerreichung unter anderem auch neues wissenschaftlich fundiertes Wissen benötigt wird. Dabei zeigt es sich, daß die Realisierung dieses Erfordernisses durch die Wissenschaft von den Möglichkeiten zur Formulierung von Forschungsproblemen abhängig ist, die — ausgehend von Problemsituationen — innerhalb der Forschung selbst gegeben sind. So drängten im 16. und 17. Jahrhundert vor allem die Erfordernisse der Seefahrt und des Schiffbaus sowie die sich entwickelnde Technik zur wissenschaftlichen Formulierung und Auflösung von Erkenntnisproblemen auf astronomischem, mechanischem und mathematischem Gebiet. Im 18. Jahrhundert, insbesondere in der zweiten Hälfte, entstanden andere Problemsituationen in der gesellschaftlichen Praxis. Die Entwicklung großer Manufakturen und Bergwerke bedurfte einer neuen Kraftmaschine. Hatten die wissenschaftlichen Erkenntnisse im 16. und 17. Jahrhundert dazu beigetragen, die Erde dem Handel und der ursprünglichen Akkumulation zu erschließen, wodurch Ausgangspunkt und Hauptvoraussetzungen für die kapitalistische Gesellschaftsordnung geschaffen wurden, so kamen nun aus den Kolonien neuartige Rohstoffe in die gewerblich fortgeschrittensten Länder, so daß die Verarbeitung dieser Rohstoffe zu neuartigen Problemsituationen führte, die auf die wissenschaftliche

[26] Hierin liegt auch der Grund, warum sich zum Beispiel die Erklärung des Michelson-Experiments durch Lorentz nicht durchsetzen konnte.

Formulierung von Erkenntnisproblemen der Wärme- und Gastheorie, der Chemie und schließlich auch der Erscheinungen der Elektrizität drängte. In all diesen Zusammenhängen zwischen gesellschaftlichen Praxisproblemen und Forschungsproblemen zeigte sich zugleich, daß, selbst wenn zu jedem gesellschaftlichen Praxisproblem ein entsprechendes Erkenntnisproblem aufgestellt werden konnte, es jeweils vom Niveau der Forschung zu einem gegebenen Zeitpunkt abhängt, ob ein Erkenntnisproblem wissenschaftlich, d. h. als Forschungsproblem formuliert werden kann. In jedem Fall ergeben sich unterschiedliche Reifegrade der wissenschaftlichen Formulierung von Erkenntnisproblemen daraus, inwieweit auf den gegebenen Stand wissenschaftlicher Erkenntnisse Bezug genommen wird. Bei einer wissenschaftlichen Formulierung von Erkenntnisproblemen müssen notwendigerweise alle Bezüge zum gesamten bisher verfügbaren wissenschaftlichen Wissen hergestellt sein, denn nur so können wissenschaftliche Erkenntnisse neu gewonnen und gesellschaftliche neu bewertet werden. Diese Forderung besteht nicht bei wissenschaftlich formulierten Praxisproblemen.

Praxisprobleme und Erkenntnisprobleme einerseits und Forschungsprobleme andererseits unterscheiden sich vor allem dadurch, daß Forschungsprobleme stets wissenschaftlich formuliert sind, was für erstgenannte Probleme nicht gilt. Es kann zwar zu jedem Praxisproblem ein entsprechendes Erkenntnisproblem formuliert werden, aber dieses Erkenntnisproblem kann zu einem gegebenen Zeitpunkt nicht immer sofort wissenschaftlich formuliert werden. Letzteres kann wiederum Anlaß sein, das zur wissenschaftlichen Formulierung fehlende Wissen durch Forschung zu gewinnen. Allgemein gesagt, müssen die in vielgestaltiger Weise entstehenden gesellschaftlichen Erfordernisse, Forschungsprobleme zu formulieren und zu lösen, auch ein entsprechendes Niveau der Forschung antreffen.

4.1. Das Stickstoffproblem im 19. Jahrhundert und seine Lösung durch die Entwicklung der Ammoniaksynthese

Um die Mitte des 19. Jahrhunderts war der Widerspruch zwischen dem wachsenden landwirtschaftlichen Bedarf an Stickstoffverbindungen und den vorhandenen begrenzten Herstellungsmöglichkeiten zu einem gesellschaftlichen Problem ersten Ranges geworden.[27] Mit Beginn der Herstellung der Kunstseide sowie später der

[27] Vgl. H. Kant, H. Scholz: Wissenschaftstheoretische Untersuchungen zur Entwicklung der Beziehungen zwischen physikalischen und chemischen Disziplinen unter besonderer Berücksichtigung der wissenschaftlichen Kommunikation sowie des Zusammenhangs zwischen gesellschaftlichen Bedürfnissen und wissenschaftlichen Problemen. Dissertation A, Humboldt-Universität Berlin, Gesellschaftswissenschaftliche Fakultät, Berlin 1973; L. Pieper: Der Zusammenhang zwischen gesellschaftlichen Bedürfnissen und wissenschaftlichen Problemen, dargestellt anhand von Fallstudien aus der Geschichte von Wissenschaft und Technik unter den Bedingungen des Kapitalismus, Dissertation A, Humboldt-Universität Berlin, Gesellschaftswissenschaftliche Fakultät, Berlin 1974.

synthetischen Produkte wurden weitere große Anwendungsgebiete für Stickstoffverbindungen erschlossen.[28] Die Gewinnung von Erkenntnissen über Ersatzstoffe für den Chilesalpeter wurde immer mehr zu einem wichtigen Erkenntnisproblem, zu dessen Lösung von der chemischen Forschung ein grundsätzlicher Beitrag erwartet wurde. Stellvertretend für viele Ausführungen hierüber sei folgende Frage aus einer Monographie über den Luftstickstoff und seine Verwertung zitiert: „Woher beschaffen wir nun diesen Stickstoff, der unseren Körper aufbaut, ihn ernährt, im Krieg uns verteidigt, Wege durch Gebirge sprengt, unsere Gewänder färbt, schlaflosen Nächten die Ruhe bringt und für tausende Bedürfnisse unseres Lebens die Befriedigung ermöglicht?“[29] Obwohl Ende des 19. Jahrhunderts bereits verschiedene Verfahren bekannt waren,[30] war das Stickstoffproblem für die Befriedigung der rasch wachsenden gesellschaftlichen Bedürfnisse nicht gelöst. Letztlich konnte nur die Entwicklung der Ammoniaksynthese eine Lösung auf Dauer sein. A. Mittasch, ein Mitarbeiter von F. Haber und C. Bosch, charakterisiert diesen konkreten Zusammenhang zwischen Praxisproblem und wissenschaftlicher Formulierung entsprechenden Erkenntnisproblemen wie folgt: „Die ganze ältere Entwicklung der Bemühungen um eine Ammoniaksynthese schließt ab ohne jedes positive Resultat, trotz des großen Aufwandes an Arbeit, Nachdenken und Phantasie ... Erst nach streng wissenschaftlicher Festlegung des theoretisch überhaupt Erreichbaren konnte auf dem nunmehr stark eingeengten Gebiet die empirische Forschung und schließlich die Technik dazu gelangen, das gesteckte Ziel zu erreichen.“ Und in einer Fußnote dazu heißt es: „Was emsiger Zweckforschung durch Jahrzehnte versagt geblieben ist, konnte rationelle Grundlagenforschung erreichen.“[31] Haber selbst stellt den Stand der wissenschaftlichen Formulierung des Erkenntnisproblems zu Beginn seiner Arbeit auf diesem Gebiet wie folgt dar: „Von besonderem Einfluß war, daß es früheren Bearbeitern der Frage nicht gelang, auch nur spurenweise freiwillige Vereinigungen des Stickstoffs mit dem Wasserstoff zu Ammoniak mit Sicherheit nachzuweisen. Dadurch ent-

[28] Wichtiger Naturstoff war der Chilesalpeter, der 1809 entdeckt wurde, aber erst in der zweiten Hälfte des vorigen Jahrhunderts als Mineraldünger größere Verwendung fand.

[29] A. Kaiser: Der Luftstickstoff und seine Verwertung, Leipzig 1910, S. 12.

[30] Die ersten wissenschaftlichen Untersuchungen über Luftstickstoff haben bekanntlich J. Priestley und H. Cavendish um 1770 durchgeführt. Dabei konnte von Priestley 1774 die chemische Zusammensetzung des Ammoniaks aufgedeckt werden. Seitdem haben Chemiker sich mit der Untersuchung des Ammoniaks und seiner Darstellung aus den Elementen beschäftigt. Obwohl in den folgenden Jahrzehnten mehrere wissenschaftliche Berichte darüber publiziert wurden, war der Gewinn wissenschaftlicher Erkenntnisse nicht ausreichend, um katalytische Syntheseversuche zum Erfolg zu führen. Erst mit der Herausbildung der technischen Elektrochemie ergab sich die Möglichkeit mittels hoher Energie, Stickoxide zu erzeugen, allerdings betrug die Ausbeute um 1900 nur zwei Prozent. Wesentlich günstiger für die Lösung des Stickstoffproblems war zur selben Zeit die Herstellung des Kalkstickstoffs. A. Franks Beitrag „Die Nutzbarmachung des freien Stickstoffs in der Luft für Landwirtschaft und Industrie“ auf dem V. Internationalen Kongreß für angewandte Chemie, 1903, enthielt Angaben über seine Zusammenarbeit mit N. Caro und der Elektrofirma Siemens & Halske.

[31] A. Mittasch: Geschichte der Ammoniaksynthese, Weinheim 1951, S. 63.

stand das Vorurteil, daß die Darstellung unmöglich sei und gewann eine große Stärke in der allgemeinen Meinung des Faches. Ein solches Vorurteil läßt verborgene Hindernisse erraten, die stärker als klar erkannte Schwierigkeiten von der Vertiefung in den Gegenstand abschrecken."[32] Mit anderen Worten: Oft ist es nicht sofort möglich, ein dem Praxisproblem entsprechendes Forschungsproblem zu formulieren. Dann können Vorurteile auftreten, die dazu führen, daß das Praxisproblem für längere Zeit ungelöst bleibt. Auf Grund der gesellschaftlichen Bedeutsamkeit des jeweiligen Praxisproblems kann aber die Forschung darauf orientiert werden, weiteres Wissen vor allem in dieser Richtung zu gewinnen, damit sobald wie möglich ein dem Praxisproblem entsprechendes Forschungsproblem als „klar erkannte Schwierigkeit" formuliert werden kann. Die gesellschaftliche Problemorientierung beim Aufstellen eines Forschungsproblems ist ein Ausdruck dafür, daß Forschungstätigkeit — wie jede gesellschaftliche Tätigkeit — durch Zielsetzungen bestimmt ist, die grundsätzlich, wenn auch vielstufig vermittelt, mit denen der jeweiligen Gesellschaftsordnung verbunden sind und aus ihnen hervorgehen. Solange sich Forschung vorwiegend handwerksmäßig vollzog — in den vorkapitalistischen Gesellschaften und in der ersten Etappe des Kapitalismus — entschieden die Forscher im wesentlichen nach ihrem gesellschaftlichen Bewußtsein, welche objektiven Problemsituationen sie zum Anlaß ihrer Problemstellungen nahmen. Ihnen war es auch bei der Auswahl eines Problems überlassen, die mutmaßliche gesellschaftliche Bedeutung einer Lösung abzuschätzen. Mit zunehmender Vergesellschaftung der wissenschaftlichen Tätigkeit änderte sich diese Situation. Je mehr die Forschung dem Reproduktionsprozeß des Kapitals subsumiert wurde, um so stärker wurde sie durch ökonomische, ideologische und administrative Steuerung darauf orientiert, solche Probleme zu bearbeiten, die für die kapitalistische Gesellschaftsordnung von wissenschaftlicher und politischer Bedeutung waren. Die Problemsituationen, die in der kapitalistischen Gesellschaft auftreten, werden vom Standpunkt einer Profitrealisierung diagnostiziert und auf dieser Grundlage zur Festlegung der in der Forschung erfolgenden Problembearbeitungsprozesse verwendet. Dieser kapitalistische Typ der Problemorientierung ist dem Wissenschaftsbetrieb im imperialistischen Stadium des Kapitalismus in ausgeprägter Form eigen. Ein historisch anschauliches Beispiel dafür bietet wiederum die wissenschaftliche Klärung der Verhältnisse der Ammoniaksynthese, die insbesondere das wissenschaftliche Verdienst von F. Haber und W. Nernst ist.[33] In dem Maße, wie noch geeignete Verfahren und Katalysatoren sowie günstige Druck- und Temperaturbedingungen zu suchen waren, um eine optimale Ammoniakausbeute zu erhalten, war die Forschung auf größere technische Maß-

[32] F. Haber: Über die Darstellung des Ammoniaks aus Stickstoff und Wasserstoff, in: Fünf Vorträge aus den Jahren 1920—1923, Berlin 1924, S. 1.

[33] Ihnen gelang es, das Ammoniakgleichgewicht in der Synthese unter gegebenem Druck und bestimmten Temperaturen metrisch zu erfassen und für andere Druck- und Temperaturbedingungen zu berechnen.

stäbe angewiesen. Ende des 19. Jahrhunderts verlagerten die Eigentümer von drei großen Chemiewerken (die später die IG-Farbenindustrie AG bildeten) höherer Profite wegen die Produktion von der Teerfarbenchemie mehr und mehr auf die Nutzbarmachung des Luftstickstoffs, der synthetischen Herstellung von Kautschuk und von Treibstoffen. Im Rahmen dieser Orientierung befaßten sich die Badischen Anilin- und Sodafabriken (BASF) mit der Herstellung von Ammoniak.[34] Die Einwilligung Habers dafür, daß er seine Arbeitsstelle von der Technischen Hochschule Karlsruhe an die Badischen Anilin- und Sodafabriken wechselte, ist auf das Zusammentreffen mindestens zweier Umstände zurückzuführen, nämlich daß einerseits die begonnenen Forschungen nur mittels größerer technischer Maßstäbe abgeschlossen werden konnten, über die aber damals nur die kapitalistische Chemieindustrie verfügte, und daß andererseits diese über eine Strategie zur Profitrealisierung durch Beherrschung der Ammoniaksynthese verfügte. Als die Verhältnisse der Ammoniakbildung wissenschaftlich weitgehend geklärt waren, war Habers Auftrag als unmittelbarer Mitarbeiter der BASF erfüllt.[35]

Mittasch äußerte sich über den Zusammenhang zwischen dem Auftreten gesellschaftlicher Problemsituationen und der Formulierung von Forschungsproblemen wie folgt:

„Fragt man abschließend, welchen inneren Antrieben zufolge im Laufe eines Jahrhunderts zahlreiche Forscher höheren und niederen Grades immer wieder das Problem der Ammoniaksynthese aufgegriffen haben, so kann die Antwort nicht durchaus eindeutig lauten. Fest steht, daß es in den Anfängen lediglich sein Wissensdrang war, der den Chemiker zu seinen Versuchen veranlaßte ... Um die Mitte des Jahrhunderts gesellen sich offenkundig Antriebe wirtschaftlicher Art hinzu ... Erst um die Jahrhundertwende war der Stand der Dinge wissenschaftlich derart, daß neben anderen Formen der Bindung des atmosphärischen Stickstoffs auch die Ammoniaksynthese ernsthaft in Angriff zu nehmen war und schließlich industriell verwirklicht werden konnte."[36]

In seinen Untersuchungen über Bedingungen und Faktoren des Zustandekommens von wissenschaftlichen Entdeckungen weist auch B. M. Kedrov auf ein mehr oder weniger langandauerndes Vorbereitungsstadium hin, in dem die für sie notwendigen Bedingungen entstehen. Wirklich herangereift ist die Entdeckung jedoch

[34] Die entsprechenden Versuche leitete C. Bosch, der sich anfangs an das Frank-Caro-Verfahren anlehnte. Nachdem F. Haber die ersten Patente für seine Erkenntnisse über die Ammoniaksynthese anmeldete, wobei die zugrunde liegenden Versuche bereits 1907 zum Teil von der BASF finanziell unterstützt wurden, versicherte sich die BASF der Mitarbeit F. Habers endgültig.

[35] Bereits 1911 war mit einer Versuchsherstellung von Ammoniak begonnen worden und zwei Jahre später erfolgte die Aufnahme der eigentlichen Ammoniakproduktion, die eine Ammoniakausbeute von 15 Prozent ergab. Die Lösung der damit verbundenen technischen Probleme wirkte sich nachhaltig auf die chemische Industrie des 20. Jahrhunderts aus und bildete eine Grundlage für das Entstehen der katalytischen Hoch- und Niederdruckverfahren sowie des Crackens.

[36] A. Mittasch: Geschichte der Ammoniaksynthese, a. a. O., S. 9.

erst dann, wenn ein unmittelbares Interesse der gesellschaftlichen Praxis und der Wissenschaft selbst vorliegt, deren vorangegangene Entwicklung das Denken der Wissenschaftler an die entsprechende Problemstellung und schließlich an die Lösung heranführt. Kedrov spricht in diesem Zusammenhang auch vom „sozialen Auftrag“, der von der gesellschaftlichen und historischen Entwicklung der jeweiligen Epoche an die Wissenschaft ergeht und dessen Erfüllung dem Wissenschaftler, also auch dem Autor künftiger Entdeckung, aufgegeben ist.[37]

4.2. Die Entwicklung der Atomphysik und ihre energiewirtschaftliche Nutzung im 20. Jahrhundert

Wie jede andere Epoche, so hat auch die des Übergangs vom Kapitalismus zum Sozialismus die ihr eigenen „sozialen Aufträge“ an die Wissenschaft. Ein charakteristisches Beispiel dafür ist die bekannte weitblickende Orientierung von V. I. Lenin „Kommunismus ist Sowjetmacht plus Elektrifizierung“ und die Entwicklung der Wissenschaften in der Sowjetunion zur Lösung des Energieproblems. Bemerkenswert für diesen Zusammenhang ist, daß der in den ersten Jahren der Sowjetmacht ausgearbeitete Staatsplan zur Elektrifizierung Rußlands (GOELRO-Plan) zugleich der erste Plan zur Entwicklung der Volkswirtschaft war. Da der Ausnutzungsgrad der natürlichen Energiequellen vom Entwicklungsstand der Wissenschaft und Technik und von der Tiefe der Erkenntnis über die grundlegenden Naturgesetze abhängt, wurde unter anderem auch die physikalische Forschung in Rußland nach der sozialistischen Oktoberrevolution vor diesen „sozialen Auftrag“ gestellt. Das betraf auch solche Gebiete der Wissenschaft, die zum damaligen Zeitpunkt noch keinerlei sichere Anhaltspunkte für Ergebnisse von praktischer Bedeutung erkennen ließen. Zu diesem Zweig der Physik gehörte auch die Atomphysik. Wohl hatten im zaristischen Rußland die Leistungen von Physikern wie P. N. Lebedev international Beachtung gefunden, aber die gesellschaftliche Problemorientierung der physikalischen Forschung resultierte unter dem zaristischen Regime selbst zu Beginn des 20. Jahrhunderts nicht aus ihrer Mitwirkung an der Lösung industrieller Probleme, unter anderem wohl auch deshalb nicht, weil große Bereiche der elektronischen und optischen sowie der metallurgischen Industrie durch das ausländische Kapital beherrscht wurden, das entsprechende Forschungen vor allem in Deutschland und Frankreich betreiben ließ. Die sozialistische Oktoberrevolution 1917 beseitigte mit der kapitalistischen Ausbeutung auch diesen Zustand und eröffnete der physikalischen Forschung in den sozialistischen Sowjetrepubliken mit weitreichenden „sozialen Aufträgen“, wie zum Beispiel denen der Lösung von Energieproblemen, große Perspektiven die auch

[37] Vgl. B. M. Kedrov: Zur Theorie der wissenschaftlichen Entdeckung, in: G. Kröber, M. Lorf (Hrsg.): Wissenschaftliches Schöpfertum, Berlin 1972, S. 47.

von vielen Physikern ohne Zögern erkannt und realisiert wurden.[38] Den neuen Anforderungen entsprechend wurden bereits in den schweren Jahren des Bürgerkrieges und der Intervention eine Reihe von staatlichen Forschungsinstituten gebildet, darunter auch physikalische Institute.[39]

Verglichen mit den praktischen Beiträgen, die von der Atomphysik heute zur Lösung des Energieproblems geliefert werden, schienen die physikalischen Forschungen im ersten Drittel des 20. Jahrhunderts nur auf die Formulierung und Bearbeitung von Erkenntnisproblemen zur Beschreibung und Erklärung des Atomaufbaus gerichtet zu sein. In dieser Zeit erklärte zum Beispiel E. Rutherford: „Die Atomumwandlungen sind für den Wissenschaftler von außerordentlichem Interesse, wir werden jedoch die Atomenergie nicht in einem solchen Maße beherrschen können, daß sie irgendeinen kommerziellen Wert erlangen könnte. Und ich glaube, daß wir kaum einmal dazu in der Lage sein werden. Unser Interesse an diesem Problem ist rein wissenschaftlicher Natur."[40] Die kernphysikalischen Entdeckungen im zweiten Drittel dieses Jahrhunderts waren aber bereits Erkenntnisse über diese neuen Energieressourcen und über Verfahren zu ihrer Nutzung.[41] Erst vom Zeitpunkt der Entdeckung der Kernspaltung hatten die Formulierung und Bearbeitung von kernphysikalischen Forschungsproblemen Konsequenzen für die gesellschaftliche Praxis. In diesem Zusammenhang wurde das entscheidende

[38] So berichtete der sowjetische Nobelpreisträger N. N. Semenov von seinem Lehrer A. F. Joffe, der damals bereits durch seine Arbeiten auf dem Gebiet der Festkörperphysik international bekannt war, daß er vom ersten Tage an die sozialistische Oktoberrevolution begrüßt hatte und den Standpunkt vertrat, daß nun der langersehnte Aufschwung der Physik im eigenen Vaterland möglich ist. Vgl. N. N. Semenov: Nauka i obščestro, Moskau 1973, S. 369.

[39] So wurde bereits 1918 das von Joffe geleitete Staatliche Physikalisch-Technische Institut gegründet, an dem 1932 ein Laboratorium für Kernphysik eingerichtet wurde, das unter Leitung von J. V. Kurčatov wesentlich zur Gewinnung von Erkenntnissen beitrug, auf deren Grundlage zwei Jahrzehnte später im Jahre 1954 das erste Kernkraftwerk der Welt in Obninsk in Betrieb genommen werden konnte.

[40] Siehe: A. A. Petrosjanz: Das Atom — Forschung und Nutzung, Berlin 1973, S. 17.

[41] Zu Beginn dieses zweiten Drittels wurden im Jahre 1932 sowohl in Großbritannien durch I. D. Cockroft und E. T. Walton als auch in der UdSSR durch A. J. Leipunski, K. D. Sinelnikov und A. K. Valter die ersten Kernreaktionen an Lithiumkernen mit künstlich beschleunigten Protonen nachgewiesen. Eine weitere wichtige kernphysikalische Entdeckung des Jahres 1932 war die des Neutrons durch I. Chadwick in Großbritannien. Auf der Grundlage dieser Entdeckungen entwickelten W. Heisenberg in Deutschland und unabhängig davon D. D. Ivanenko und I. Y. Tamm in der UdSSR die theoretische Vorstellung, daß der Atomkern aus Protonen und Neutronen aufgebaut ist. Diese experimentellen Entdeckungen und ihre theoretischen Erklärungen veranlaßten Physiker verschiedener Staaten, in ihren Laboratorien die Kernprozesse zu untersuchen, die von Neutronen als stoßende Teilchen ausgelöst werden. Als das Ehepaar I. und F. Joliot-Curie in Frankreich ein Element als Ergebnis der Bestrahlung von Uran angaben, das mit keinem der Transurane in Übereinstimmung zu bringen war, wiederholte O. Hahn in Deutschland die Versuche und analysierte mit seinen chemischen Kenntnissen die winzigen Spuren des neu entstandenen Elements als Barium, ein Element, das einen nur etwa halb so schweren Kern aufweist wie das bestrahlte Uran.

Forschungsproblem nun durch die Frage repräsentiert, ob bei der Kernspaltung, die durch Neutronen ausgelöst wird, selbst wieder Neutronen freigesetzt werden, wodurch eine Kettenreaktion mit anhaltendem Energiegewinn möglich wäre.[42]

Für diese Forschungsarbeiten sind, im Unterschied zu denen im ersten Drittel unseres Jahrhunderts, die gesellschaftlichen Bedürfnisse, zu deren Befriedigung sie beitragen, mehr oder weniger formulierbar. Die Forderung an die Wissenschaft, neue Energiequellen zu erschließen, bezieht sich nun auch auf die Atomphysik. Die technische Nutzung der Energie aus der Kernspaltung der Elemente Thorium und Uran ist ein Ergebnis der kernphysikalischen Forschung und kerntechnischen Entwicklung im zweiten Drittel des 20. Jahrhunderts, an dem die physikalische Forschung der UdSSR einen hervorragenden Anteil hat.[43] Die Inbetriebnahme von industriellen Kernkraftwerken in allen Ländern charakterisiert den Beginn des letzten Drittels des 20. Jahrhunderts.[44]

All diese praktischen Maßnahmen sind geeignet, ein Erschöpfen der Energievorräte abzuwenden, obwohl diese Situation in der gesellschaftlichen Praxis erst dann beseitigt ist, wenn Kernbrennstoffkreisläufe angewandt und Kernreaktoren entwickelt und gebaut werden, die eine Vermehrung der Kernbrennstoffressourcen und eine Effektivitätssteigerung bei der Ausnutzung der natürlichen Uran- und

[42] Diese Frage wurde nach Hahns Mitteilung über seine Entdeckung Anfang des Jahres 1939 — also wenige Monate vor Ausbruch des II. Weltkrieges — von Physikern verschiedener Staaten gestellt. So formulierte F. Joliot-Curie im Frühjahr 1939 wie folgt: „Die Wichtigkeit der beobachteten Erscheinung als ein Schritt zur Erzeugung einer exothermen Kettenreaktion ist offensichtlich. Jedoch ist, um eine solche Kette zu erzeugen, notwendig, daß mehr als ein Neutron für jedes absorbierte Neutron entsteht. Das scheint der Fall zu sein, da der Wirkungsquerschnitt für die Freisetzung eines Neutrons größer scheint als der Wirkungsquerschnitt für die Durchführung einer Kernexplosion. Experimente und Lösungen verschiedener Konzentrationen werden über diese Frage Aufschlüsse geben." Vgl. F. Joliot-Curie, H. Halbau und L. Kowarski in: Nature vom 18. März 1939.

[43] Im Rahmen des Atomenergieprojektes der USA wurde Ende des Jahres 1942 unter Leitung von E. Fermi der erste Kernreaktor der Welt in Chikago mit einer thermischen Leistung von 200 Watt in Betrieb genommen und Kernsprengstoff hergestellt, der zum Bau von Atombomben verwendet wurde. Flugzeuge der USA warfen im August 1945 zwei Atombomben über den japanischen Städten Hiroshima und Nagasaki ab. Diese verbrecherische Ausnutzung von Erkenntnissen kernphysikalischer Forschung durch die USA und die Spekulation, die Kernwaffen als Mittel politischer Erpressung gegen die UdSSR zu benutzen, wurde von friedliebenden Menschen in aller Welt verurteilt. Die zielgerichtete kernphysikalische Forschung unter Leitung von Kurčatov führte im Jahre 1946 zur Schaffung des ersten europäischen Kernreaktors in Moskau und im Jahre 1949 zur Brechung des Atomwaffenmonopols der USA und schließlich dazu, daß im Jahre 1954 das erste Kernkraftwerk der Welt in Obninsk mit einer thermischen Leistung von 30 Tausend Kilowatt und einer elektrischen Leistung von 5 Tausend Kilowatt in Betrieb genommen wurde.

[44] So befanden sich bereits zu Beginn der siebziger Jahre in verschiedenen Ländern der Welt Dutzende industrieller Kernkraftwerke mit einer installierten elektrischen Gesamtleistung von über 35 Millionen Kilowatt in Betrieb und zum Ende der siebziger Jahre wird eine Zunahme der installierten elektrischen Leistung von Kernkraftwerken auf 200 bis 300 Millionen Kilowatt erwartet. Vgl. A. M. Petrosjanz: Das Atom — Forschung und Nutzung, a. a. O., S. 21 und S. 141.

Thoriumvorräte ermöglichen. Mit anderen Worten: Das Energieproblem löst sich nicht einfach dadurch, daß Kernreaktoren in Betrieb genommen werden, denn auch sie benötigen eine Brennstoffbasis. Solange als Brennstoffbasis nur die natürlichen Uran- und Thoriumvorräte ausgenutzt werden können, ist die Gefahr der Erschöpfung der Energievorräte nicht abgewendet. Dies würde erst durch den Einsatz von Kernreaktoren möglich sein, die mehr Brennstoff erzeugen als eingesetzt wird. Solche Leistungsreaktoren existieren zwar zu Beginn des letzten Drittels des 20. Jahrhunderts bereits, aber sie haben übermäßig lange Fristen für die Verdopplung der eingebrachten Brennstoffmenge. Somit ergeben sich im Kernkraftwerksbau neuartige Problemsituationen, die insbesondere Forderungen an die von Leistungsreaktoren benötigten Zeiten für die Verdopplung des Kernbrennstoffes enthalten. Diese Problemsituationen der gesellschaftlichen Praxis sind bei der Formulierung weiterer Forschungsprobleme der Kernphysik zu berücksichtigen.[45]

In enger wechselseitiger Beeinflussung der Formulierung und Lösung von gesellschaftlichen Praxisproblemen und Forschungsproblemen können bereits in den nächsten Jahrzehnten weitere entscheidende Schritte zur Lösung des Energieproblems vollzogen werden, wobei es vor allem darauf ankommt, Sekundärbrennstoff in solchen Mengen zu gewinnen, die das Dreißig- bis Vierzigfache der Menge des eingebrachten primären Brennstoffes übersteigen. Zusammenfassend kann festgestellt werden, daß der Zusammenhang zwischen energiewirtschaftlichen und kernphysikalischen Problemen erst in einem bestimmten Entwicklungsstadium der Atomphysik aufgetreten ist, aber seitdem die Formulierung von Forschungsproblemen in der Atomphysik beeinflußt.

5. Zur Formulierung von Forschungsproblemen unter Bezug auf Problemsituationen der Forschung und der gesellschaftlichen Praxis

Im Unterschied zu Auffassungen, die Forschung als ein weitgehend autonomes System von Erkenntnistätigkeiten anzusehen, dessen Geschichte aus internen Zielsetzungen und Kriterien zu erklären ist,[46] nehmen wir im Anschluß an die

[45] Hinsichtlich genannter Problemsituationen beim Bau von Kernkraftwerken verweist A. F. Aleksandrov — anläßlich des 20. Jahrestages der Inbetriebnahme des ersten Kernkraftwerkes der Welt — auf Untersuchungen, die zeigen, „daß zwecks Beschleunigung der Plutoniumgewinnung im Schnellen Brüter die Wärmespannung in der Spaltzone erhöht werden muß: weiterhin müssen die Mengen des Moderators vermindert oder seine kernphysikalischen Eigenschaften verbessert sowie die Brennstoffmenge im gesamten Brennstoffzyklus verringert, die radiochemische und mechanische Regeneration des Brennstoffes beschleunigt und die Dichte des in der Spaltzone befindlichen Materials erhöht werden.“ Bei der Realisierung dieser Vorhaben treten neuartige Praxis- und Erkenntnisprobleme auf, deren Lösung nach Meinung von Aleksandrov wohl erst in 10 bis 15 Jahren zu erreichen ist. Vgl. A. F. Aleksandrov: Atomnaja i termojadernaja energetika, in: Vestnik Akademii Nauk SSSR (Moskau), 2/1975, S. 24—31.

[46] Vgl. K. R. Popper: Logik der Forschung, Tübingen 1973; T. S. Kuhn: Struktur wissenschaftlicher Revolution, Frankfurt/Main 1967.

historischen Betrachtungen zur Lösung des Stickstoffproblems im 19. Jahrhundert und zur Entwicklung der Atomphysik und ihrer energiewirtschaftlichen Nutzung im 20. Jahrhundert den Standpunkt ein, daß die Richtung der Forschung sowohl von der Entstehung der Problemsituationen in der Forschung als auch von der Entwicklung der Problemsituationen in der gesellschaftlichen Praxis und vom Zusammentreffen beider abhängt. Damit unterscheidet sich unsere Auffassung nicht nur von der „internalistischen" Interpretation der Wissenschaftsentwicklung, sondern auch von der üblichen Kontroverse zwischen dieser und der „externalistischen" Interpretation der Wissenschaft.[47] Im Unterschied zu dieser Diskussion, in der eine Zuordnung sozialer Strukturen zu externen Entwicklungsfaktoren und kognitiver Strukturen zu internen Entwicklungsfaktoren erfolgt,[48] gehen wir davon aus, daß Problemsituationen, die Bedürfnisse nach gesellschaftlich neuem Gesetzeswissen darstellen, als kognitive Strukturen sowohl innerhalb als auch außerhalb der Forschung auftreten und ihrem Wesen nach identisch sind. Der Unterschied zwischen beiden Problemsituationen besteht vor allem darin, daß Problemsituationen der Forschung einerseits bereits durch einen entsprechenden Wissenszuwachs aufgelöst sind und daß Problemsituationen der gesellschaftlichen Praxis andererseits, zu deren Beseitigung neues wissenschaftliches Wissen benötigt wird, allein durch Gewinnung dieses Wissens noch nicht aufgelöst werden, sondern erst dann beseitigt sind, wenn das gewonnene Wissen in Anleitungen zu praktischen Handlungen eingegangen ist, die ihrerseits gewährleisten, daß das ursprünglich gestellte praktische Ziel, z. B. im Bereich der Produktion materieller Güter, erreicht wird. In diesem Zusammenhang ist zu beachten, daß Forschungsprobleme wissenschaftlich formulierte Erkenntnisprobleme sind, aber nicht jedes wissenschaftlich formulierte Problem einer praktischen Problemsituation enthält die Zielstellung, neue wissenschaftliche Erkenntnisse zu gewinnen. Aus diesem Unterschied resultiert auch der unterschiedliche Einfluß der genannten zwei Arten von Problemsituationen auf die Formulierung von Forschungsproblemen. So kann ein Forschungsproblem nur dann formuliert werden, wenn sich entsprechende Problemsituationen in der Forschung selbst herausgebildet haben. Darüber hinaus können Formen von Problemen, die Problemsituationen der gesellschaftlichen Praxis entsprechen, als Orientierung für die Formulierung von Forschungsproblemen verwendet werden, damit die eingangs angesprochene weitgehende Übereinstimmung zwischen dem Gegenstandsbereich der Praxis und dem Objekt-

[47] Einen historischen Überblick über diese Kontroverse gibt: S. R. Mikulinskij: Sovremennoe sostojanie i teoretičeskie problemy istorii estestvoznanija kak nauki, in: Voprosy filosofii (Moskau), 6/1976, S. 74—86. Eine Sammlung von ausgewählten Texten zu dieser Kontroverse findet sich bei: P. Weingart (Hrsg.): Wissenschaftssoziologie 2, Determinanten wissenschaftlicher Entwicklung, Frankfurt/Main 1974.

[48] Die Fragwürdigkeit dieser Zuordnung diskutiert auch W. Krohn in seinen Bemerkungen „Zur soziologischen Interpretation der neuzeitlichen Wissenschaft". Siehe: E. Ziesel: Die sozialen Ursprünge der neuzeitlichen Wissenschaft (hrsg. u. übersetzt von W. Krohn), Frankfurt/Main 1976.

bereich Forschung gesichert wird. Damit diese Probleme überhaupt als Orientierungen bei der Formulierung von Forschungsproblemen Berücksichtigung finden können, müssen sie über Merkmale verfügen, die es gestatten, einen Bezug von Forschungsproblemen herzustellen. Werden Forschungsprobleme als wissenschaftlich formulierte Erkenntnisprobleme aufgefaßt, dann ist das jeweils vorausgesetzte wissenschaftliche Wissen ein solches Merkmal, das Problemen praktischer Problemsituationen zukommen kann und einen Bezug auf das bisher gesellschaftlich vorhandene Wissen gestattet. Bei Forschungsproblemen liegen die Problemformulierungen in einem solchen Reifegrad vor, daß einerseits alle Bezüge auf das bisher gesellschaftlich vorhandene Wissen nachweisbar nicht ausreichen, um ein wissenschaftliches Erkenntnisziel zu erreichen, und daß andererseits in der Problemformulierung zur Gewinnung des fehlenden Wissens ein bekannter Rahmen des methodischen Vorgehens angegeben wird.[49] Liegt nun der Fall vor, daß in der Formulierung von Problemen, die Problemsituationen der gesellschaftlichen Praxis erfassen, kein Bezug zu den Wissensvoraussetzungen oder zu den Wissenslücken hergestellt werden kann, die den Kriterien der Wissenschaftlichkeit genügen, dann kann das zwei Gründe haben. Einmal kann angenommen werden, daß Problemsituationen in der gesellschaftlichen Praxis existieren, denen keine in der Forschung entsprechen. In diesem Fall ist nun je nach gesamtgesellschaftlicher Bedeutung dieser Problemsituationen die schöpferische Suche bzw. Herbeiführung von solchen Problemsituationen der Forschung erforderlich, die mindestens einen der genannten Bezüge gestatten. Zum anderen kann aber auch die Entwicklung der Forschung zu solchen Problemsituationen geführt haben, denen noch keine Problemsituation der gesellschaftlichen Praxis entsprechen. In diesem Fall sind Forschungsprobleme auf Vorrat formuliert worden. Ihre Bearbeitung hängt aber dann weitgehend von der Bereitstellung von Mittel und Kräften ab, die über die hinausgehen, die zur Bearbeitung der Forschungsprobleme, für die entsprechende Problemsituationen der gesellschaftlichen Praxis gegeben sind, bereits zur Verfügung gestellt werden.[50] Die Mittel und Kräfte, die einer hochleistungsfähigen Forschung zur Verfügung gestellt werden, sind im Sozialismus gesellschaftliches Eigentum. Es kommt deshalb darauf an, die Forschungsarbeit schon durch den Plan in ihrem Inhalt, ihren organisatorischen Formen und ökonomischen Beziehungen fest mit der Produktion zu verbinden, damit die nicht geringen, aber auch nicht unbegrenzten Kräfte und Mittel für die Forschung so eingesetzt werden, daß sie zu der Steigerung der Arbeitsproduktivität entscheidend beitragen und einen reichen wirtschaftlichen Ertrag bringen. So zeigt sich der neue Charakter der Forschung im Sozialismus auch in einer bewußten Orientierung der Problemauswahl und der schöpferischen Suche nach neuen Forschungsproblemen, die den Erfordernissen des

[49] Vgl. G. Wangermann: Problem und Methode als funktionelle Einheit in der Forschung, in diesem Band, S. 37.

[50] Vgl. G. Kröber: Praxisreife Lösungen auf breitem theoretischem Fundament, in: Spektrum, 7/8/1975, S. 22—25.

wissenschaftlichen Fortschritts und zugleich den gesamtgesellschaftlichen Bedürfnissen entsprechen.

Insgesamt gesehen sind hinsichtlich des Auftretens von Problemsituationen der Praxis und der Forschung folgende drei Fälle möglich: Erstens, es liegt eine Entsprechung zwischen Problemsituationen in der gesellschaftlichen Praxis und denen in der Forschung vor. Davon ausgehend ist es möglich, unter den bereits formulierten Forschungsproblemen eine entsprechende Auswahl und eine Festlegung der Mittel und Kräfte für ihre Bearbeitung vorzunehmen. Zweitens, es sind Problemsituationen in der gesellschaftlichen Praxis aufgetreten, denen keine in der Forschung entsprechen. In diesem Fall können die vorhandenen Probleme praktischer Problemsituationen als Orientierung dafür dienen, daß in der Forschung solche Problemsituationen gesucht und herbeigeführt werden, die es gestatten, daß entsprechende Forschungsprobleme formuliert und bearbeitet werden. Drittens, es liegen Problemsituationen in der Forschung vor, denen keine in der gesellschaftlichen Praxis entsprechen. Damit ist die Möglichkeit gegeben, einen Vorrat an Forschungsproblemen zu formulieren und auf Grund von Prognosen über bestimmte Bereiche des gesellschaftlichen Lebens zu untersuchen, ob und wann entsprechende Problemsituationen in der Praxis auftreten werden, damit gesellschaftlich begründete Entscheidungen über die Bearbeitung dieser Forschungsprobleme getroffen werden können.

Die aufgezeigten Zusammenhänge zwischen Problemsituationen der gesellschaftlichen Praxis und denen der Forschung bedingen auch die Formen der Forschung, die es ihr gestatten, durch Gewinnung von neuem Wissen zur Lösung von Problemsituationen in der gesellschaftlichen Forschung beizutragen. So ist die interdisziplinäre Forschung ein Mittel für die wissenschaftliche Bearbeitung von Problemen der gesellschaftlichen Praxis, denen Problemfelder der Forschung entsprechen, die interdisziplinär zusammengesetzt sind.[51] Dabei ist zu beachten, daß Erkenntnisprobleme, die sich auf Problemsituationen der gesellschaftlichen Praxis beziehen, erst in dem Maße als Forschungsprobleme formuliert werden können, wie ein Bezug des Erkenntniszieles zu Bereichen des theoretischen Wissens hergestellt wird. Soweit nur ein Bereich des theoretischen Wissens als Bezug bei der Formulierung von Forschungsproblemen und bei der Entwicklung sowie Anwendung von Forschungsmethoden dient, ist die Situation überschaubarer als in all den Fällen, in denen versucht wird, die Formulierung und Bearbeitung von Forschungsproblemen auf verschiedene Bereiche des theoretischen Wissens zu beziehen. Organisation und Leitung des Zusammenwirkens von Vertretern verschiedener Wissenschaftsdisziplinen, das für ein verstärktes Arbeiten an Grundlagen und an komplexen Lösungen im Interesse eines langfristigen wissenschaftlichen Vorlaufes erforderlich ist, der sich gleichzeitig auf die volkswirtschaftlich

[51] Vgl. H. Parthey: Besonderheiten der Einheit der Wissenschaften in der interdisziplinären Forschung, in: Objektive Gesetzmäßigkeiten und bewußtes Handeln in der sozialistischen Gesellschaft (Materialien des IV. Philosophie-Kongresses der DDR 1974), Berlin 1975.

und gesellschaftlich entscheidenden Prozesse konzentriert, bedürfen der wissenschaftstheoretischen Analyse aller letztgenannten Fälle, damit möglichst nur die Forschungsprobleme mit gesicherter Effektivität gestaltet und die weniger effektiven Forschungsprobleme von vornherein vermieden werden. Die genannte wissenschaftstheoretische Analyse setzt einmal die Theoriebezogenheit sowohl der Formulierung als auch der Bearbeitung von Forschungsproblemen und zum anderen die Struktur von Problemfeldern innerhalb und außerhalb der Forschung voraus. Die Aspekte der Interdisziplinarität sind je nach dem ersten oder dem zweiten Sachverhalt verschieden, wobei der zweite vom ersten abhängt. So ist entsprechend dem erstgenannten Sachverhalt der Bezug sowohl der Formulierung als auch der Bearbeitung von Forschungsproblemen auf bestimmte Bereiche des theoretischen Wissens disziplinär, wenn er nur einen Wissensbereich erfaßt. Interdisziplinarität tritt in diesem Zusammenhang dann auf, wenn ein Bezug zu mindestens zwei Bereichen des theoretischen Wissens besteht. In dem Maße, wie sich das theoretische Wissen in verschiedene Bereiche aufgliedert,[52] kann entsprechend dem zweitgenannten Sachverhalt auch ein Feld von Forschungsproblemen eine disziplinäre oder interdisziplinäre Zusammensetzung haben, d. h., die verschiedenen Forschungsprobleme eines solchen Feldes, das einem Erkenntnisproblem entspricht, das sich auf Problemsituationen der gesellschaftlichen Praxis bezieht, haben einen Bezug zu nur einem Theoriebereich oder zu mehreren. Für den letztgenannten Fall müssen entsprechend der erstgenannten Unterscheidung zwischen der disziplinären oder interdisziplinären Formulierung einzelner Forschungsprobleme folgende zwei Möglichkeiten in Betracht gezogen werden: Erstens sind im interdisziplinär zusammengesetzten Problemfeld der Forschung verschiedene disziplinär formulierte Forschungsprobleme vorhanden, oder zweitens gibt es im interdisziplinär zusammengesetzten Problemfeld neben verschiedenen disziplinär formulierten Forschungsproblemen auch solche, die jedes für sich genommen unter Bezug auf verschiedene Bereiche des theoretischen Wissens formuliert werden können. Es ist anzunehmen, daß der zweite Fall Tendenzen zur Herausbildung einer neuen Wissenschaftsdisziplin auslöst. Wenn man von dieser Problematik der Herausbildung neuer Wissenschaftsdisziplinen absieht, dann kann angenommen werden, daß nur der erste Fall die charakteristischen Merkmale enthält, die im allgemeinen mit der Forderung nach interdisziplinärer Forschung verbunden werden. Für wissenschaftstheoretische Untersuchungen über die interdisziplinäre Forschung sind deshalb alle denkbaren Verhältnisse von Disziplinarität und Interdisziplinarität am erstgenannten Sachverhalt der Beziehung zwischen beiden bei der Formulierung und Bearbeitung von Forschungsproblemen zu überprüfen, ob sie in der Forschung auftreten. Denn wenn Forschungsprobleme in diesem Sinne nicht interdisziplinär formuliert werden können, dann kommt für die interdisziplinäre Forschung nur der erstgenannte Fall vor. Eine solche

[52] Siehe: K. Fuchs: Zur Bedeutung der theoretischen Physik für die Naturwissenschaften, Berlin 1975.

Analyse ist auch wichtig für wissenschaftsorganisatorische Hinweise, die unterschiedlich ausfallen, je nachdem ob nur der erstgenannte Fall oder auch der zweitgenannte vorkommt. In jedem Fall zeigen die bisherigen Überlegungen, daß die interdisziplinäre Forschung nicht ein besonderes Entwicklungsniveau wissenschaftlichen Erkennens in der Forschung charakterisiert, sondern die Komplexität der Probleme ausdrückt, die durch die Entwicklung von Problemsituationen in der gesellschaftlichen Praxis aufgeworfen werden, denen interdisziplinär zusammengesetzte Felder von Forschungsproblemen zugeordnet sind. Damit wird erneut unterstrichen, daß es zu den Merkmalen der Formulierung von Forschungsproblemen gehört, das Entwicklungsniveau der Problemsituationen sowohl in der Forschung selbst als auch in der gesellschaftlichen Praxis zu berücksichtigen.

Gert Wangermann

Problem und Methode als funktionelle Einheit in der Forschung

Bewußte Tätigkeit des Menschen ist von dem allgemeinen Ziel geprägt, Zustände und Vorgänge der Wirklichkeit erkennen, bewerten, nutzen und verändern zu wollen. Die wissenschaftliche Tätigkeit als wesentlicher Teil bewußter Tätigkeit folgt diesem Ziel mit der grundlegenden Annahme, daß die Wirklichkeit gesetzmäßig strukturiert und in dieser Gesetzmäßigkeit erkennbar ist.

Notwendige Voraussetzungen für eine konkrete wissenschaftliche Tätigkeit sind bewußte Feststellungen darüber, daß vorhandenes Wissen über bestimmte Bereiche der Wirklichkeit nicht genügt, um erfragte Ziele zu erreichen. Diese Ziele können in der Abbildung von Gesetzmäßigkeiten und/oder der Anwendung erkannter Gesetzmäßigkeiten zur Veränderung der Wirklichkeit bestehen. Die bewußten Feststellungen bestehender Wissenslücken lassen sich als wissenschaftliche Probleme, mithin als definierbare Systeme von Aussagen und Fragen formulieren, für die kein Algorithmus bekannt ist, mit dessen Hilfe das erfragte Ziel in einer bekannten Anzahl von Schritten erreicht werden kann.[1]

1. Kriterien zur Formulierung von Forschungsproblemen

Nicht in jedem Fall wissenschaftlicher Tätigkeit läßt sich fehlendes Wissen über einen bestimmten Bereich der Wirklichkeit aus anderen gesellschaftlichen Tätigkeiten oder anderen Bereichen der Wirklichkeit rekombinieren; es muß neu gewonnen werden. Nur solche erkannte Wissenslücken, die durch neue Erkenntnisse über Gesetzmäßigkeiten zu schließen sind, können zur Formulierung von Forschungsproblemen als notwendige Voraussetzungen für eine konkrete Forschungstätigkeit führen. Dabei bestimmt die Art und Weise der Formulierung von Forschungsproblemen fraglos die Art und Weise, insbesondere den Erfolg der Forschungstätigkeit.

[1] Vgl. H. Parthey, W. Wächter: Das Problem und seine Struktur in der wissenschaftlichen Forschung, in: Problemstruktur und Problemverhalten in der wissenschaftlichen Forschung, Rostock 1966 (Rostocker Philosophische Manuskripte, Heft 3), S. 21.

In der Begriffsbestimmung des wohlformulierten Forschungsproblems[2], wie in anderen Analysen des Problembegriffs, fällt auf, daß über Bezüge zwischen dem Problem und den Voraussetzungen zu seiner Bearbeitung wenig Aussagen enthalten sind. Probleme erkannt und formuliert zu haben setzt jedoch nicht notwendig Forschungstätigkeit in Gang. Vielmehr müssen Voraussetzungen für ein bestimmtes wissenschaftliches Verhalten des Menschen gegenüber formulierten Problemen gegeben sein. Dieses wissenschaftliche Verhalten ist zunächst durch intellektuelle und materielle Möglichkeiten zur Problembearbeitung determiniert. Solche Möglichkeiten müssen wissenschaftliche (theoretische und/oder experimentelle) Methoden sein, die entweder vorhanden sind oder aus vorhandenem Wissen (auch Material) konstituiert werden können und von denen angenommen werden muß, daß deren intellektuelle und materielle Leistungsfähigkeit dem Problem adäquat ist.[3] Sind diese Möglichkeiten nicht vorhanden, ist das Problem noch nicht lösbar. Vielmehr ist dann eine Situation gegeben, die Unkenntnis nachweist und die Formulierung eines neuen, methodenorientierten Forschungsproblems stimulieren kann.

Probleme werden aber nicht formuliert, um allein sprachlich repräsentiert und reproduziert, also anderen mitgeteilt zu werden, sondern um bearbeitet und gelöst zu werden. Die Bestimmung des Problembegriffs „an sich“, ohne Hinweise auf

[2] H. Parthey schlägt daher den Begriff des wohlformulierten Forschungsproblems vor und gibt Bedingungen für dessen Existenz an.

(1) Ein Forschungsproblem muß wissenschaftliche Aussagen enthalten, deren Wahrheit bereits festgestellt ist, d. h., die bei der Formulierung eines Forschungsproblems verwendeten Aussagesätze müssen in ihrer Bedeutung zu bereits vorhandenen Erkenntnissen gehören, die Gesetzmäßigkeiten eines bestimmten Wirklichkeitsbereiches abbilden.

(2) Ein Forschungsproblem muß Aufforderungen in Form von Zielsetzungen bzw. von Fragestellungen enthalten, die zur Gewinnung von neuen wissenschaftlichen Erkenntnissen auffordern und die dem Sachverhalt, auf den sich das Forschungsproblem bezieht, angemessen sind, d. h., die bei der Formulierung eines Forschungsproblems verwendeten Aufforderungssätze müssen entsprechende Zielsetzungen bzw. Fragestellungen ausdrücken.

Weiterhin kann eine dritte Bedingung für wohlformulierte Forschungsprobleme genannt werden:

(3) Ein wohlformuliertes Forschungsproblem muß bezüglich der zur Problemlösung vollständig erforderlichen Menge wissenschaftlicher Aussagen, in der alle zur Erreichung der jeweiligen Zielsetzung notwendigen Bedingungen angegeben werden (Vollständigkeitsgrad gleich Eins), einen Vollständigkeitsgrad besitzen, der kleiner als Eins und größer als Null ist, d. h., er darf nicht gleich Eins sein, denn dann würde kein Forschungsproblem, sondern eine Erkenntnisaufgabe formuliert sein, und er darf nicht gleich Null sein, denn dann könnte wegen (1) auch kein Forschungsproblem formuliert werden.

Vgl. H. Parthey: Wege zur Formulierung von Forschungsproblemen, in: Wissenschaftliche Zeitschrift der Humboldt-Universität zu Berlin, Math.-Nat. Reihe XXII, 1, (1972), S. 127.

[3] Der Begriff der Methode wird hier bewußt in sehr allgemeiner Bedeutung verwendet. Aufgabe wissenschaftsanalytischer Untersuchungen sollte die Formulierung von Kriterien sein, welche den Begriff genauer bestimmen und beispielsweise gegen die Begriffe Forschungspotential, Verfahren u. a. abgrenzen. Vgl. hierzu auch: E. Lang, W. Wächter: Aspekte des methodischen Vorgehens in der Forschung, in diesem Band, S. 48.

vorhandene oder konstituierbare und adäquate Voraussetzungen zur Auflösung des Problems, ist daher nicht hinreichend, wenn Probleme bezüglich der Relevanz für die gesellschaftliche Praxis betrachtet werden und zu einem tätigen wissenschaftlichen Verhalten (zu Entscheidungen über die Bedeutung, die Bearbeitung usw.) führen sollen. Da aber Probleme nur in der Auseinandersetzung des Menschen mit der Natur oder sich selbst auftreten, ist ein wissenschaftliches Verhalten gegenüber formulierten Problemen in jedem Fall primär gesellschaftlich bedingt.

Der Ausschluß der Bearbeitung (wohlverstanden: nicht der Auflösung) aus der Bestimmung des Problembegriffs kann dazu führen, daß Probleme, weil nicht bearbeitet, also in diesem Sinne nicht lösbar sind, nur noch dem Nachweis von Unwissen und der Formulierung neuer Probleme (dann genauer: Scheinprobleme) dienen. Den Kriterien für die Formulierung eines wohlformulierten Forschungsproblems wäre somit ein zusätzliches anzufügen, das die Abhängigkeit Problem—Methode und damit eine zwingende Tendenz vom Konstatieren des Unwissens zur Tätigkeit, die dieses Unwissen durch Erkenntnisse ersetzt, ausdrückt:

(4) Ein wohlformuliertes Forschungsproblem muß Aufforderungen zur Nutzung wissenschaftlicher Methoden enthalten, die entweder vorhanden sind oder aus vorhandenem Wissen und/oder Material konstituiert werden können und von denen zum Zeitpunkt der Problemformulierung angenommen werden kann, daß sie der Bearbeitung des Problems angemessen sind.

Damit werden wohlformulierte Forschungsprobleme zugleich bearbeitbare, aber nicht notwendig lösbare Probleme. Die Handhabbarkeit des Problems ist hergestellt; das mit der Problemformulierung intendierte Risiko der Auflösung bleibt erhalten.[4]

Die Bindung Problem—Methode ist wesentliche Voraussetzung dafür, den Prozeß wissenschaftlicher Tätigkeit, den Forschungsprozeß, aufrechtzuerhalten, allerdings nicht zwangläufig zu regulieren. Der Forschungsprozeß wird häufig als das Erkennen und Formulieren wissenschaftlicher Probleme gekennzeichnet, deren Bearbeitung und Auflösung zu wahren bzw. hinreichend bestätigten neuen Aussagen über Gesetzmäßigkeiten der objektiven Wirklichkeit führt. Diese Charakterisierung kann dem individualistischen Selbstverständnis des Wissenschaftlers dienen, gleichwohl erklärt sie den Forschungsprozeß zum geschlossenen System, ohne Frage nach dem Woher der Probleme und dem Wohin der Erkenntnisse.

2. Bedingungen zur Bearbeitung von Forschungsproblemen

Mit dem Anerkennen der Bedingtheit Problem—Methode ist im allgemeinen die Bindung bewußtseinsbezogener, sprachlich geformter Gebilde an personelle und gegenständliche Möglichkeiten (Forschungspersonal als Träger methodischer

[4] Im folgenden wird der Begriff des Problems in dieser Bestimmung verwendet.

Kenntnisse und Erfahrungen; methodische Regeln, instrumentelle Mittel, wie experimentelle Vorrichtungen, Rechenanlagen) ihrer Realisierung anerkannt. Auf Grund der unendlichen Vielfalt der Wirklichkeit, damit auch der Vielfalt von Problemen einerseits und der stets endlichen Vielfalt und Vielzahl gegebener Möglichkeiten zur Bearbeitung und Auflösung der Probleme andererseits wird nicht jedes Problem (wenigstens nicht sofort) bearbeitet werden können. Die Endlichkeit der Bearbeitungsmöglichkeiten wird durch die Begrenztheit der von der Gesellschaft bereitstellbaren Mittel und Kräfte gegeben. Unter diesen Aspekten konkurrieren also Problem und Methode. Die Konkurrenz wird um so deutlicher, je mehr die wissenschaftliche Tätigkeit in den Mittelpunkt menschlicher Tätigkeit überhaupt rückt. Die für eine solche Tendenz notwendigen sozialen und ökonomischen Voraussetzungen sind im Sozialismus gegeben, bedingt durch die Forderung der Gesellschaft nach Erkenntniszuwachs über Gesetzmäßigkeiten als entscheidende theoretische Grundlage gesellschaftlicher Praxis.

Die Bedingtheit Problem—Methode verlangt daher nach einer weiteren entscheidenden, d. h. regelnden Größe; diese muß von gegenwärtigen und mehr noch zukünftigen Erkenntnisinteressen der Gesellschaft abgeleitet werden. Konkrete Erkenntnisinteressen der Gesellschaft sind im allgemeinen nicht allen Mitgliedern der Gesellschaft gleich bewußt, sondern werden — abhängig von einzelwissenschaftlichen Kenntnissen und der Einsicht in Entwicklungsgesetze der Gesellschaft — von Einzelpersonen oder Gruppen, d. h. Teilmengen der Gesellschaft, vertreten. L. Czayka meint dazu vom Standpunkt bürgerlicher Wissenschaftstheorie: „Tatsächlich dürfte es nur wenige ‚gesellschaftliche Interessen‘ in dem Sinne geben, daß sie von allen Mitgliedern der Gesellschaft geteilt werden und konfliktfrei befriedigt werden können. Infolgedessen halte ich die Forderung nach der Ausrichtung der Forschung auf die ‚Erkenntnisinteressen der Gesellschaft‘ — falls sie ernst genommen wird — für zu restriktiv und — falls sie nicht ernst genommen wird — für zu gefährlich, weil sich Gruppeninteressen mit Hilfe der nur schwer überprüfbaren Behauptung, es handle sich um ‚gesellschaftliche Interessen‘, viel leichter als ohne eine solche Behauptung durchsetzen lassen.“[5] Diese Äußerung wird nur verständlich, wenn ausschließlich Interessen solcher Gruppen gemeint sind, die selbst Minderheiten darstellen und deren einziger Bezug zur übrigen Gesellschaft darin besteht, Mehrheiten für diese Interessen, nämlich Profitinteressen, einzuspannen, ohne die Entwicklungsgesetze der Gesellschaft zu beachten bzw. beachten zu wollen.

Zweifelsfrei kann es nur, wie bereits erwähnt, Vermögen und Aufgabe von Einzelpersonen oder Gruppen sein, spezifische Probleme zu erkennen, zu formulieren und vorzutragen. Der Vortrag „Jedes vor Jedem“ schließt sich von selbst aus; daher können im allgemeinen jeweils nur Teilmengen der Gesellschaft infor-

[5] L. Czayka: Einige Thesen zur Problemorientierung der Forschung, zur interdisziplinären Forschung und zur Vermeidung von Doppelarbeiten in der Forschung, in: SfS-Mitteilungen Heidelberg 1973, S. 32.

miert und gehört werden. Da von verschiedenen Betrieben der Gesellschaft wegen der notwendigen Arbeitsteilung unterschiedliches Wissen, folglich unterschiedliche fachspezifische Erkenntnisinteressen erwartet werden müssen, sind Entscheidungen zur Wertung von Problemen zudem nicht konfliktfrei zu erlangen und durchzusetzen. Entscheidend ist jedoch, daß bereits Auswahl und Vortrag formulierter Probleme, besonders die Wertung und schließlich Entscheidung über deren Bearbeitung von Anerkennung und Kenntnissen objektiv wirkender gesellschaftlicher Entwicklungsgesetze bestimmt werden müssen.[6] Anders: fachspezifische (und damit solcherart Gruppen-) Erkenntnisinteressen können sich erst unter Berücksichtigung gesamtgesellschaftlicher Entwicklungsgesetze zu gesellschaftlichen Erkenntnisinteressen qualifizieren, d. h. objektivierte Prioritäten erhalten. Da die ungewertete gleichzeitige Bearbeitung unangemessen vieler Probleme zu einer von der Gesellschaft letztendlich nicht mehr zu verkraftenden Extensivierung der Forschung führen würde, muß die Auswahl der zu bearbeitenden Probleme u. a. bestimmt sein durch:

(1) die Größe des Widerspruchs zwischen dem erkannten Unwissen und der gesellschaftlichen Bedeutung des Bereichs menschlicher Tätigkeit, in dem das Unwissen erkannt wurde;

(2) das Verhältnis zwischen absehbar notwendigen und tatsächlich verfügbaren intellektuellen und materiellen Möglichkeiten zur Lösung des Widerspruchs.

Wird einer dieser Aspekte langfristig vernachlässigt, müssen administrierte Restriktionen der Forschung zwingende Folgen sein; das widerspricht aber der notwendigen proportionalen Entwicklung aller Teilmengen der Gesellschaft.

Mit dem Setzen von Prioritäten wird das Auflösen ausgewählter wohlformulierter Forschungsprobleme zum gesellschaftlichen Bedürfnis, das Bedürfnis zum Regulativ für eine wissenschaftliche Tätigkeit des Menschen. Damit entsteht die Bedingtheit Bedürfnis — Problem — Methode (siehe Abb. 1) mit folgenden Komponenten:

(1) Problem, als Initiator gegenüber den Erkenntnislücken der Gesellschaft.

(2) Methode, als das Massiv der Gesellschaft, insbesondere der Teilmenge Forschung, vorhandenen oder konstituierbaren und adäquaten wissenschaftlichen Bearbeitungsmöglichkeiten, einschließlich der zugeordneten personellen und gegenständlichen Potentiale.

(3) Bedürfnis, als Regulativ gegenüber den Erkenntnisinteressen der Gesellschaft, den Erkenntnislücken der Gesellschaft und dem Massiv der zugänglichen wissenschaftlichen Bearbeitungsmöglichkeiten.

Zwischen den einzelnen Komponenten vollzieht sich fortwährend ein dynamischer Optimierungsprozeß, innerhalb dessen Umverteilungen und Aktualisierungen in dem Maße erfolgen, in welchem Erkenntnisse (also auch Methoden) und Erkenntnisinteressen neu entstehen bzw. modifiziert werden. Offensichtlich ist

[6] Siehe dazu H. Sindermann: Forschung als gesellschaftlicher Auftrag, in: Spektrum, 6/1975, S. 6—14.

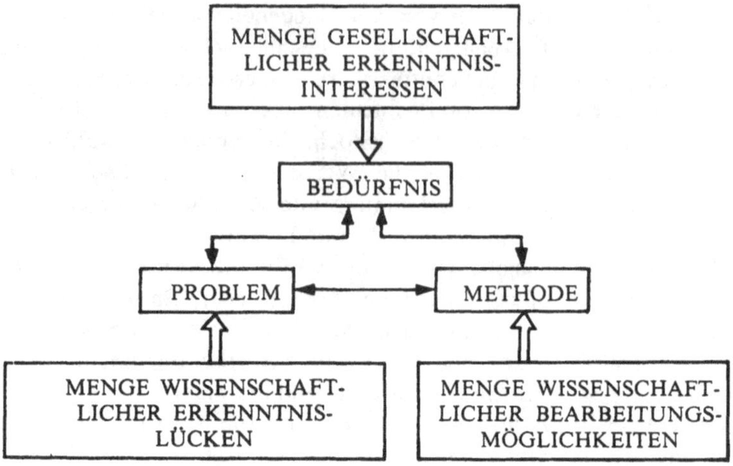

Abb. 1: Bezüge der Relation „Bedürfnis-Problem-Methode"

dieser Prozeß dem konkreten Forschungsprozeß überlagert und mit den Tätigkeiten Informieren (allgemeinverständliche Publikationen, Kolloquien, Tagungen), Prognostizieren, Planen usw. zu identifizieren. Erst nach hinreichendem Ausgleich zwischen den Komponenten werden — wie auch immer gestaltet — Entscheidungen derart getroffen, daß

(a) Problemstellungen, d. h. zur Bearbeitung und Lösung aufgegebene wohlformulierte Forschungsprobleme sowie
(b) Forschungspotentiale, d. h. zur Bearbeitung und Lösung dieser Problemstellungen qualitativ und quantitativ mit Wahrscheinlichkeit adäquate Voraussetzungen

benannt bzw. formiert werden.[7] In Analysen des Problem- bzw. Methodenbegriffs finden sich die angegebenen Beziehungen bislang nicht. Die Aufnahme des Begriffs Bedürfnis (oder den Sachverhalt kennzeichnender Synonyma) in erkenntnistheoretische Überlegungen ist kaum erfolgt, aber mit der Entwicklung der Forschung zur Produktivkraft dringend geboten.

[7] Zum Begriff des Forschungspotentials siehe auch bei G. M. Dobrov: Potential der Wissenschaft, Berlin 1971, u. a. S. 17f.: „Wir halten es für möglich, den Begriff ‚wissenschaftliches Potential' als einen Komplex von Parametern zu definieren, die die Fähigkeit eines wissenschaftlichen Systems zur Lösung der künftigen Probleme der wissenschaftlich-technischen Entwicklung charakterisieren. Hierbei sind vier Hauptgruppen von Parametern des wissenschaftlichen Potentials deutlich zu unterscheiden: die Bereitstellung von Kadern, die Bereitstellung wissenschaftlicher Informationen, die materiell-technische Versorgung und die Optimierung der Organisation des jeweiligen wissenschaftlichen Systems."

Der konkrete, auf die Lösung eines bestimmten Problems gerichtete Forschungsprozeß kann, als Zusammenfassung bisheriger Aussagen, in drei Phasen gegliedert werden nämlich in Problemstellung, Problembearbeitung und Problemlösung, wobei die als Problemstellung bezeichnete Phase bereits charakterisiert wurde als Auswahl („Lösungsaufgabe") eines wohlformulierten Forschungsproblems (vgl. Kriterien 1—4) nach Ablauf eines Optimierungsprozesses der oben beschriebenen Art. Problembearbeitung und -lösung schließen sich dieser Phase an. Begriffsbestimmungen für beide sind aus der Literatur bekannt; u. a.: „Die Problembearbeitung umfaßt die Analyse des Problems, das Planen des methodischen Vorgehens und das Suchen nach Lösungsmöglichkeiten.

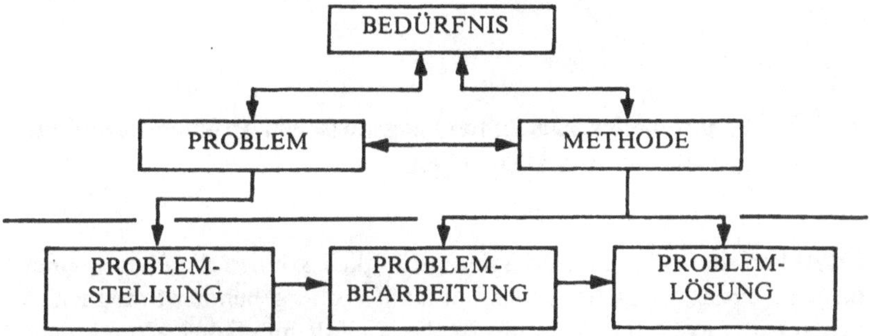

Abb. 2: Beziehungen zwischen den Phasen des Forschungsprozesses und dem Komplex „Bedürfnis-Problem-Methode"

Bei der Analyse des Problems werden weitere Fragen und Aussagen bestimmt, die mit der Zielfrage in Zusammenhang stehen und sich auf das Gegebene, die Bedingungen und den Weg beziehen. Die zur Konstruktion einer Hypothese fehlenden Aussagen bzw. Systeme von Aussagen werden charakterisiert.

Beim Planen des methodischen Vorgehens werden Lösungsmethoden erwogen; die Abfolge der auszuführenden methodischen Schritte wird bestimmt.

Beim Suchen von Lösungsmöglichkeiten werden Operationen durchgeführt und ihre Ergebnisse ausgewertet, Varianten von Lösungsmöglichkeiten werden abgetastet.

Die Problemlösung in der wissenschaftlichen Forschung beinhaltet die Konstruktion eines Aussagensystems, das eine selbständige Bedeutung als Hypothese oder Theorie hat. Es bildet Eigenschaften und Beziehungen bestimmter Bereiche der Wirklichkeit ab und ermöglicht die Ableitung von Voraussagen über diese

Bereiche. Zur Problemlösung in der wissenschaftlichen Forschung gehört auch die Bestätigung des konstruierten Aussagensystem durch die verschiedenen Methoden der Hypothesenüberprüfung."[8]

Beide Phasen sind stets an den Gebrauch von Methoden und damit an Forschungspotentiale gebunden, die gleichfalls erst nach Ablauf jenes Optimierungsprozesses freigegeben werden (vgl. Abb. 2)[9]. Die Besonderheit des experimentellen Forschungsprozesses besteht darin, daß die Phasen Problembearbeitung und -lösung hauptsächlich oder ausschließlich auf experimentelle Methoden, also auch gegenständliche Forschungspotentiale (besser: Forschungsmittel) bezogen sind.

Die Grundphasen des konkreten Forschungsprozesses sind naheliegend und finden sich in mehreren wissenschaftstheoretischen Untersuchungen prinzipiell wieder, sind aber hier bewußt dem Versuch unterzogen, dem Modell einer Ganzheit gesellschaftlicher Erscheinungen zugeordnet zu werden.

3. Funktioneller Zusammenhang zwischen Problemformulierung und -lösung in der Forschung

Im Ablauf der konkreten Forschungstätigkeit können die Phasen einander durchdringen, ein Zurückgehen in sich und auf vorhergehende ist möglich, im allgemeinen sogar notwendig. Auffällig ist die Vielfalt möglicher Kopplungen der Phase Problemlösung: Neue Bedürfnisse können stimuliert, alte modifiziert werden; ebenso Probleme und Methoden. Problemstellungen sind durch Problemlösungen indirekt wandelbar, gleichermaßen deren Bearbeitung; d. h., durch Auflösung eines Problems hört dieses zwar auf zu existieren, „löst sich auf", kann aber damit eine Änderung der Erkenntnisinteressen und vorhandenen Wissenslücken induzieren und u. a. auch Modifikationen von Problemstellung und -bearbeitung nahelegen bzw. erzwingen. Und: Bedürfnisse können durch Problemlösungen befriedigt werden! Beide Wirkungen — stimulierende und saturierende — bedeuten, daß der oben gekennzeichnete Optimierungsprozeß durch die Phase Problemlösung entscheidenden Antrieb erhält und beide Prozeßebenen wenigstens durch diese Phase wechselseitig verbunden sind (vgl. Abb. 3). Diese Feststellung legt nahe, in Abb. 3 ein allgemeines (wenn auch vereinfachtes) Modell des Forschungsprozesses zu sehen, das aus einer unspezifischen, gleichsam alle relevanten gesellschaft-

[8] H. Parthey, H. Vogel, W. Wächter: Thesen zur Tagung Problemstruktur und Problemverhalten in der wissenschaftlichen Forschung, Rostock 1966 (Rostock Philosophische Manuskripte, Heft 3), S. 10.

[9] Zur besseren Übersicht wird in dieser und der folgenden Abbildung auf die Bezüge der wissenschaftstheoretischen Kategorien Bedürfnis — Problem — Methode (vgl. Abb. 1) verzichtet.

lichen Bereiche umfassenden Ebene besteht und aus einer weiteren, fachspezifischen, der die Gesamtheit einzelner Problemstellungen zur Auflösung übertragen ist. Für beide werden die Begriffe „erste" allgemeine und „zweite" konkrete Ebene des Forschungsprozesses.

Das Modell zeigt, daß letztlich Bedürfnisse auch die konkrete Forschungstätigkeit regulieren; zugleich, daß erst das Befriedigen der Bedürfnisse als Vollzug einer Problemlösung anzuerkennen ist. Im Verlauf der Bearbeitung oder mit der Problemlösung anfallende neue wesentliche Probleme können — bei korrektem Verständnis des Modells — keine direkte, autokatalytisch fortgesetzte Bearbeitung erfahren. Schließlich enthält das Modell die Aussage, daß zum Vermeiden von Disproportionen innerhalb der ersten Ebene Problemlösungen, einschließlich wesentlicher Teillösungen, rechtzeitig und allgemeinverständlich bekanntgemacht und in andere gesellschaftliche Bereiche „überführt" werden müssen. Das Modell legt ferner fest, daß die Initiative zur Überführung (nicht zwingend der Gesamtvorgang der Überführung) beim problemlösenden Wissenschaftler als dem zuerst Wissenden liegen muß.

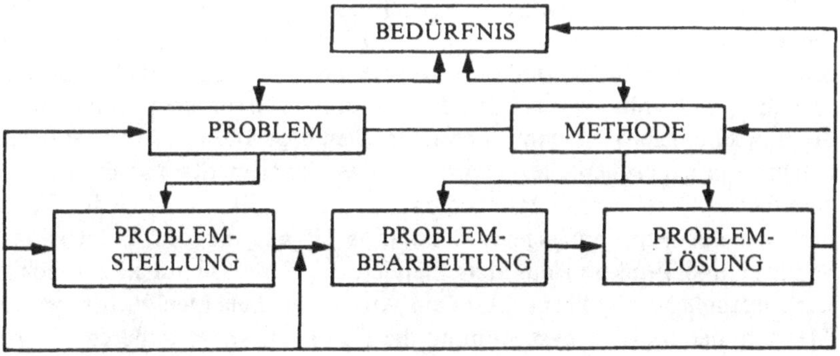

Abb. 3: Komplex von Beziehungen der in Zusammenführung der in Abb. 1 und Abb. 2 dargestellten Strukturen den Forschungsprozeß charakterisiert

Die Grundphasen Problembearbeitung und Problemlösung stellen im Forschungsprozeß eine wesentliche funktionelle Einheit dar, in welcher deren Verschiedenheiten (vgl. Begriffsbestimmungen) sequentiell und aufeinander abgestimmt wirken: In beiden Phasen finden spezifische Verknüpfungen der Methode mit dem Gegenstand, auf den sich ein Problem bzw. eine Problemstellung bezieht, statt. Der Problemgegenstand ist ein Objekt der Wirklichkeit, somit unabhängig von der Art der Problemstellung und -bearbeitung und kann materieller oder ideeller Natur sein.

Der Problemgegenstand repräsentiert jene Zustände und Vorgänge der Wirklichkeit, die gezielt erkannt, bewertet, genutzt oder verändert werden sollen. Durch die Verknüpfung der Methode mit dem Problemgegenstand wird dieser zum Forschungsgegenstand und damit zum Objekt der Problembearbeitung und -lösung. Beide Phasen enthalten Aufforderungen zur Verwirklichung bestimmter objektbezogener Forschungstätigkeiten; beide stellen damit die eigentlich operativen Grundphasen des Forschungsprozesses dar. Ziel beider ist die Auflösung eines Problems am Forschungsgegenstand, unabhängig davon, ob das Problem lösbar ist oder nicht. Das Zusammenwirken der operativen Grundphasen als funktionelle Einheit wird im weiteren als Problemlösungsprozeß bezeichnet.

Oftmals wird durch eklektische Betrachtung oder triviales Erklären der hier als Problemlösungsprozeß bestimmte Vorgang als „der Forschungsprozeß" bezeichnet. Diese Auslegung ist falsch und kann zu unklaren oder fehlerhaften Einordnungen der Forschung in gesamtgesellschaftliche Entwicklungsprozesse führen. Der Problemlösungsprozeß ist „lediglich" Teilprozeß, essentieller Bestandteil des gesamten Forschungsprozesses im oben erkannten Umfang.

Der Problemlösungsprozeß nimmt allerdings wegen der rezeptiven Bindung an Forschungsmethoden, d. h. an Forschungspotentiale sowie an Systeme von Regeln, die das Wirken und Nutzen der Forschungspotentiale ordnen, und wegen der initiativen Funktion gegenüber der ersten Ebene, d. h. wegen seines aktiven Einflusses auf gesamtgesellschaftliche Prozesse (u. a. Schließen von Erkenntnislücken durch Erkenntniszuwachs. Entwickeln von Forschungspotentialen), eine Stellung ein, die das besondere Interesse vieler gesellschaftlicher Bereiche beansprucht (vgl. Abb. 3). Das Interesse erhöht sich in dem Maße, in dem sich der Forschungsprozeß zum experimentellen Forschungsprozeß entwickelt, sich zunehmend experimenteller Methoden, des Experiments und damit auch gegenständlicher Forschungsmittel bedient, und schließlich analog der Tendenz, mit der sich der Forschungsgegenstand, das Objekt, in den Dimensionen seiner Struktur und Funktion aus dem Bereich des dem Menschen sinnlich unmittelbar Zugänglichem entfernt. „Um ein Atom zum Leuchten zu bringen, um durch Messung der Ionisierungsspannung die Festigkeit seines äußeren Elektronenaufbaus zu ermitteln, genügen elektrische Spannungen von einigen Volt. Um das innere Gefüge der Elektronenatmosphäre zu erkennen, sind schon Zehntausende von Volt erforderlich; die Analyse des Atomkerns verlangt Hunderttausende und Millionen und die der ihn aufbauenden Elementarteilchen Milliarden Volt. — Strukturen der toten und lebenden Materie bis zu tausendstel Millimetern entdeckte man mit dem Mikroskop, die noch feinere Formanalyse bedarf des Elektronenmikroskops, das hundertmal teurer ist", schrieb 1962 W. Gerlach.[10] Im Jahr 1977 betrugen die Kosten eines für die Aufklärung der Quartärstruktur von Biopolymeren geeigneten Elektronenmikroskops (einschließlich des notwendigen Zubehörs, aber ausschließlich der anteiligen Kosten für das Nutzen von Rechenanlagen) bereits das ca. 10^3fache eines lichtoptischen Mikroskops des oben zitierten Vergleichs.

[10] W. Gerlach: Humanität und naturwissenschaftliche Forschung, Braunschweig 1962, S. 186.

Innerhalb des Problemlösungsprozesses können also in extremer Weise extensive und intensive Entwicklungstendenzen des Forschungsprozesses beginnen, können Umverteilungen gesellschaftlichen Eigentums veranlaßt werden. Der Problemlösungsprozeß bedingt die materiellen Forderungen der Forschung an die Volkswirtschaft; gleichwohl liegt in ihm eine der wesentlichen Quellen künftigen gesellschaftlichen Reichtums. Kenntnisse über die innere Struktur und Funktion des Problemlösungsprozesses sind daher notwendige Voraussetzungen für eine bewußte, insbesondere rationelle Gestaltung des gesamten Forschungsprozesses.

Ewald Lang und Wolfgang Wächter

Aspekte des methodischen Vorgehens in der Forschung

Daß in der wissenschaftlichen Forschung methodisch vorgegangen wird, gilt als eines ihrer konstitutiven Merkmale. Der Zusammenhang von ‚wissenschaftlich' und ‚methodisch' in bezug auf Vorgehensweisen in der Forschung ist so eng, daß beide Qualifikationen häufig synonym gebraucht werden. Direkte Folge dieses — historisch wie logisch — äußerst intrikaten Zusammenhangs von Wissenschaftlichkeit und Methodizität ist es, daß den meisten Versuchen, Begriffe wie „Wissenschaftlichkeit", „wissenschaftliche Methode", „methodisch geleitetes Vorgehen" oder „wissenschaftliches Vorgehen" zu definieren, eine kaum entrinnbare Zirkularität anhaftet. Den praktizierenden Forscher bekümmern diese Schwierigkeiten gewöhnlich nicht: Ihn interessiert weniger, und schon gar nicht im Sinne einer allgemeinen Definition, *was* eine Methode ist, sondern *wie* eine Methode ist oder in seiner Problemsituation sein müßte, und methodisch vorzugehen ist ihm selbstverständlich, Methodenkenntnis und Methodenanwendung sind inhärente Bestandteile seiner Tätigkeit. Sein Verhältnis zum Methodischen ist ein funktionales und operationales, das gewöhnlich wenig Anlaß und Raum bietet für die nötige Distanz, um *über* Methodisches zu reflektieren. Die genannten Schwierigkeiten ergeben sich erst auf einer anderen Ebene, dann nämlich, wenn innerhalb wissenschaftstheoretischer Bemühungen der Versuch unternommen wird, das methodische Vorgehen in der Forschung als spezifisches Explicandum auszugliedern, begrifflich abzugrenzen und deskriptiv darzustellen. Nun kann das Explicandum einer im Aufbau befindlichen Theorie ohnehin nicht von vornherein definitorisch erfaßt werden und als Begriff in eben diese Theorie gleich Eingang finden — jeder noch so ausführliche und feingliedrige Definitionsversuch würde da zu kurz greifen. Da das natürlich auch für die hier vorgenommene Untersuchung gilt, die wir als eine der Vorarbeiten zu einer Methodentheorie betrachten, bleibt uns vorerst nur das Folgende zu tun:

1. Es muß in bezug auf das komplexe Untersuchungsobjekt „Problemlösen in der Forschung" eine Sehweise fixiert und begründet werden, dergemäß aus dem Gesamtkomplex ein eigenständig zu betrachtender Gegenstand ‚methodisches Vorgehen' herausgelöst werden kann (Festlegung des Ausschnitts).

2. Der gewählte Betrachtungsgegenstand muß durch charakteristische Merkmale ausgezeichnet werden, so daß er auf einer theoretischen Ebene abbildbar

wird. Zweifellos ist das methodische Vorgehen eine reale Erscheinung, aber es steht keinesfalls als diskretes Objekt für die Rekonstruktion in Termen einer Theorie „fertig" zur Verfügung (Gegenstandscharakteristik).

3. Es müssen terminologische und begriffliche Festlegungen bezüglich der theoretischen Rekonstruktion des Gegenstandes getroffen werden, anders gesagt: Es bedarf einer (vorläufigen) Abgrenzung und Vernetzung von Grundbegriffen (Begriffssystematik).

In dieses Programm gliedern sich die folgenden Abschnitte ein. Auf dem Hintergrund einer selektiven Übersicht und Charakterisierung vorhandener Ansätze zur Beschreibung des methodischen Vorgehens (Abschnitt 1) werden im Anschluß an eine Fallstudie (Abschnitt 2.1.) einige für die hier vertretene Konzeption einschlägige Bestimmungsstücke des Gegenstands skizziert (Abschnitte 2.2. bis 2.4.).

1. Übersicht von verschiedenen Ansätzen zur Untersuchung des methodischen Vorgehens

Um die Eigenart des im 2. Abschnitt entwickelten methodentheoretischen Ansatzes transparent zu machen, ist es zweckmäßig, eine geraffte, nach bestimmten Aspekten und Kriterien gegliederte Übersicht ausgewählter methodologischer Konzeptionen zu geben.

Nach dem Vorgehen unterscheiden wir zunächst zwischen rekonstruktiv, logisch orientierten und konstruktiv, pragmatisch orientierten Ansätzen. Rekonstruktiv und logisch orientiert sind die methodologischen Bemühungen, die sich unter dem Kennwort „Philosophy of Science" zusammenfassen lassen, sowie die sogenannte allgemeine Methodologie und die sogenannte strukturelle Methodologie. Als konstruktiv und pragmatisch orientierte Ansätze treten hervor: verschiedene Heuristik-Konzeptionen, wie die „Systematische Heuristik", der „Algorithmus des Erfindens" oder die „morphologische Methode", und Bemühungen im Sinne einer „Denktechnologie", wie etwa die Konzeption des „lateralen Denkens".

Die genannten Ansätze zur Untersuchung des methodischen Vorgehens sind weiter differenzierbar nach ihrer Bezugsdomäne, d. h. nach dem spezifischen Ausschnitt, der zum Gegenstand der Betrachtung gemacht wird, nach der dominierenden Zielstellung der methodologischen Bemühungen sowie durch eine Charakteristik der sich ergebenden Resultate.

1.1. Wissenschaftstheorie im Sinne der Philosophy of Science

Die Problemkreise, die im Mittelpunkt der Philosophy of Science stehen, können durch zwei Fragestellungen charakterisiert werden: Was meinen wir mit den Worten und Symbolen, die wir in der wissenschaftlichen Tätigkeit verwenden? Und: Mit welchem Recht sehen wir unsere Aussagen als gut begründet und bestätigt an?[1] Daraus ergibt sich, daß die Bezugsdomäne der Richtung Philosophy of Science nicht in erster Linie das Vorgehen in der Forschung, sondern die Repräsentationsform des Wissens ist. Durch syntaktische und semantische Analysen wird eine Klärung der Begründungen von Wissenssystemen angestrebt. Auf dieser Grundlage können dann logisch und gnoseologisch begründete Instrumentarien der Methodenkritik zur Verfügung gestellt werden. Die Richtung Philosophy of Science, die u. a. auch unter den Bezeichnungen „analytische Philosophie" und „Wissenschaftstheorie" auftritt,[2] reicht von den Vorläufern des Wiener Kreises[3] über dessen eigene Bemühungen und die seiner nachfolgenden Schulen[4] bis hin zu modernen Wissenschaftstheoretikern, die sich wissenschaftslogischen Untersuchungen widmen.[5] Charakteristisch ist dabei, daß syntaktische und semantische Analysen und ihre Ergebnisse in stärkerem oder schwächerem Maße verknüpft werden mit neopositivistischen philosophischen Positionen, die dann häufig zu einer Einengung des methodentheoretischen Gesichtswinkels selbst führen. Trotzdem ist im Rahmen der Richtung Philosophy of Science Bedeutendes zur Aufklärung der logischen Struktur von Begründungszusammenhängen in der Wissenschaft geleistet worden. Die entsprechenden Resultate gehören zum Grundinventar der Methodologie. Obwohl sie sich nicht explizit auf das methodische Vorgehen beziehen, müssen viele dieser Ergebnisse bei der Untersuchung des methodischen Vorgehens in der Forschung vorausgesetzt werden.

1.2. Allgemeine Methodologie

Den Terminus „allgemeine Methodologie" gebrauchen wir in Anlehnung an eine von P. Materna getroffene Unterscheidung zwischen „allgemeiner" und „struktureller" Methodologie.[6] Mit „allgemeiner Methodologie" wollen wir eine methodologische Konzeption kennzeichnen, die an das Vorgehen in der Forschung mit dem Ziel herantritt, Grundphasen der Problemlösung aufzuzeigen und verallgemeinernde Modelle von Stufenfolgen zur Diskussion zu stellen. Die allgemeine Methodologie ist damit viel weniger als eine Richtung oder eine Schule

[1] Vgl. H. Feigl: Philosophy of Science, in: Philosophy, hrsg. von Chrisholm, Feigl, Frankena u. a., Englewood Cliffs, N.J. 1964.

[2] So z. B. bei W. Stegmüller, dessen zusammenfassende Arbeit den Titel „Probleme und Resultate der Wissenschaftstheorie und Analytischen Philosophie" trägt.

[3] Z. B. H. Poincaré und P. Duhem.

[4] Z. B. Richtungen, die durch die Namen K. R. Popper oder C. G. Hempel zu kennzeichnen sind.

[5] Z. B. F. v. Kutschera und W. K. Essler.

[6] Siehe: P. Materna: Operative Auffassung der Methode, Prag 1965, S. 76.

anzusprechen als Philosophy of Science. Sie ist eine Konzeption, die ein bestimmtes Herangehen an die Untersuchung von Strukturen des Vorgehens in der Forschung impliziert, das mehr oder weniger ausgeprägt bei vielen Methodologen vorhanden ist. Es findet sich z. B. bei M. Bunge sehr ausgeprägt. In seinem Buch „Scientific Research" beschreibt er auf der Grundlage von Einzelanalysen das „allgemeine Muster des Problemlösens in der Tatsachenwissenschaft". Er unterscheidet dabei fünf Hauptstadien bei der Bearbeitung eines Problems: Formulierung, vorläufige Erforschung, Beschreibung, Interpretation und Kontrolle der Lösung.[7] Jedes der einzelnen Stadien wird seinerseits in eine Anzahl von Problemstellungen unterteilt, die zum Teil Stufen in einer schrittweisen Bearbeitung markieren.

Während Bunges Versuch, allgemeine Merkmale des Vorgehens in der Forschung abzuheben, mehr strukturell orientiert ist, ist der im folgenden näher zu erörternde Ansatz, den Donald S. Lee in seiner Arbeit „Methode als Stufenprozeß" entwickelt, als eine funktional orientierte Konzeption im Sinne einer allgemeinen Methodologie anzusprechen.[8] Lee unternimmt den Versuch, einige wesentliche Merkmale des methodischen Vorgehens modellhaft zu erfassen, indem er ein Strukturschema entwirft und begründet, das eine Methode als Folge von Stufen darstellt, auf denen jeweils unterschiedliche Typen von Tätigkeiten ausgeführt werden. Die veranschlagten Stufen repräsentieren notwendige Schritte der Zielerreichung, die hier in der Bestätigung einer überprüfbaren Erklärungshypothese gesehen wird. Die Stufen sind jeweils noch unterteilt in Phasen, die abschließbaren Arbeitsgängen entsprechen. Das Bemerkenswerte, das diesen Ansatz für das von uns vertretene Konzept des methodischen Vorgehens bedeutsam macht, ist, daß Lee die Stufen untereinander wie auch die Phasen innerhalb der Stufen in eine Vorrangordnung bringt, die nicht einfach ein zeitliches Nacheinander reflektiert, sondern zugleich wichtige Momente der ‚inneren Logik' dieses Prozesses wiedergibt. Das Prinzip der hier dargestellten Vorrangordnung lautet: Jede Stufe bzw. Phase innerhalb einer Stufe setzt genau eine vorhergehende Stufe bzw. Phase voraus, aber sie führt ihrerseits nicht notwendig zu der nächstfolgenden.

Bei der Aufstellung und Abgrenzung der Stufen geben wiederum funktionale Momente den Ausschlag. Nach Lee durchläuft der für die wissenschaftliche Forschung spezifische Prozeß folgende vier Stufen: 1. Aufstellen einer Hypothese, 2. Ableiten von Prädiktionen aus der Hypothese, 3. experimentelle Exemplifizierung der Hypothese, 4. Bestätigung oder Verwerfung der Hypothese entsprechend dem Resultat des Vergleichs der prädizierten mit den experimentell ermittelten Resultaten unter Einbeziehung entsprechender Verfahren der Fehlerabschätzung und -behandlung. Die Stufen 2—4 machen zusammen den Prozeß

[7] Vgl. M. Bunge: Scientific Research I, Berlin—Heidelberg—New York 1967, S. 195f.

[8] D. S. Lee: Scientific Method as a Stage Process, in: Dialectica 22.1, 1968, S. 28—44.

der Verifikation aus, dem seinerseits die Hypothesengewinnung und -formulierung, zusammengefaßt als Stufe 1, logisch vorgeordnet ist.

Innerhalb des Prozesses der Hypothesenbestätigung (Verifikation) besteht eine Stufenvorrangordnung, dergestalt, daß der Stufe 4 die Stufen 2 und/oder 3 vorangehen müssen.

Die Stufen sind durch ihr jeweiliges Resultat als Ganzheiten bestimmt und voneinander abgegrenzt, zugleich sind sie aber Bestandteile eines übergeordneten Bezugssystems, das jeder Stufe ihren Platz innerhalb der Vorrangordnung zuweist.

Man kann den Vorschlag von Lee in folgender Übersicht zusammenfassen:

Stufe I — HYPOTHESENAUFSTELLUNG (origination)

Phasen
1. *Gesetzmäßigkeit* wird vermutet oder bemerkt
2. *Korrelationen* von Faktentypen werden hergestellt
3. *Analogien* zu Korrelationen werden aufgesucht
4. *Meßprozeß wird operational* definiert
5. *Hypothese wird formuliert* aus Ergebnissen von 1.–4.

Stufe II — ODER

Ableitung (derivation)	Experiment (experimentation)
A-6 *Formale Abstraktion* aus Hypothese	E-6 *Experiment* gedanklich *konzipieren*
A-7 *Transformation* der Hypothese	E-7 *Experiment* praktisch *ausführen*
A-8 *Prädiktionen* aus Hypothese	E-8 Experimentalergebnisse *auswerten*

UND

Stufe III — HYPOTHESENBESTÄTIGUNG (confirmation)

Phasen
9. *Vergleich* von Prädiktion und Experimentalergebnis
10. *Fehlerbehandlung*
11. *Relevanzbewertung* des Prüfungsresultates für Stichhaltigkeit der Hypothese

Lees Modell bildet zwei wesentliche Merkmale des zielgerichteten methodischen Vorgehens beim Problemlösen in der Forschung ab:

1. Die Vorrangordnung innerhalb und zwischen den Stufen, die ja zugleich als heuristische Ordnung bzw. als Stufenfolge der Zielerreichung interpretiert werden kann; die chronologische Ordnung ist ihr gegenüber sekundär. Damit sind für die Makrostruktur des methodischen Vorgehens wichtige Determinanten erfaßt.
2. Die doppelte Gliederung des methodischen Vorgehens als Ganzes. Die Phaseneinteilung innerhalb der Stufen erhält eine Ordnung durch den in der jeweiligen Stufe ausgedrückten Zielbezug, anders gesagt, der Platz und die Rolle der entsprechenden Tätigkeiten werden durch größere funktionale Ganzheiten bestimmt. Damit ist ein wichtiges Moment der Organisation von Elementen des methodischen Vorgehens zu komplexeren Prozeßabläufen erfaßt.

Was unserer Ansicht nach in Lees Modell noch fehlt, sind verschiedene Aspekte der mikrostrukturellen Organisation. So etwa sind die von ihm vorgeschlagenen Phasen als in sich komplexe Arbeitsgänge formuliert, eine Detaillierung der verschiedenen Operationen, die jeweils ausgeführt und in entsprechender Form gedanklich antizipiert bzw. gedanklich modelliert werden (ausgenommen vielleicht E-6) wird nicht angegeben. Wir glauben, daß die Auflösung in separierbare Teiltätigkeiten mit Erfolg noch weitergetrieben und damit die innere Vernetzung aller Phasen noch besser sichtbar gemacht werden kann. Ergänzt durch die von uns vorgeschlagene, im zweiten Abschnitt zu explizierende Betrachtungsweise des methodischen Vorgehens als kompliziertem Zusammenwirken verschiedener gedanklicher Gebilde, könnte die hier makrostrukturell formulierte Vorrangordnung durch eine mikrostrukturelle vervollkommnet werden.

1.3. Strukturelle Methodologie

Als Pendant zur Konzeption der allgemeinen Methodologie ist ein Ansatz zur Untersuchung von Strukturen des Vorgehens in der Forschung möglich, der auf den Nachweis formal faßbarer Eigenschaften von Methoden gerichtet ist. Materna bezeichnet eine solche methodologische Konzeption sehr treffend als „strukturelle Methodologie".[9] Die strukturelle Methodologie untersucht, was allen Methoden nach der syntaktisch-semantische Seite gemeinsam ist, und deckt Querverbindungen in Methodensystemen auf. Maternas Arbeit „Operative Auffassung der Methode" ist ein Beispiel für methodologische Untersuchungen im Sinne einer strukturellen Methodologie.

Nach der Erläuterung von rekonstruktiv und logisch orientierten Ansätzen zur Untersuchung des methodischen Vorgehens wenden wir uns nun solchen Ansätzen zu, für die ein konstruktiv und pragmatisch orientiertes Vorgehen charakteristisch ist.

1.4. Systematische Heuristik

Die verschiedenen Bemühungen, zur methodischen Leitung von Problemlösungsprozessen Heuristiken aufzustellen, sind in gewisser Weise eine pragmatisch orientierte Fortführung des Anliegens der allgemeinen Methodologie. Das wird auch bei der Systematischen Heuristik deutlich, in deren Rahmen das verallgemeinernde Abheben von Strukturen des Vorgehens die Grundlage für Programme und Vorschläge zur Gestaltung von Problemlösungsprozessen bildet.

Ziel der Systematischen Heuristik[10] ist die Rationalisierung geistiger Bearbeitungsprozesse durch Systematisierung der Problembearbeitung. Dazu entwickelt

[9] Vgl. P. Materna: Operative Auffassung der Methode, a. a. O.

[10] Vgl. zum Folgenden: J. Müller: Grundlagen der Systematischen Heuristik, Berlin 1970.

die Systematische Heuristik ein Verfahren, das es gestattet, Methoden und Programme aus methodisch vollzogenen Problemlösungsprozessen abzuheben, nach klassifikatorischen Merkmalen zu speichern und für die Bearbeitung von Aufgabenstellungen verschiedener Art zugänglich zu machen. Beim Abheben von Methoden und Programmen durch Untersuchung von Problemlösungsprozessen werden Hilfsmittel und methodische Ansatzpunkte der Systemtheorie und der Systemanalyse verwendet. Zur Klassifikation und Speicherung der abgehobenen „methodischen Information" wird eine „heuristische Programmbibliothek" entwickelt. Durch die in der Programmbibliothek enthaltene Klassifikation von Methoden bzw. Programmen ist es möglich, bestimmten Klassen von Aufgabenstellungen bestimmte Typen von Methoden bzw. Programmen zuzuordnen. Die Systematische Heuristik stellt in Form eines „Oberprogramms" ein Schema zur Abarbeitung heuristischer Programme zur Verfügung.

Die Systematische Heuristik hat sich als ein Instrument der Rationalisierung der geistigen Arbeit in bestimmten Bereichen der Technik bewährt. In der Forschung, wo das Zustandekommen von Problemlösungen methodisch vielfältig konditioniert ist und die Eigenschaft des methodischen Vorgehens, ein kompliziertes Zusammenwirken verschiedener Arten gedanklicher Gebilde zu sein, stärker hervortritt, waren die Anwendungsmöglichkeiten der Systematischen Heuristik von vornherein begrenzt.

1.5. „Algorithmus des Erfindens"

Mit diesem Terminus kennzeichnen wir die Erfindungslehre von G. S. Altschuller.[11] Altschuller stellt sich das Ziel, die technische Entwicklungsarbeit durch Aufstellen bewährter Konstruktionsvarianten effektiver zu machen. Während die heuristischen Verfahren sich darauf beschränken, Schrittfolgen der technischen Entwicklungstätigkeit zu beschreiben und heuristische Programme zu entwickeln, gewährleistet der von ihm erarbeitete „Algorithmus des Erfindens", der einen allgemeinen methodischen Rahmen für die Problembearbeitung absteckt, gewährleistet durch das Einbeziehen verschiedenartiger methodisch wirksamer gedanklicher Gebilde, wie z. B. bestimmter Fragestellungen, einen stärker inhaltlich orientierenden Zielbezug. Im Mittelpunkt des Ansatzes von Altschuller steht das Verhältnis von technischen Widersprüchen und technologischen Prinzipien. Die Analyse von tausenden Urheberscheinen und Patenten zeigte, daß es ein paar Dutzend gemeinsamer Prinzipien gibt, die — bestimmten technischen Widersprüchen zugeordnet — die Ideengrundlage für die meisten modernen Erfindungen bilden. Altschuller beschreibt 35 solcher technologischer Prinzipien und

[11] Vgl. zum Folgenden: G. S. Altschuller: Erfinden — (k)ein Problem? Anleitung für Neuerer und Erfinder, Berlin 1973.

ordnet sie als Lösungsprinzipien technischen Widersprüchen zu, die bei der Lösung von Erfindungsaufgaben zu beseitigen sind.

Damit wird ein ganzes System von gut begründeten, problembezogenen heuristischen Hinweisen gegeben. Die theoretische Grundlage für Altschullers Art der Heuristik steht einem solchen methodentheoretischen Konzept näher, das das methodische Vorgehen nicht auf die Abarbeitung von gewissen Grundstrukturen einschränkt, sondern die methodische Wirksamkeit und die methodische Funktion von Prinzipien, Fragen und anderen gedanklichen Gebilden beachtet und mit zum Untersuchungsgegenstand macht. Altschullers Algorithmus des Erfindens ist zwar auf die technische Entwicklungstätigkeit zugeschnitten, sein komplexes Herangehen an die Gestaltung des methodischen Vorgehens kann jedoch auch Anregungen für die Analyse des methodischen Vorgehens in der Forschung liefern.

1.6. „Morphologische Forschung“

Bei den bisher besprochenen heuristischen Ansätzen liegt der Schwerpunkt der methodologischen Bemühung auf dem Abheben und dem pragmatisch orientierten Aufbereiten von Methoden bzw. Programmen (Systematische Heuristik) und methodischen Prinzipien (Algorithmus des Erfindens). Ein anderer Typ von Heuristik ergibt sich, wenn in erster Linie nicht abzuarbeitende Methoden und Programme, sondern die Problemlösung allgemein orientierende Prinzipien zusammengestellt werden. Als Repräsentant eines solchen Ansatzes kann die von F. Zwicky vertretene „Morphologische Forschung“ gelten.[12] Die methodologischen Ideen von Zwicky finden sich dabei in einem teilweise fragwürdigen weltanschaulichen Rahmen, den wir hier unerörtert lassen.

Ziel der von Zwicky apostrophierten Morphologischen Forschung und Planung ist es, so vorzugehen, daß keine wesentlichen Realitäten außer acht gelassen werden, daß alle möglichen Lösungen vorgegebener Probleme hergeleitet und erst nach gründlicher Bewertung solcher Gesamtheiten von Lösungen die den jeweils gegebenen Umständen am besten angepaßten Lösungen ausgewählt und zur Ausführung gebracht werden. Die dominierende Zielstellung der „Morphologischen Forschung“ liegt also in der Orientierung durch Bildung von Zusammenhangsmustern. Durch drei Arten „morphologischer Methoden“ werden Anstöße zur integrativen Sehweise gegeben. Die „morphologische Methode der systematischen Feldüberdeckung“ besteht darin, daß man von einer begrenzten Zahl von „Stützpunkten des Wissens“ ausgeht und eine genügende Zahl von Denkprinzipien benutzt, um neue Tatsachen aufzudecken, neue Probleme zu formulieren oder neue Geräte, Materialien und Methoden zu erfinden. Denkprinzipien ergeben sich dabei aus verschiedenen geistigen Fähigkeiten, wie Zählen, Erkennen

[12] F. Zwicky: Entdecken, Erfinden, Forschen im Morphologischen Weltbild, München—Zürich 1971.

von Gleichheiten, Verschiedenheiten, Koinzidenzen etc. Die „Methode des morphologischen Kastens“ besteht darin, ein vieldimensionales Schema aufzustellen, in das alle möglichen Lösungen eingeordnet werden, sowie in der nachfolgenden Analyse der möglichen Lösungen und der Wahl der optimalen Lösung und ihrer weiteren Ausarbeitung bis zu ihrer endgültigen Realisierung. Schließlich fordert die „Methode der Negation und Konstruktion“ „das systematische *Negieren* scheinbarer Wahrheiten und Tatsachen“ sowie „das nachfolgende *konstruktive Ausbeuten* der sich dabei eröffnenden Ausblicke“.[13]

1.7. Laterales Denken

Abschließend wollen wir auf einen Ansatz eingehen, der sich von den bereits erörterten darin unterscheidet, daß er sich auf eine bestimmte Phase innerhalb des Problemlösungsprozesses bezieht: auf das Zustandekommen von Ideen. Im problemlösenden Denken ergänzen sich Phasen des Zustandekommens von Ideen und Entwürfen und Phasen der Überprüfung, Bewertung und Ausarbeitung von Ideen und Entwürfen. Um die Effektivität der Problembearbeitung zu erhöhen, ist es erforderlich, in der ersten Phase möglichst viele verschiedenartige und neue Ideen zu erzeugen. Dabei müssen alte Denkmuster durchbrochen werden. In neuerer Zeit sind zahlreiche Versuche unternommen worden, „Denktechnologien“ zu entwickeln, die das Durchbrechen von Denkmustern und das Erzeugen von Ideen systematisch fördern.[14] Zu diesen Versuchen gehört auch die von E. de Bono beschriebene Methodik des lateralen Denkens.[15] De Bono unterscheidet laterales und vertikales Denken. Vertikales Denken ist selektiv, analytisch und folgerichtig; man bewegt sich mit aufeinanderfolgenden Schritten vorwärts, jeder einzelne Schritt muß begründet sein. Laterales Denken ist generativ, provokativ und kann sprunghaft sein. Vertikales Denken hat Muster zur Voraussetzung und bewegt sich innerhalb bestimmter Muster. Laterales Denken verändert Muster. Durch das Verwenden vor allem auch zufälliger Informationen werden neue Anordnungen von Mustern vorbereitet. De Bono faßt laterales Denken selbst als ein allgemeines Verhaltensmuster unseres Verstandes auf, das einen Spielraum für gedankliche Kunstgriffe markiert, den es zur Beförderung der Kreativität auszunutzen gilt. Auf der Grundlage des Abtastens der Formen des gedanklichen Operierens mit Aussagekomplexen werden Anleitungen zum gezielten Einsatz von Denkfiguren entwickelt. Diese Anleitungen bestehen vor allem in der Beschreibung von solchen „Techniken“ wie Entwicklung von Alternativen, Zweifel an den Voraussetzungen, Aufschieben des Urteils, Zerlegen, Umkehren, Herstellen von Analogien u. a.

[13] Siehe: Ebenda, S. 134.

[14] Z. B. P. Berdelle: Kleine Theorie des praktischen Denkens. Eine Anleitung zur Denktechnologie, Mainz 1969.

[15] Vgl. zum Folgenden: E. de Bono: Laterales Denken, Reinbek b. Hamburg 1971.

Zum Abschluß unserer sehr gerafften Übersicht über einige methodologische Ansätze stellen wir die Charakteristika der erörterten Ansätze, die sich nach den eingangs dargestellten Aspekten und Kriterien ergeben, in folgendem Schema zusammen:

Tabelle 1

Vorgehen	Richtung	Bezugsdomäne	Dominierende Zielstellung	Charakteristische Resultate
rekonstruktiv, logisch orientiert	Philosophy of Science	Repräsentationsformen des Wissens	Klärung der Begründbarkeit von Wissenssystemen	logisch und gnoseologisch begründete Instrumentarien der Methodenkritik
	Allgemeine Methodologie	Strukturen des Vorgehens	Nachweis von Grundphasen bei der Problemlösung	Modelle von Stufenfolgen
	Strukturelle Methodologie	Strukturen des Vorgehens	Nachweis formal faßbarer Eigenschaften von Methoden	Querverbindungen in Methodensystemen
konstruktiv,	„Systematische Heuristik“	gedankliche Verfahren, sofern sie innerhalb fixierter Rahmen algorithmierbar sind	Rationalisierung durch Systematisierung der Problembearbeitung	Schemata der Abarbeitung heuristischer Programme
pragmatisch orientiert	„Algorithmus des Erfindens“	Verhältnis zwischen technischen Widersprüchen und technologischen Prinzipien als Rahmenbegrenzung	Effektivierung durch technisch bewährte Konstruktionsvarianten	Zuordnung von Lösungstypen zu Problemtypen
	„Morphologische Forschung“	„Totalität aller möglichen Lösungen“	Orientierung durch Bildung von Zusammenhangsmustern	Anstöße zu integrativer Sehweise
	Laterales Denken	Formen des gedanklichen Operierens mit Aussagenkomplexen	Beförderung der Kreativität durch Ausnutzung des Spielraums für gedankliche Kunstgriffe	Anleitungen zum gerichteten Einsatz von Denkfiguren

2. Bestimmungsstücke des methodischen Vorgehens

Grundlegend für unseren methodentheoretischen Ansatz ist der Begriff des methodischen Vorgehens. Das impliziert, daß methodisches Vorgehen nicht lediglich als ein durch Methoden geleitetes Vorgehen interpretiert werden kann. Die Methode entsteht aus dem methodischen Vorgehen, sie leitet sich auf der Grundlage eines Abstraktionsprozesses aus dem komplizierten und vielschichtigen methodischen Vorgehen her. Zur Bestimmung des methodischen Vorgehens ist es zweckmäßig, einen konkreten Fall zu betrachten. Um herauszustellen, was das Vorgehen in der Forschung zum methodischen Vorgehen macht, werden wir zunächst das Vorgehen von I. Ph. Semmelweis bei der Erklärung des Kindbettfiebers beschreiben und analysieren und daran anschließend Bestimmungsstücke und Kennzeichen des methodischen Vorgehens erörtern. Semmelweis hat in den entsprechenden Originalarbeiten nicht nur die Ergebnisse seiner Forschungen dargestellt, sondern ist auch in detaillierter Weise auf das Vorgehen bei der Erreichung dieser Ergebnisse eingegangen. Deshalb sind seine Arbeiten für methodologische Fallstudien gut geeignet.[16]

2.1. Das methodische Vorgehen bei der Entdeckung der Ursachen des Kindbettfiebers durch I. Ph. Semmelweis

Mitte der 40er Jahre des vorigen Jahrhunderts befand sich I. Ph. Semmelweis als Aspirant und später als Assistenzarzt an der ersten Wiener Gebärklinik in folgender Problemsituation: Er erlebte die Schattenseite der Geburtshilfe, das Kindbettfieber, das an dieser Klinik besonders schlimm wütete. Nicht nur die Therapie blieb erfolglos, auch die Ätiologie war unentwickelt. Hinweise auf das Entstehen des Kindbettfiebers gab es in der bisher gültigen Ätiologie nur in unentwickelter Form. Aus dieser Problemsituation ergab sich für Semmelweis die Problemstellung, die Ursache des Kindbettfiebers aufzufinden, das Kindbettfieber (KBF) zu erklären.

Der erste Schritt im methodischen Vorgehen von Semmelweis war eine Problemanalyse, deren wesentliches Element darin bestand, die Erkrankung hinsichtlich ihrer Symptome, ihrer Häufigkeit sowie der zeitlichen und örtlichen Umstände ihres Auftretens möglichst vollständig zu beschreiben. Die wesentliche Tatsache, die dabei aufgedeckt wurde, war, daß die Sterblichkeit an der ersten Abteilung der Gebärklinik, seit dort ausschließlich Geburtshelfer unterrichtet wurden, bedeutend höher war als an der zweiten Abteilung, an welcher nur Hebammen ausgebildet wurden. Daraus ergab sich eine zusätzliche Bedingung für die Problemlösung: Eine Erklärung des Kindbettfiebers mußte auch eine Erklärung für diese unterschiedlichen Sterberaten enthalten.

[16] I. Ph. Semmelweis: Ätiologie, Begriff und Prophylaxis des Kindbettfiebers (1861), Leipzig 1912 (Klassiker der Medizin), Reprint, Leipzig, Zentralantiquariat 1968. C. G. Hempel: Philosophie der Naturwissenschaften, München 1974, S. 11ff.

Semmelweis überprüfte nun zunächst die bisherigen Erklärungsversuche für das Kindbettfieber. Er stieß dabei auf die Theorie, daß das Kindbettfieber epidemischen Charakter trage und durch „atmosphärisch-kosmische und tellurische Einflüsse" zustande komme. Ausgehend von dem Prinzip, daß Hypothesen nicht spekulativ sein dürfen, hatte Semmelweis von vornherein kein großes Vertrauen zu dieser Theorie.

Bei der Widerlegung der Epidemie-Hypothese des KBF geht Semmelweis so vor, daß er Folgerungen aus dieser Hypothese ableitet und deren Unverträglichkeit mit den erhobenen Tatsachen feststellt. Dabei kommen verschiedene Schlußschemata zur Anwendung, vor allem der modus tollens.

Hier ein Beispiel für die Anwendung einer Schlußregel: „Wenn die atmosphärischen Einflüsse der Stadt Wien eine Kindbettfieber-Epidemie im Gebärhause hervorrufen, so müßte ja notwendigerweise — da die Bevölkerung der Stadt Wien denselben Einflüssen unterworfen ist — auch in der Stadt das Kindbettfieber unter den Wöchnerinnen epidemisch herrschen, in der Wirklichkeit aber beobachtete man während des stärksten Wütens der Puerperalkrankheit im Gebärhause weder in Wien noch auf dem Lande ein häufiges Erkranken der Wöchnerinnen."[17]

Die Ablehnung der Auffassung, daß das Kindbettfieber eine epidemische Erscheinung sei, führte Semmelweis zu der These, daß das KBF eine Endemie, d. h. eine Erkrankung ist, die lokalen Charakter trägt und an bestimmte, noch nicht gefundene Bedingungen gebunden ist, die offenbar in der Geburtsklinik selbst vorhanden sein mußten. Diese These hatte eine wesentliche methodische Funktion für die Richtung der weiteren Untersuchung. Ausgehend von dem gefundenen und bestätigten neuen Wissen, untersuchte Semmelweis nun die mit der Gebärklinik verbundenen Umstände. Er prüfte die vorhandenen Erklärungen, die das KBF auf endemische Ursachen zurückführten. Er stellte selbst eine Endemie voraussetzende Erklärungen auf und überprüfte sie. Die Überprüfungen, bei denen wiederum verschiedene Schlußschemata zur Anwendung gelangten, zeigten, daß die behaupteten endemischen Bedingungen nicht gegeben waren oder daß aus ihnen die Aussagen, die die zu erklärenden Sachverhalte beschrieben, nicht abgeleitet werden konnten.

Semmelweis' Untersuchungen erreichten schließlich ein Stadium, wo es nicht mehr gelang, wesentlich neue oder andersartige erklärende Hypothesen aufzustellen. Weitere nicht erklärliche Fakten (z. B. geringe Kindbettfieberrate bei Gassengeburten) verstärkten seine Ratlosigkeit. Da erhielt er die Nachricht, daß der von ihm hochverehrte Professor Kolletschka gestorben sei. Kolletschka hatte sich beim Sezieren von Leichen mit dem Skalpell verletzt und war mit den gleichen Symptomen erkrankt und gestorben, die Semmelweis beim KBF beobachtet hatte. Die folgend zitierte, auf reduktivem Schließen beruhende Überlegung führte schließlich zur Aufdeckung der Ursachen des KBF: „Ich mußte an-

[17] Ebenda, S. 15.

erkennen: Wenn die Voraussetzung, daß die Krankheit Kolletschkas und die Krankheit, an welcher ich so viele Wöchnerinnen sterben sah, identisch seien, so müssen sie bei den Wöchnerinnen durch dieselbe erzeugende Ursache, durch welche erzeugende Ursache sie bei Kolletschka hervorgebracht wurde, erzeugt werden. Bei Kolletschka waren die erzeugende Ursache Kadaverteile, welche ihm ins Gefäßsystem gebracht wurden. Ich mußte mir die Frage aufwerfen: Werden den Individuen, welche ich an einer identischen Krankheit sterben sah, auch Kadaverteile in das Gefäßsystem eingebracht? Auf diese Frage mußte ich mit ja antworten."[18] Durch die aufgefundene Erklärung des KBF als einer durch Kadaverteile hervorgebrachten Sepsis konnten alle vorhandenen Tatsachen erklärt werden. Semmelweis überprüfte seine Hypothese schließlich auch selbständig durch Tierexperimente.

Wenn wir diese kurze Schilderung von Semmelweis' Vorgehen überblicken, zeigt sich uns ein methodisches Vorgehen, das durch ein Zusammenwirken verschiedener Faktoren bestimmt ist:

1. Das Vorgehen von Semmelweis orientierte sich an einem allgemeinen Muster, an einer allgemeinen Methode der wissenschaftlichen Erklärung. Durch die Anwendung der allgemeinen Methode der Erklärung, deren Schrittfolge in einer früheren Arbeit ausführlich dargestellt wurde,[19] wird ziel- und bedingungsbezogen ein Rahmen für das detaillierte Vorgehen abgesteckt.
2. Ein weiterer Faktor des methodischen Vorgehens ist das durch Semmelweis praktizierte zielbezogene Anwenden logischer Regeln und reduktiver Schlußschemata.
3. Bestimmte Wissenselemente (z. B. die These, daß das KBF eine Endemie ist) erhalten eine methodische Funktion, indem sie einen orientierenden Einfluß auf den weiteren Gang der Untersuchung haben. Wissen kann in Form von Annahmen, Prinzipien, Fragevoraussetzungen usw. methodisch wirksam werden.

Eine Analyse des Vorgehens von Semmelweis zeigt, daß methodisches Vorgehen sich nicht nur als Anwendung und Konstruktion von Methoden ergibt. Methoden stellen nur ein — wenn auch wesentliches — Element methodischen Vorgehens dar. Als weitere gedankliche Gebilde treten im methodischen Vorgehen, d. h. mit methodischer Funktion, verschiedene Typen von Regeln, Prinzipien und Wissenselementen auf.

2.2. Methodisches Vorgehen als komplexes Zusammenwirken verschiedener Typen gedanklicher Gebilde im Rahmen einer Ziel-Bedingungs-Relation

Der vorangegangene Abschnitt ergab, daß beim methodischen Vorgehen in der Forschung verschiedene Typen gedanklicher Gebilde in komplizierter Weise zu-

[18] Ebenda, S. 38.

[19] Siehe: W. Wächter: Aufstellung der allgemeinen Methode der Erklärung, in: Methode — Methodik — Programm 1972, Institut für Wissenschaftstheorie und -organisation der AdW der DDR Berlin (unveröffentlichte Studie).

sammenwirken. Im methodischen Vorgehen von Semmelweis konnten wir Methoden, einzelne Schlußregeln und Wissenselemente mit methodischer Funktion aufweisen.

Methoden besitzen trivialerweise eine methodische Funktion, da sie ziel- und bedingungsbezogen bestimmte Schrittfolgen festlegen. Demgegenüber besitzen solche gedanklichen Gebilde wie Regeln, bestimmte Typen von Prinzipien, Fragen usw., für sich genommen keine methodische Funktion. Regeln, Fragen, Prinzipien und andere Wissenselemente können außerhalb des Bezugsrahmens, der durch Problemlösungsprozesse gegeben ist, völlig andere Funktionen erfüllen. In Lehrbüchern können Wissenselemente Begründungsfunktionen haben; im Streitgespräch können Fragen die Funktion haben, den Diskussionspartner zu verwirren; im Unterricht können logische Regeln dazu dienen, einwandfreies Schließen zu demonstrieren. Das Auftreten von Regeln, Fragen, Prinzipien, bestimmten Wissenselementen sowie das Zusammenwirken solcher gedanklicher Gebilde ist noch nichts spezifisch Methodisches, es ist zwar eine notwendige, aber keine hinreichende Bedingung für methodisches Vorgehen. Die methodische Funktion solcher gedanklicher Gebilde ergibt sich offensichtlich aus einem für das methodische Vorgehen spezifischen Bezugsrahmen.

Wir können zunächst davon ausgehen, daß methodisches Vorgehen in der Forschung problembezogen ist. Eine Charakteristik des Bezugsrahmens müßte sich demzufolge durch eine Analyse der Komponenten von Forschungsproblemen ergeben. H. Haber hat eine ausführliche Beschreibung der Problemsituation gegeben, die den Ausgangspunkt für das methodische Vorgehen bei der Entdeckung der DNS-Struktur bildete. Er schreibt: „Was Watson hier in seinem Buch beschreibt, ist die Lösung dieser Aufgabe: Wie finden sich diese Bausteine (der DNS), d. h. die Steine des Puzzle-Spiels zueinander, daß daraus eine Nukleinsäure konstruiert werden kann? Wie bei jedem Puzzle-Spiel mußte die Lösung eine ganze Reihe von Bedingungen erfüllen. Die einzelnen Bausteine mußten mit ihrer Form und mit ihrer räumlichen Anordnung zueinander passen, so daß sie ein geschlossenes, chemisch mögliches Gebilde formten. Gleichzeitig — und das war der Kern des Problems — mußte ein biologisches Prinzip möglich gemacht werden: Die Zellteilung. Die Struktur mußte so beschaffen sein, daß sie eine Art von Zwillingscharakter hatte, also teilbar war und sich auch selbst reproduzieren konnte."[20]

Die wesentlichen Komponenten dieser Problemstellung sind:

1. Die *Zielstellung*, eine Nukleinsäure zu konstruieren. Das Ziel, eine Nukleinsäure zu konstruieren, wird in bezug auf bestimmte Gegebenheiten gestellt. Diese Gegebenheiten sind die Bausteine (die Nukleotide), die wie in einem Puzzle-Spiel zusammengefügt werden müssen. Zu den Gegebenheiten gehört auch das Wissen, das durch solche Schlüsselwörter wie „Bausteine" gekennzeichnet und induziert wird, z. B. das Wissen über Zahl und Struktur der

[20] H. Haber: Einführung zu: J. D. Watson: Die Doppelhelix, in: J. D. Watson: Die Doppelhelix, Reinbek b. Hamburg 1969, S. 11f.

Bausteine, über das quantitative Verhältnis der verschiedenen Nukleotide in DNS-Molekülen usw.

2. Es werden bestimmte *Bedingungen* angegeben, denen die Lösung genügen muß. Die zu findende Struktur muß ein chemisch mögliches Gebilde sein und die Zellteilung erklären. Von der letzteren Bedingung leiten sich die Bedingungen ab, daß die zu findende Struktur einen Zwillingscharakter haben und die Fähigkeit der Selbstreproduktion besitzen muß.

Diese Ergebnisse verallgemeinernd, können wir sagen, daß durch eine Problemstellung eine bestimmte Ziel-Bedingungs-Relation gesetzt wird. Dabei können die Bedingungen von zweierlei Art sein: Einmal können es — wie in unserem Beispiel — Bedingungen sein, denen die Lösung zu genügen hat. Andererseits treten aber auch Bedingungen auf, denen das Vorgehen zur Zielerreichung genügen muß. Diese Bedingungen können recht verschiedenartig sein, zu ihnen gehören ökonomische, ethische und andere Kriterien des Vorgehens in der Forschung.

Problembezogenes Vorgehen erweist sich in seinem Kern als ein ziel- und bedingungsbezogenes Vorgehen. Die Ziel-Bedingungs-Relation bildet damit den Bezugsrahmen, innerhalb dessen das Zusammenwirken verschiedener Typen von gedanklichen Gebilden zum methodischen Vorgehen wird. Bei Semmelweis erhalten die genannten Regeln und die erwähnten Wissenselemente eine methodische Funktion durch ihren Bezug auf die Zielstellung, die Ursachen des KBF aufzudecken, wobei die Problemlösung der Bedingung genügen mußte, auch noch andere Sachverhalte (z. B. die unterschiedliche Sterberate in den beiden Abteilungen der Gebärklinik) zu erklären.

Das Konzept des methodischen Vorgehens als komplexes Zusammenwirken verschiedener Typen gedanklicher Gebilde im Rahmen einer Ziel-Bedingungs-Relation ist auf das engste mit einem wissenschaftstheoretischen Forschungsprogramm verbunden, das die Wissenschaft als ein System spezifischer gesellschaftlicher Tätigkeiten betrachtet. Im Rahmen dieses Forschungsprogramms ergibt sich methodisches Vorgehen als ein spezifischer Tätigkeitsaspekt. Diese Betrachtungsweise impliziert die hier skizzierte funktionale Auffassung des methodischen Vorgehens in der Forschung.

2.3. Kennzeichen des methodischen Vorgehens

Im Vorangegangenen wurde bereits vermerkt, daß, unserer Konzeption entsprechend, methodisches Vorgehen nicht gleichzusetzen ist mit Konstruktion und Anwendung von Methoden und zu unterscheiden ist zwischen Methode als einem gedanklichen Gebilde und methodischem Vorgehen als einem besonders qualifizierten Tätigkeitsaspekt. In beiden Fällen jedoch ist die Auffassung des Methodischen das entscheidende Kriterium. Daß wir diesen Tätigkeitsaspekt ein „Vorgehen“ nennen, soll zunächst nur das inhärent dynamische Merkmal des Gegenstands festhalten. Das Attribut „methodisch" wird somit nicht einem Zustand oder einem Ereignis zugeordnet, sondern einem durch Handlungsfolgen getragenen Prozeß. Wichtiger als eine Detaillierung des genus proximum („Vorgehen" bzw. „Prozeß") scheint uns vorerst die nähere Bestimmung der differentia specifica, nämlich „methodisch", zu sein.

Unter der Eintragung *methodisch* findet sich in Wörterbüchern der Philosophie die Erläuterung: „Methodisch (griech.) — planmäßig, von einer Methode geleitet".[21] Hinzugefügt werden als Kontrastbegriffe zu „methodisch": „spontan, unsystematisch, unüberlegt, ziellos" (ebenda). Damit ist eine Reihe von Kennzeichen genannt, die den intuitiven Gebrauch des Wortes bestimmen, nämlich als Quasi-Synonym zu „planmäßig, systematisch, überlegt, zielgerichtet". Für unser Vorhaben sind jedoch eine Reihe von weitergehenden Differenzierungen notwendig, die vor allem durch die Bezugsdomäne „Vorgehen in der Forschung" bedingt sind. Es versteht sich, daß die im folgenden erläuterten Kennzeichen kein vollständiges Bild ergeben und daß sie auch keine Aufstellung untereinander strikt disjunkter Merkmale sind. Der Begriff „methodisch" ist ein Geflecht von Merkmalen, dessen interne Verbindungen uns noch längst nicht klar sind, wohl aber können einzelne Merkmale unter jeweils gesondertem Blickwinkel herausgestellt werden. Wir benutzen dazu auch Kontrastbegriffe und verdeutlichende Beispiele.

2.3.1. Methodisches Vorgehen ist orientiert durch eine Hierarchie von Zielbezügen gemäß dem Inhalt der Problemstellung

Daß Methoden zielbezogen sind, gehört zu ihren Wesensmerkmalen. Ein entsprechender Hinweis findet sich auch in allen Definitionsversuchen. Wir schreiben das Merkmal „Zielorientiertheit" auch dem Begriff „methodisch" zu und betonen dabei die Spezifikation „orientiert durch eine Hierarchie von Zielbezügen", weil im Hinblick auf Forschungsprobleme kaum Vorgehensweisen auftreten, die ein einmal fixiertes Ziel in toto anstreben und durch eine Methode direkt und vollständig erreichen. Das Normale ist vielmehr, daß das in der Ausgangsproblemstellung fixierte Ziel in Teilziele zerlegt wird, Haupt- und Nebenziele abgeschätzt, Vorrangordnungen festgelegt, Schrittfolgen geplant werden usw. Durch Hinzufügen des Bestimmungsstückes „gemäß dem Inhalt der Problemstellung" wird es möglich, neben strukturellen Gesichtspunkten auch funktionale zu berücksichtigen. Gegenstück zu einem solchen Vorgehen wäre ein Vorgehen, das zwar auch zielbezogen ist, jedoch ad hoc das jeweils nächstliegende Ziel in Angriff nimmt. Man kann sich den Unterschied vielleicht so verdeutlichen: Wenn eine wissenschaftliche Bibliothek ihrer Aufgabe, Fachliteratur möglichst rasch nach dem Erscheinen zur Ausleihe bereitzustellen, dadurch nachkommt, daß die Bücher in

[21] G. Klaus, M. Buhr (Hrsg.): Philosophisches Wörterbuch, Leipzig 1970, S. 721.

der Reihenfolge ihres Erwerbs registriert, katalogisiert, signiert und in die Regale gestellt werden, so daß sich die Erwerbsfolge als Ordnungsprinzip in allen anderen Dimensionen wiederfindet, dann handelt diese Bibliothek zwar rasch und zielbezogen, aber ad hoc. Wenn hingegen die einlaufenden Bestände so bearbeitet werden, daß sich übergeordnete Ziele manifestieren, wodurch sich nutzergerechte Systematiken abzeichnen, die Literatur also nach Sachgebiet, Schlagwörtern, Autoren, Titel und Signaturgruppen zugänglich wird, dann ist das Vorgehen dieser Bibliothek orientiert durch eine Hierarchie von Zielbezügen gemäß dem Inhalt der ihr gestellten Aufgabe.

Die hier eingeführte Spezifikation wird für die Betrachtung von Problemlösungsprozessen in der Forschung dadurch wichtig, daß, wollte man methodisches Vorgehen einfach auf Konstruktion und Anwendung von Methoden reduzieren, der durchaus nicht triviale Fall außer acht bleibt, daß durch Anwendung einer bekannten Methode für eine Teilstrecke im Problemlösungsprozeß das methodische Vorgehen insgesamt beeinträchtigt wird, falls diese Methode falsch oder an der falschen Stelle eingesetzt wurde. Es kann eben sehr wohl vorkommen, daß das Erreichen eines Teilziels ad hoc durch eine Methode abgedeckt wird, somit durchaus methodisch war, daß aber das gesamte Vorgehen dadurch gerade an Methodizität einbüßt.

2.3.2. Methodisches Vorgehen weist interne Ordnungstrukturen auf

Dieses Kennzeichen ist gewissermaßen das Pendant zum erstgenannten aus der Perspektive der Problembearbeitung. Neben der trivialerweise gültigen Abfolge in der Zeit unterliegt das Vorgehen einer Reihe weiterer Ordnungen, z. B. heuristischen oder ableitungstechnischen, die sich an der Abarbeitung von Hierarchien von Teilzielen orientieren. Die Bandbreite solcher internen Ordnungsstrukturen ergibt sich aus der zu überwindenden Kluft zwischen der Zerlegung des Gesamtziels in Teilziele und der Erreichung des Gesamtziels über entsprechende Zwischenstufen. Da diese beiden Ordnungen, die Zerlegungsordnung in Teilziele und die Erreichungsordnung über Teilziele, zwar zusammenhängen, aber kaum in Form eines einfachen Homomorphismus, ergeben sich innerhalb der Gesamtorientierung interne Ordnungen, die ein wesentliches Moment der Struktur des methodischen Vorgehens abgeben.[22] Illustrativ hierfür ist der oben erwähnte Ansatz von D. S. Lee. Interne Ordnungen schränken den Spielraum der Alternativen der Zielerreichung systematisch ein. Gegenstück hierzu ist ein Vorgehen,

[22] Vorschläge, wie solche Ordnungen formal zu erfassen sein könnten, finden sich u. a. in W. Heitsch: Methodologische Betrachtungen zur Überführung von Methoden in algorithmische und heuristische Programme, Teorie a metoda, 3/1971, S. 105—112; E. Lang: Möglichkeiten der Modellierung des methodischen Vorgehens beim forschenden Problemlösen, in: IWTO-Kolloquienreihe, 2/1971, S. 60—69.

bei dem der volle Spielraum von Alternativen der Zielerreichung vorliegt und in undeterminierter, also beliebiger Abfolge in Angriff genommen werden muß. Der Unterschied beider Vorgehensweisen ist der zwischen gezieltem Suchen und wahllosem Durchsehen.

Die beiden bisher erläuterten Kennzeichen betreffen die Struktur des methodischen Vorgehens. Die beiden nächsten betreffen seinen qualitativen Status.

2.3.3. Methodisches Vorgehen hat Bezug auf ein generelles Muster

Obwohl jeder konkrete Problemlösungsprozeß in mehreren Hinsichten einen einmaligen Vorgang darstellt, so ist er doch auf Grund der Prinzipien der Erkenntnis im allgemeinen wie auch auf Grund der Spezifik der Forschung als besonderer Form der Erkenntnis als Ganzes oder in seinen Teilen notwendig nur eine Exemplifizierung, Variierung oder Neugruppierung von Elementen, die aus anderweitig vollzogenen Problemlösungsprozessen stammen. In jedem Schritt des methodischen Vorgehens manifestiert sich strukturelle und funktionelle Analogie zu Bekanntem, Bewährtem oder für sicher Gehaltenem. Jedes echte Forschungsproblem kann als Repräsentant eines Problemtyps identifiziert werden, als Vertreter einer bestimmten Problemklasse.[23] Dies schlägt sich nieder in der Zerlegung des Gesamtziels in Teilziele und damit wiederum in den möglichen Strategien der Lösungsfindung. Methodisches Vorgehen ist somit problemtypisch orientiert, was nichts anderes besagt, als daß es strukturell das Fortschreiten vom Bekannten zum Unbekannten reflektiert, in der Weise, daß das Unbekannte nach Maßgabe des Bekannten erfaßt und eingeordnet wird. Das hier in Rede stehende Kennzeichen bestimmt auch wesentlich den Spielraum des methodisch Möglichen, d. h. den Spielraum dessen, was in einer gegebenen Situation an Methodenkonstruktion erreichbar ist. Gegenstück hierzu ist ein Vorgehen, das wesentlich durch zufällige Koinzidenzen bestimmt wird, bei dem also ein generelles Muster nicht bekannt ist oder gar nicht herstellbar ist. Ein Beispiel, das die Grenzen des Methodischen sichtbar werden läßt, mag das verdeutlichen. Daß es Pasteur im Jahre 1880 nach jahrelangem erfolglosem Experimentieren plötzlich gelang, das Wesen der Immunisierung zu erkennen und damit einen Knoten rätselhafter Zusammenhänge zu durchschlagen, beruht auf einer zufälligen Koinzidenz günstiger Umstände, die auf methodischem Wege gar nicht hätte hergestellt werden können. Es war ein äußerer Umstand, daß Pasteur, entgegen sonstiger Gewohnheit, eines Tages nicht die frischen Reinkulturen des Bazillus der Hühnercholera zur Einspritzung für seine Versuchstiere benutzte, sondern auf Kulturen zurückgriff, die schon einige Wochen in verschlossenen

[23] Vgl. hierzu: A. Gorziza, W. Wächter, E. Lang: Problemfelder als Forschungsgegenstand. Einige Grundlagen der Analyse von Problemfeldern in der wissenschaftlichen Forschung, in: Studien und Forschungsberichte des IWTO, 3/1974, S. 14—53 (unveröffentlichte Studie).

Gefäßen gestanden hatten. Die Tiere zeigten am nächsten Tag nicht das gewohnte Krankheitsbild, sondern waren in ihrem Verhalten kaum von gesunden Hühnern zu unterscheiden. Und es war ein weiterer Zufall, daß, nachdem Pasteur für einige Wochen die Versuche unterbrochen hatte, bei Wiederaufnahme der Experimente aus akutem Mangel an Versuchstieren neben frischen Versuchstieren auch einige der Hühner, die Wochen zuvor mit „veralteten" Kulturen infiziert worden waren, erneut gespritzt wurden, nun jedoch mit frischen Kulturen. Das Ergebnis dieses Glückszufalls ist bekannt: Die frischen Versuchstiere zeigten alle vorausgesagten Symptome der Krankheit, während die anderen, bereits früher schwach infizierten, dem Angriff der Bazillen der Hühnercholera widerstanden. Daß Pasteur die Bedeutung dieses Versuchsausgangs sofort richtig erkannte und die theoretischen Konsequenzen zog, ist sein Verdienst. Daß es aber dazu kommen konnte, verdankte er dem Zufall. Auf Grund seiner Methodenkenntnis allein hätte er diese Entdeckung nicht zuwege bringen können, es fehlte einfach das generelle Muster dafür, denn das Prinzip, auf dem die Immunisierung beruht, war vordem nicht bekannt. Wie sehr gerade dieses Prinzip danach aber musterbildend für die Methoden der Forschung geworden ist, beweist die Geschichte der Immunologie nach Pasteur.

2.3.4. Methodisches Vorgehen muß reproduzierbar sein

Dies ist weniger ein Wesensmerkmal denn ein Postulat der Forschungspraxis, das an Vorgehensweisen gestellt wird, um die Objektivierbarkeit des Vorgehens zu sichern. Nur in dem Maße, wie das bei einem vollzogenen Problemlösungsprozeß angewandte Vorgehen rekonstruierbar und in Sprache ausdrückbar, somit also reproduzierbar ist, ist es methodisch, alles weitere fällt in den Bereich des Schöpferischen, Intuitiven, Unwägbaren, das bei allen Problemlösungen in der Forschung natürlich auch stets involviert ist. Die Forderung nach Reproduzierbarkeit ist in unserem Zusammenhang auch dadurch interessant, als sie es ermöglicht, eine Grenze zu ziehen zwischen dem, was in einer Problemsituation beherrscht, berechnet und gegebenenfalls schematisiert werden kann, und dem, was nur durch schöpferischen Einfall, günstigen Zufall oder eine Kombination von beidem zu erreichen ist. Nach unserer Auffassung schließt der Begriff „Methode" das Merkmal „reproduzierbar" notwendig ein. Wenn Methoden aus dem Vorgehen bei erfolgreichen Problemlösungsprozessen abgehoben werden sollen, dann ist auch die Reproduzierbarkeit dieser Vorgehensweisen eine unabdingbare Voraussetzung für diese Art der Methodengewinnung, und folglich gehört „reproduzierbar" zu „methodisch" als kriterienhaftes Merkmal. Ein einmal vollzogenes Vorgehen ist dann nicht reproduzierbar, wenn es unwägbare Größen und/oder nicht wiederholbare Bedingungen einschließt.

Es liegt auf der Hand, daß das Kriterium der Reproduzierbarkeit mit dem, was wir „Bezug auf ein generelles Muster" genannt haben, eng zusammenhängt: Durch die Reproduzierbarkeit wird das zugrunde liegende generelle Muster bestätigt, ebenso wie dieses, umgekehrt, den Rahmen absteckt, innerhalb dessen reproduzierbare Vorgehensweisen anwendbar sind. Die Forderung nach Reproduzierbarkeit betrifft die technologische Seite, der Bezug auf ein generelles Muster die inhaltliche Seite der Determinierung des Vorgehens. Die weitere Explikation des Zusammenhangs beider Momente gehört zum Ausbau der hier skizzierten strukturell-funktionalen Betrachtungsweise.

Die nächsten beiden Kennzeichen innerhalb dieser Übersicht betreffen den Vollzug des methodischen Vorgehens.

2.3.5. Methodisches Vorgehen ist antizipatorisch

Dieses Merkmal, das offensichtlich mit dem Merkmal „Zielbezogenheit" zusammenhängt, jedoch nicht zusammenfällt, soll besagen, daß ein wesentlicher Zug des methodischen Vorgehens darin besteht, daß es durch die gedankliche Vorwegnahme möglicher Lösungen oder Teillösungen bestimmt ist. Hierher gehört auch der gesondert zu behandelnde komplizierte Zusammenhang von Theorie und Methode, von dem wir nur einen Aspekt näher erläutern wollen, nämlich den der methodischen Funktion des Wissens: Im Spannungsfeld zwischen dem vorhandenen Wissen und der jeweils formulierten Problemstellung werden in unterschiedlicher Weise gedankliche Operationen über Wissensbestände ausgeführt. Noch vor jedem praktischen Experiment werden in diesem Sinne Gedankenexperimente angestellt. Sie bestehen in der zunächst nur gedanklich vorgenommenen Ableitung von Konsequenzen aus einer formulierten Hypothese, der logischen Prüfung ihrer Stichhaltigkeit und im Vergleich gedanklich antizipierbarer Zustände mit dem Zielzustand. Dabei tritt das vorhandene Wissen als Ausgangsbasis stimulierend oder regulierend in Erscheinung, erhält eine methodische Funktion. Wir wollen dies an einem klassischen Beispiel verdeutlichen: Nachdem D. Mendeleev in den Jahren 1869—71 das Gesetz der Periodizität entdeckt und in eine vorläufige Formulierung gebracht sowie durch eine tabellarische Anordnung der Elemente veranschaulicht hatte, schrieb er 1871: „Das System der Elemente besitzt nicht nur eine rein pädagogische Bedeutung, als Mittel zum leichteren Erlernen verschiedenartiger, systematisch geordneter und miteinander verbundener Facta, sondern auch eine wissenschaftliche, indem es neue Analogien aufdeckt und somit neue Wege zum Erforschen der Elemente anbahnt. . . . Deshalb will ich einige Folgerungen aus dem periodischen Gesetze genauer betrachten, und zwar folgende Anwendungen derselben: Zum System der Elemente; Zur Bestimmung des Atomgewichts ungenügend untersuchter Elemente; Zur Bestimmung der Eigenschaften bis jetzt unbekannter Elemente; Zur Correction der Größe der Atomgewichte; Zur Vervollständigung unserer Kenntnisse über die chemischen Verbindungsformen."[24] Hier wird ein ganzes Programm entwickelt, das einmal akzeptierte Gesetz der Periodizität methodisch zu wenden. Wegen der inhärenten Systematik des Gegenstands dürfte eine nach methodentheoretischen Gesichtspunkten betriebene Analyse von Mendeleevs Arbeiten sehr ergiebig sein, um den hier angesprochenen Aspekt der methodischen Funktion des Wissens zu explizieren.

2.3.6. Methodisches Vorgehen muß in allen wesentlichen Details kontrollierbar sein

Dies ist eine Forderung an den Vollzug. Ein Vorgehen ist u. a. dann methodisch, wenn es im souveränen Durchlaufen einer Folge von Entscheidungssituationen besteht, die durch begründete Wahl unter Alternativen bewältigt werden. Methodisches Vorgehen ist somit mehr als das zwanghafte Befolgen von Regeln oder Schemata, es beinhaltet die wohlerwogene Entscheidung für eine Möglichkeit unter mehreren gegebenen oder zumindest denkbaren Möglichkeiten. Die geforderte Kontrollierbarkeit ist ein Aspekt der methodischen Beherrschbarkeit des methodischen Vorgehens in einem Forschungsprozeß. Kontrolle schließt stets die Möglichkeit ein, sich auch für eine andere Variante zu entscheiden, eine getroffene Entscheidung rückgängig zu machen, eine Wahl offenzulassen oder sie zu umgehen. Dieser Gesichtspunkt ist innerhalb unserer Konzeption vor allem deshalb wichtig, weil er die Notwendigkeit aufzeigt, das, was auch Maschinen innerhalb des Problemlösungsprozesses leisten können, abzugrenzen gegenüber dem, was der Souveränität des Forschers, des Subjekts der Forschung, bedarf. Natürlich funktionieren Maschinen nach einer Systematik, und gewiß können sie über eingebaute Kontrollverfahren verfügen, beides bleibt aber notwendig im Rahmen formaler Möglichkeiten und unterhalb der Schwelle, die wir für das Prädikat „methodisch" setzen wollen. Die hier geforderte Kontrollierbarkeit bezieht sich jedoch nicht nur auf formal entscheidbare Aspekte, sondern vor allem auf inhaltliche Erwägungen, von denen aus Entscheidungen motiviert werden. Ein Vorgehen, das keine solche Kontrolle durchgehend gewährleistet, bei dem etwa entscheidungsrelevante Informationen außer acht bleiben, überdeckt werden oder verlorengehen, erfüllt unserer Meinung nach nicht die mit dem Prädikat „methodisch" verbundene Qualifikation. Die Forderung nach Kontrollierbarkeit ist auch zu verstehen als Kriterium für die Bewertung von Idealisierungen, Vereinfachungen, Analogisierungen und ähnlichen Manipulationen, wie sie im methodischen Vorgehen in der Forschung beständig vorgenommen werden.

[24] D. I. Mendeleev: Die periodische Gesetzmäßigkeit der chemischen Elemente, in: Karl Seubert (Hrsg.): Das Natürliche System der chemischen Elemente. Abhandlungen von Lothar Meyer und D. I. Mendelejeff, Leipzig 1913, S. 64—65 (Ostwald's Klassiker der exakten Wissenschaften Nr. 68).

Die hier gebotene Charakteristik ist gewiß unvollständig und vorläufig, sie scheint uns aber unumgänglich zu sein für die Bestimmung des Untersuchungsgegenstandes „methodisches Vorgehen".

2.4. Zum Verhältnis von methodischem Vorgehen und Methode

Wie schon mehrfach gesagt wurde, fassen wir „methodisches Vorgehen" als die primäre, zugrunde liegende Bestimmung auf und entsprechend „Methode" als etwas Abgeleitetes. Diese Auffassung kann durch folgende Überlegungen gestützt werden:

1. Herausbildung von Methoden. Methoden sind verallgemeinerte, manifestierte Erfahrung, sind formal organisiertes Wissen, Schablonen des Umgangs mit Kenntnissen, Pläne des erfolgreichen oder für erfolgreich erachteten Problemlösungsverhaltens. Sie entstehen als Abstraktionsprodukte aus entsprechend qualifizierten Problemlösungsprozessen, sie werden abgehoben aus erfolgreichem methodischem Vorgehen und repräsentieren in verallgemeinerter Form als typisch erkannte Zusammenhänge zwischen Forschungsgegenständen. Methoden sind gedankliche Konstrukte, durch die bestimmte Beziehungen antizipatorisch gesetzt werden, um von da aus weitere Beziehungen herzustellen und zu explizieren. In jeder einmal fixierten Methode sind bestimmte invariante Funktions- und Strukturmerkmale verankert und damit die Spielräume ihrer Anwendbarkeit festgelegt.

Der Auffassung, Methoden als etwas Abgeleitetes bzw. Abgehobenes zu betrachten, widerspricht auch der Befund nicht, daß vielfach Methoden nicht aus vollzogenen Problemlösungsprozessen direkt abgeleitet werden, sondern sozusagen am Reißbrett neu konstruiert werden. Auch für diese Form der Herausbildung von Methoden gilt, daß solche auf Vorrat konstruierten Methoden nie völlig neu sind, sondern stets — und sei es durch bloße Analogie — an Bekanntes anknüpfen, vorhandene Elemente nur neu kombinieren und bewährte Muster variieren und modifizieren. Der Fundus der Methodengewinnung ist direkt oder vermittelt stets die methodisch betriebene Forschung.

2. Struktur von Methoden. Methodenkonstitution ist zu verstehen als Aufbau komplexer Gebilde aus jeweils elementareren, wozu wir Gebilde wie Regel, Prinzip, Vorschrift, Norm u. a. rechnen.[25] Diese Gebilde sind Elemente des

[25] In vielen Arbeiten wird der Begriff „Methode" vermittels des Begriffs „methodische Regel" eingeführt, so etwa bei W. Segeth: Methodische Regeln, Deutsche Zeitschrift für Philosophie, 7/1967, S. 792—806; ders.: Aufforderung als Denkform, Berlin 1974; ferner bei W. Heitsch: Methodologische Betrachtungen a. a. O., und in anderen Arbeiten aus der Forschungsgruppe „Forschungsmethodologie". Ein solcher Definitionsversuch trifft zweifellos ein wesentliches Moment des Methodenbegriffs, birgt aber auch die Gefahr der Zirkularität in sich sowie gewisse Unschärfen wegen des bisher keineswegs befriedigend aufgeklärten Status des Begriffs „Regel". Ein Teil der mit der Bestimmung des Begriffs „methodische Regel" verbundenen Probleme wird diskutiert in E. Lang: Zum Begriff „methodische Regel", Teorie a metoda, 2/1973, S. 5—24.

methodischen Vorgehens überhaupt, werden sie jedoch in bestimmter Weise verknüpft und zu Ganzheiten vereinigt, so erhalten sie eine andere Qualität — sie bilden eine Methode. Dabei spielt die in Abschnitt 3.2. besprochene Ziel-Bedingungs-Relation eine wesentliche Rolle, in bezug auf sie nämlich werden Methoden funktional als Ganzheiten konstituiert.

3. Abgeschlossenheit von Methoden. Eine Methode ist, zumindest unter funktionalem Gesichtspunkt, ein in gewisser Weise abgeschlossenes, ganzheitliches Gebilde, das eine bestimmte Problemlösungsstrecke abdeckt, einen Aktionsradius definiert, so daß der Forscher mit dieser komplexen Ganzheit strategisch hantieren kann. Darin unterscheidet sich das Gebilde „Methode“ von dem Tätigkeitsaspekt „methodisches Vorgehen“. Weiterhin gilt, daß eine Methode als ein abgehobenes Gebilde in einer sprachlichen Form repräsentierbar ist — nur so ist sie letztlich kommunizierbar, lehr- und lernbar. Durch seine Formulierung in Sprache, sei es als Beschreibung oder als Menge von Vorschriften, besitzt dieses Gebilde eine Homogenität, die dem methodischen Vorgehen nicht eigen ist.

Diese Überlegungen sind noch sehr vorläufig. Angesichts der Schwierigkeiten, das Methodische auf den Begriff zu bringen, sind Vorsortierungen dieser Art jedoch unerläßlich.

Ewald Lang

Die methodische Funktion der Frage in der Forschung

Alle Erkenntnis reicht nur so weit, wie man mit Fragen zielen kann. Ein Forschungsgebiet wird abgesteckt durch eine Menge von Fragen, durch Rückfragen und Gegenfragen. In der Metaphorik der Alltagssprache hat sich vieles von dem niedergeschlagen, was Charakter und Funktion der Frage ausmacht: Durch Fragen wird „heilsamer“ Zweifel wachgehalten, Fragen können bohrend sein, sie können auch danebenzielen. Ebensolche Merkmale sind es, die die Frage zum Gegenstand verschiedener wissenschaftlicher Disziplinen machen, welche mit ihren jeweiligen Mitteln und Absichten einzelne Aspekte der Frage herauspräparieren und theoretisieren. Im folgenden wird ein weiterer Versuch dieser Art unternommen. Versucht wird, der Frage als einem Typus gedanklicher Gebilde, die im methodischen Vorgehen eine Rolle spielen, neue Aspekte abzugewinnen, um damit unsere Vorstellungen über methodisches Vorgehen zu erweitern und zu präzisieren. Dabei gilt es zunächst, den gewählten Zugang zu rechtfertigen und einen Rahmen abzustecken, innerhalb dessen weitere Detailuntersuchungen ihren definierten Platz finden können.

Das Abstecken des Rahmens ist vor allem deshalb erforderlich, weil sowohl die Sondierung des Gegenstandsbereiches wie auch der Versuch einer Beschreibung des Gegenstandes integratives Vorgehen unerläßlich machen. Aussagen aus verschiedenen Disziplinen müssen aufeinander bezogen, Begriffsbildungen müssen aufeinander abgestimmt werden, Modifizierungen und Neuprägungen sind unabdingbar.

Das Ausfüllen dieses Rahmens, das wir hier nur sehr vorläufig betreiben können, besteht in der Vernetzung der einzelnen Bestimmungsstücke. Dabei gibt es ziemlich genau faßbare Relationsgefüge, etwa die Frage-Antwort-Korrespondenz, und es gibt andererseits Zusammenhänge, die vorerst nur vage angedeutet werden können. So etwa die Umsetzung der Frage in ein Experiment oder die Äquivalenzbedingungen für Formulierungsvarianten einer bestimmten Frage.

Die im folgenden angestellten Systematisierungen über Funktionsmerkmale der Frage bei der Determination des methodischen Vorgehens im Problemlösungsprozeß bedürfen natürlich der Illustration und Belegung durch einschlägige Fälle, d. h. durch Aufarbeitung entsprechender Literatur (Protokolle, Memoiren,

Rückblicke) und durch Beobachtung und Befragung von Forschern. Ein solches Bemühen stößt jedoch auf erhebliche Schwierigkeiten, gerade weil ein wesentlicher Teil dessen, was die Funktionsweisen der Frage ausmacht, mehr oder minder intuitiv abläuft, also direkter Observanz unzugänglich ist und im allgemeinen vom Forscher selbst nicht expliziert wird. So ist es gerade Ziel der im folgenden entwickelten Sichtweise, bestimmte Aspekte gedanklicher Prozesse beim Problemlösen abzuheben, die unter normalen Forschungsbedingungen nicht eigens reflektiert werden, weil der Forscher durch den Sachbezug seines Problems orientiert ist, so daß — wie bei Methodenreflexion überhaupt — es schon besonderer Disziplin oder äußerer Anstöße bedarf, im Forschungsprozeß die Betrachtungsebene zu wechseln und das eigene Vorgehen kritisch zu mustern.

Die Ausführungen tragen somit alle positiven und negativen Merkmale eines Entwurfs. Daß die Frage verschiedenartige methodische Funktionen haben *kann*, steht wohl außer Zweifel, diese Funktion jedoch in konkreten Fällen außerhalb der Introspektion nachzuweisen, zu rekonstruieren und gegebenenfalls lehr- und lernbar zu machen — dies bleibt vorerst als Problem bestehen.

1. Begriffliche Voraussetzungen und Festlegungen

Um die Ebene unserer Betrachtung und die Art unseres Herangehens zu verdeutlichen, bedarf es gewisser terminologischer Absprachen und quasi-definitorischer Festlegungen. Daß im derzeitigen Stadium des explorativen Erkundens eine durchgearbeitete Begriffssystematik nicht aufgebaut werden kann, versteht sich von selbst. Wir werden jedoch versuchen, terminologischen „Wildwuchs" nach Möglichkeit zu vermeiden und den Gesamtkontext methodentheoretischer Begriffsbildungen zu berücksichtigen.

Eine grundsätzliche Schwierigkeit für die Einführung und Durchsetzung geeigneter Ausdrücke zur Beschreibung der hier speziell interessierenden Aspekte der Frage und ihrer Verbindung zum methodischen Vorgehen ergibt sich daraus, daß alle eingangs erwähnten einzelwissenschaftlichen Untersuchungen ihre jeweils disziplin- oder schulenspezifischen Terminologien zum Einsatz gebracht haben, fachsprachliche Ausdrücke also, in denen jeweils nur spezifische Eigenschaften des Gegenstands „Frage" abgebildet werden. Nun ist es weder möglich, dies alles zu einem Mixtum compositum zusammenzuwerfen, was sich allein schon aus elementaren methodologischen Gründen verbietet, noch ist es andererseits ratsam, alle dort ermittelten Unterscheidungen, Kennzeichen und Wertungen „durch Übersetzung" in unseren Betrachtungsbereich einzubringen. Eine unkritische Rundum-Integration ist aus mindestens drei Gründen zu verwerfen:

1. Wenn die spezifische Zielstellung der methodentheoretischen Untersuchung gewahrt werden soll, können Konzeptionen, die sich nicht auf der von uns gewählten Beschreibungsebene bewegen oder in ihren Grundlagen philosophisch unverständlich oder dubios sind, nicht ernsthaft einbezogen werden, selbst wenn

es sich anscheinend um ausgebaute Systeme handelt. So etwa dürfte mit Feststellungen folgender Art kaum eine Klärung erreicht werden: „Fragen heißt: die distantia des Seins entfalten. Dabei wird Seiendes aus der Fraglosigkeit herausgehoben und ‚in Frage gestellt‘.“[1] „Bisher hatten wir ausdrücklich die ‚Eigenart‘ des Fragens nicht bedacht, dergemäß eine Frage von einem Fragenden an einen Befragten gestellt wird. Mit Fragen fragt man im weitesten Sinne des Wortes ‚an‘.“[2] Derlei phänomenologische Verbalakrobatik — wiewohl ein nicht unbeträchtlicher Teil der Literatur zur „Frage“ mit ihr gefüllt ist — entzieht sich rationaler Rekonstruktion.

2. Auszusondern sind weiterhin Klassifizierungskriterien und Merkmalsbestimmungen der Frage, die auf Grund spezieller Interessen nicht auf die Frage als Typ eines gedanklichen Gebildes zu beziehen sind, sondern sich primär auf Aspekte der Frageformulierung hinsichtlich der Präformierung psychischer Dispositionen beim Befragten beziehen. Hierunter fällt ein großer Teil der Resultate der psychologischen Befragungstheorien.[3] Aussagen wie die folgende sind auf den ersten Blick für den heuristischen Aspekt der Frage gewiß interessant: „Wodurch entsteht die Fremdbestimmtheit der Frage? Eine Frage ist nun einmal aus Worten zusammengesetzt. Jedes Wort besitzt einen bestimmten Reizwert. Jedes Wort spricht irgendwelche Dimensionen im Befragten an. Je länger nun die Frageformulierung, je stärker der Reizwert der verwendeten Worte, um so größer wird die Fremdbestimmtheit der Frage.“[4] Der angesetzte Zusammenhang ist jedoch bei genauerem Hinsehen kaum — bestenfalls in einer gewissen Analogie — im methodischen Vorgehen in der Forschung nachweisbar. Eine direkte Übernahme ist nicht möglich, weil die Bezugsgrößen grundsätzlich anders sind.

3. Nicht aufgenommen werden können schließlich auch Begriffsbildungen und Aussagen aus verschiedenen mathematischen und rechentechnischen Theorien bzw. Operationssystemen, weil diese sich auf wenige ausgewählte formale Aspekte von Frageausdrücken beziehen, gerade aber den uns interessierenden Struktur- und Funktionszusammenhang aussparen. Jedoch könnten sie Reservoires für künftige Beschreibungsinstrumentarien auch in unserem Falle sein, wenn über verschiedene Zwischenstufen hinweg die logische Darstellbarkeit der verschiedenen Fragetypen weiter als bisher gediehen ist. Das hier Gesagte bezieht sich etwa auf das etwas mißverständlich „Theorie der Fragebogen“ betitelte Buch von C. F. Picard[5], das in die Algorithmentheorie gehört. ferner auf verschiedene programmierungstechnische Arbeiten aus der EDVA-Literatur.

Was im folgenden an Terminologie und begrifflicher Substanz vorgeschlagen wird, ist somit notwendig ein Kompromiß zwischen Entlehnung, da wo sie sich

[1] K. Heinrich: Versuch über das Fragen und die Frage, Dissertation, Westberlin 1952, S. 114.
[2] H.-J. Finkeldei: Grund und Wesen der Frage, Dissertation, Heidelberg 1954, S. 117.
[3] Eine Übersicht findet sich bei K. Holm: Theorie der Frage. Teil I, in: Kölner Zeitschrift für Soziologie und Sozialpsychologie, 1/1974, S. 91—114.
[4] Ebenda, S. 105.
[5] C. F. Picard: Theorie der Fragebogen, Berlin 1973.

gefahrenfrei anbot, und Neuerung, da wo sie auf Grund der Spezifik unserer Sichtweise notwendig schien. Der allgemeine begriffliche Rahmen ist durch die zahlreichen methodentheoretischen Arbeiten anderer Autoren abgesteckt, vor allem durch W. Heitsch, H. Parthey, W. Wächter und J. Wolf.

1.1. Methodisches Vorgehen

Das allgemeine Konzept, das den Begriff „methodisch“ als primär ansetzt und entsprechend „Methode“ als etwas Abgeleitetes, aus einem Vorgehen Abgehobenes betrachtet, wurde an anderer Stelle dargelegt.[6] Nun gilt es aber, die Frage als Bestandteil des methodischen Vorgehens einzuordnen. Diese Einordnung kann vorgenommen werden anhand zweier Bestimmungen, die miteinander verträglich sind, wenngleich nicht ohne weiteres austauschbar. Verschieden in beiden Bestimmungen ist die Sichtweite und damit verbunden die jeweilige Ausführung von detaillierteren Beschreibungen. Die erste Bestimmung lautet vorschlagsweise:

(1) Methodisches Vorgehen ist eine jeweils problemtypisch realisierte Gesamtheit problemlösender Aktivitäten, die sowohl die Anwendung vorhandener als auch die Entwicklung und Konstruktion neuer Methoden umfaßt, wobei in beiden Fällen Methoden innerhalb des Forschungsprozesses auch eigenständiger Untersuchungsgegenstand sein können, sofern dieser Bewertung und Klassifikation von Methoden einschließt.

Diese Bestimmung kann synthetisierend genannt werden, insofern hier als Bezugsgröße der Begriff „Methode“ figuriert, im Falle der Anwendung als vorgezeichneter Rahmen des Vorgehens bei der Problemlösung, im Falle der Neuentwicklung als komplexes Gebilde antizipierter Schrittfolgen. In beiden Fällen wird Methode dabei aufgefaßt als funktional bestimmte Ganzheit, die innerhalb der den gesamten Problemlösungsprozeß umgreifenden Ziel-Bedingungs-Relation als Vermittlungsinstanz zwischen Problemstellung und Problemlösung fungiert. Diese Ganzheit besteht ihrerseits aus einer Menge in Regeln formulierbarer Vorgehensschritte, die im Falle der Anwendung einer gegebenen Methode abgearbeitet werden, während sie im Falle der Methodenneuentwicklung neu geordnet und zu größeren Blöcken zusammengeordnet werden. Wichtig für (1) ist nur, daß dort Methode als Ganzheit figuriert.

Eine zweite Bestimmung des „methodischen Vorgehens“, die wir analysierend nennen können, lautet so:

(2) Methodisches Vorgehen ist eine jeweils problemtypisch strukturierte, durch Zielbezug orientierte und vielfältig konditionierte Gesamtheit gedanklicher Operationen, durch die der Problemlösungsprozeß vollzogen wird.

Hierbei ist das Gewicht auf bestimmte Typen gedanklicher Gebilde gelegt, aus deren geordnetem Zusammenwirken sich jene funktional bestimmten Ganzheiten

[6] E. Lang und W. Wächter: Aspekte des methodischen Vorgehens in der Forschung, in vorliegendem Band, S. 48—70.

ergeben, die in (1) als Methoden geführt werden. Die Bestimmung (2) richtet den Blick auf die Ermittlung, Beschreibung und Funktionsbestimmung von Primärbausteinen, also von gedanklichen Gebilden, die das Grundinventar des methodischen Vorgehens ausmachen, deren Ineinandergreifen die Tätigkeit des Problemlösens als „methodisch" qualifiziert in dem Sinne, wie es von Wächter und Lang anhand bestimmter Kennzeichen dargestellt wurde (vgl. S. 48ff.).

(1) und (2) liegen gleichermaßen im Rahmen des Konzepts von der Wissenschaft als Tätigkeit, beide ergänzen einander, wie etwa in der Kunstwissenschaft bei der Beschreibung eines Bildes die Aussagen über Sujet und Komposition ergänzt werden durch Aussagen über Formelemente und Farben. In beiden Fällen besteht notwendigerweise ein durch Abstraktion bedingter Abstand zur forschungspraktischen Tätigkeit. Diese Distanz zum praktischen Operieren im Problemlösungsprozeß ergibt sich unweigerlich aus dem hier verfolgten Beschreibungsansatz. Dies mag gelegentlich als praxisfernes Spekulieren erscheinen. Solche Befürchtungen können aber eingedämmt werden, wenn man sich klarmacht, daß gerade die spezifischen Tätigkeiten, deren sichtbarer Vollzug manchem als die eigentliche Domäne der Methodentheorie erscheinen mag, wie Experimentieren, Messen, Wägen, Testen usw., nur zu erfassen sind als praktische Umsetzung von Operationsabläufen, die auf der gedanklichen Ebene antizipiert worden sind. (1) und (2) sind gerade aufzufassen als Versuche, die Sicht für jene empirische Domäne zu schärfen, sie führen nicht weg von der Empirie, sondern suchen eine präzise Bildeinstellung aus angemessener Entfernung.

1.2. Methodische Funktion

Im Anschluß an die in (2) formulierte Sehweise wurden verschiedene Untersuchungen über die spezifische Rolle von Gebilden wie „Regel", „Norm", „Aufforderung", „Sollsatz" und „Prinzip" angestellt sowie Versuche ihrer gegenseitigen Vernetzung unternommen. Jedes dieser Gebilde hat seine eigene Begriffsgeschichte und seine meist eng umgrenzte disziplinäre Herkunft. In jedem Falle mußte die methodentheoretische Brauchbarkeit erst geprüft und eine entsprechende Weiterung bzw. Modifikation entwickelt werden.

Mutatis mutandis gilt dies ebenso für das Gebilde „Frage", dessen Rolle im methodischen Vorgehen gemäß Bestimmung (2) hier anhand spezifischer Funktionen dargestellt werden soll. Nicht jede Frage repräsentiert ein Problem, aber es gibt kein Problem, das nicht durch eine Frage zu repräsentieren wäre.[7] Zwar ist die Frage noch nichts Methodisches an sich, sie kann jedoch als Repräsentant

[7] Über eine nützliche Abgrenzung zwischen den Begriffen „Frage", „Problem" und „Aufgabe" vgl. V. F. Berkov: Das Problem als Erscheinung des Widerspruchs zwischen Subjekt und Objekt, in: Wissenschaftliche Zeitschrift der Friedrich-Schiller-Universität Jena, Gesellschafts- und sprachwissenschaftliche Reihe, 3/1970, S. 395—401.

von Problemen unter bestimmten Bedingungen eine *methodische Funktion* haben, was wir noch ausführen werden. Ebenso gilt, daß die Frage ihrem Wesen nach viele mögliche Funktionen in sich vereinigt, die je nach Situation, Absicht und Einbettung ihrer Verwendung in jeweils umfassendere Zwecke realisiert werden oder ausbleiben. Auch eine methodische Funktion bzw. methodische Funktionen hat die Frage nicht „an sich", sondern erst in bezug auf bestimmte Weisen ihrer zielgerichteten Verwendung im Problemlösungsprozeß. Dies gilt es zu spezifizieren, wenn das Attribut „methodisch" kein schmückendes Beiwort bleiben soll. Wir halten als Zwischenbilanz fest:

(3) Eine Frage kann im Problemlösungsprozeß in dem Maße methodische Funktionen haben, wie ihre zielgerichteten Verwendungsweisen orientierend oder regulierend auf das gemäß (1) und (2) charakterisierte methodische Vorgehen einwirken.

Damit ist zugleich auch deutlichgemacht, daß die Frage einen grundsätzlich anderen Status hat als die anderen erwähnten Gebilde, wie Regel, Aufforderung, Prinzip u. a. Sie stellt nicht wie diese einen Elementarbaustein der Methodenkonstitution dar, sofern man unter Methode eine Gesamtheit abhebbarer und in Regeln formulierbarer Vorgehensschritte versteht, sondern die Frage steht vor, zwischen, nach und über der Methodenanwendung — wir werden das unten explizieren. Nichtsdestoweniger ist sie integraler Bestandteil des methodischen Vorgehens, wie es in (1) und (2) charakterisiert wurde. Die Möglichkeit, methodische Funktion auszuüben, ergibt sich für die Frage auf Grund ihrer Eigenschaften, die sie als gedankliches Gebilde eigenen Typs auszeichnen und die wir zum Angelpunkt der Darstellung der methodischen Funktionen wählen.

1.3. Die Frage

Obwohl ohne Zweifel die Frage zu unseren alltäglichsten, unablässig im Einsatz befindlichen Instrumentarien der Kommunikation und Reflexion gehört, jeder also intuitiv weiß, was eine Frage ist, sind gewisse terminologische Festlegungen hier, wo wir die Frage zum Gegenstand spezieller Überlegungen machen, unbedingt nötig. Unter „Frage" verstehen wir in diesem Zusammenhang den gedanklichen Inhalt (darstellbar als logisierbare konzeptuell-semantische Repräsentation) einer bestimmten Klasse von Frageausdrücken verbaler Natur. In die Klasse von Frageausdrücken, die Träger von Fragen in dem uns hier interessierenden Sinne sind, fällt nur ein Teil der grammatisch als „Fragesätze" klassifizierten verbalen Ausdrücke. Auszuschließen sind:

1. die sogenannten „rhetorischen" Fragen, z. B. „Wer wüßte nicht, daß *p*?" oder „Ist je ein Mensch geflogen?". Klares Ausscheidekriterium ist, daß es für diese Ausdrücke äquivalente und — unter Vernachlässigung bestimmter pragmatischer Faktoren — austauschbare (meist apodiktische) Aussagen gibt, z. B. „Jeder weiß, daß *p*" oder „Nie ist ein Mensch geflogen". Die Austausch-

barkeit dieser Frageausdrücke durch Aussagen ist Folge der Tatsache, daß „rhetorische" Fragen nur der äußeren Form nach, nicht aber gemäß ihrer kommunikativen Funktion eine Antwort erheischen.

2. Frageausdrücke, die konventionell verkleidete Befehle sind, z. B. „Willst du nicht die Tür zumachen?". Zweifellos sind Fragen Aufforderungen, jedoch Aufforderungen einer spezifischen Art, nämlich informationsheischende. Das heißt, die spezifische Weise ihrer Erfüllung besteht in einer Mitteilung, nicht im Ausführen oder Unterlassen einer Handlung, wie dies für Befehle u. a. Arten von Aufforderungen typisch ist. Ausscheidekriterium für 2. ist, daß es zu solchen „Fragen" jeweils äquivalente eindeutige Handlungsanweisungen gibt, etwa „Mach die Tür zu!".[8]

Einzubeziehen in die Klasse der verbalen Träger der Frage sind hingegen alle jene aussage- bzw. sollsatzartigen Ausdrücke, die zwar grammatisch keine Fragesätze sind, diesen aber äquivalent sind, etwa: „Ich möchte wissen, ob p oder ob $\bar{p}$", im Gegensatz zu „Ich zweifle, ob p" oder „Ich weiß nicht, ob p oder $\bar{p}$". Die letzten beiden sind nicht äquivalent in Frageausdrücke umformbar, der erste Ausdruck ist es. Wie man sieht, liefern sprachliche Form und grammatische Klassifizierungen zunächst keine hinreichend scharfen Kriterien, deshalb ist das ausschlaggebende Kriterium für *unsere* Klasse der Frageausdrücke die Äquivalenz des Ausdrucks (Umformbarkeit) zu einem eindeutig informationsheischenden sprachlichen Gebilde. Da Fragen als gedankliche Gebilde uns nur vermittels ihrer sprachlichen Repräsentation zugänglich sind, müssen wir ihre sprachliche Form in Rechnung stellen, da diese aber nicht mit dem uns speziell interessierenden Frage-Begriff in eindeutige Zuordnung zu bringen ist, bedarf es der Bildung von Äquivalenzklassen. Einer solchen Äquivalenzklasse von Frageausdrücken entspricht dann jeweils genau eine den Typ charakterisierende semantische Repräsentation abstrakter Art. Wir können somit folgende Bestimmung formulieren:

(4) Eine Frage ist der gedankliche Repräsentant einer Klasse untereinander äquivalenter, d. h. gegenseitig austauschbarer sprachlicher Frageausdrücke.

Daran schließt sich sofort das Problem an, wieviele Typen solcher Äquivalenzklassen, und damit, wieviele Fragetypen sinnvollerweise angesetzt werden sollen. Die Fragen, genauer: die Frageausdrücke, sind verschiedentlich klassifiziert worden, unter linguistischen, logischen und befragungstechnischen Gesichtspunkten. Natürlich sind die verschiedenen linguistischen Klassifizierungen am reichhaltigsten, jedoch beruhen sie nicht direkt auf der Bildung von Äquivalenzklassen, wie wir sie benötigen. Am nächsten liegen der in (4) genannten Bestimmung die in der Fragelogik (auch: ‚Erotetische Logik' oder ‚Interrogativlogik') vorgeschlagenen Klassifizierungen. Aber: Soweit wir es überblicken können und soweit es auch von den Autoren selbst vermerkt wird, geht keine der vorgeschlagenen Klassifi-

[8] Zur unterschiedlichen Struktur von Frage- und Befehlsausdrücken vgl. u. a. E. Lang: Zur sprachlichen Realisierung von Aufforderungen, in: Deutsche Zeitschrift für Philosophie, 7/1972, S. 916—919.

zierungen über erste Grobsortierungen hinaus, selbst monographische Abhandlungen[9] bewegen sich fast ausschließlich im Bereich der unstrittigen Unterscheidung von Entscheidungs- und Einsetzungsfragen (auch: ‚Ja-Nein-Fragen und Ergänzungsfragen‘ oder ‚Satzfragen und Satzgliedfragen‘ — es gibt zahlreiche, nicht immer deckungsgleiche solche Distinktionspaare) innerhalb der sogenannten Elementarfragen. Völlig unklar hingegen sind Klassifizierungsmöglichkeiten im Bereich der komplexen Frageausdrücke, der multiplen Frageausdrücke (d. h. Frageausdrücke, die gleichzeitig mehrere Fragedomänen enthalten) und im Bereich derjenigen Frageausdrücke, die nach dem Zusammenhang zwischen Sachverhalten fragen. Es sind dies gerade die uns besonders interessierenden Fragetypen, mit denen u. a. Erklärungsprobleme repräsentiert werden. Frageausdrücke dieser Art: Warum *p*? Wozu *p*? Wieso *p*? Weshalb *p*? Wodurch *p*? (Wobei ‚*p*‘ für eine Aussage steht), verlangen als Antwort Erklärungen, Begründungen, Zielangaben, Motivationen usw., komplexere Aussagen also, die als Antwort *nicht* wie bei den Entscheidungs- und Einsetzungsfragen durch die Basis der Frage bereits hinreichend determiniert sind. Hier hat bisher jede logische Analyse haltgemacht. Der Grund liegt auf der Hand: Eine *Warum*-Frage beispielsweise erheischt als Antwort eine Erklärung. Um dies jedoch angemessen zu fixieren, bedarf es zahlreicher einschränkender Festlegungen darüber, welche Art komplexer Aussagen bzw. Aussagenverknüpfungen als Erklärung gelten kann und welche nicht. Diese Kriterien ergeben sich nicht aus der Struktur des Frageausdrucks, sondern sie müssen separat aufgestellt und zur Charakterisierung des Begriffs „direkte adäquate Antwort einer *Warum*-Frage“ verwendet werden.[10] Der bisher vorgelegte Beitrag der Fragelogik wird sich am ehesten für eine systematische Untersuchung zur Konstitution von Äquivalenzklassen eignen, vornehmlich bei der bedingten wechselweisen Überführbarkeit von Entscheidungs- in Einsetzungsfragen und vice versa.

Die verschiedenen linguistisch orientierten Klassifizierungen sind natürlicherweise auf der Einteilung der Fragewörter aufgebaut. Dies ist als Startpunkt naheliegend und heuristisch vorteilhaft. Allerdings stößt man dabei sehr bald auf Schwierigkeiten, weil nämlich keineswegs zwischen den Typen von Fragewörtern und den von uns gemäß (4) gesuchten Typen von Fragen eine eindeutige Zuordnung besteht, und zwar in beiden Richtungen. Dafür zwei Beispiele. Der Fragesatz:

[9] Zu nennen sind hier vor allem: D. Harrah: Communication. A Logical Model, Cambridge, 1963; ders.: Erotetic Logistics, in: K. Lambert (Hrsg.): The Logical Way of Doing Things, New Haven—London 1969, S. 3—21; N. D. Belnap: An Analysis of Questions. Preliminary Report, Santa Monica 1963; ders.: Erotetic Logic, mimeographiert, University of Pittsburgh, 1968; L. Åquist: A New Approach to the Logical Theory of Interrogatives, Part I: Analysis, Uppsala, Filosofiska Föreningen, 1965; T. Kubiński: Wstęp do logicznej teorii pytań, Warschau 1971; V. F. Berkov: Vopros kak forma mysli, Minsk, 1972; J. Hintikka: Vopros o voprosach, in: Filosofija v sovremennom mire. Filosofija i logika, Moskau 1974, S. 303—362.

[10] Einige grundsätzliche Merkmale dafür werden in E. Lang: Erklärungstexte, in: Probleme der Textgrammatik, Berlin 1976, S. 147—181, entwickelt.

(a) „Wieso kommt *A* zu der These, daß *p*?"
ist mehrdeutig, insofern, als er zwei völlig verschiedene Fragetypen ausdrücken kann. (a) ist einmal äquivalent zu dem eindeutigen Frageausdruck
(b) „Auf welche Weise (nach welcher Methode) kommt *A* zu der These, daß *p*?"
Die Gültigkeit von *p* wird hier nicht angezweifelt, *p* wird akzeptiert, als Antwort wird eine Rekonstruktion des Vorgehens von *A* verlangt, mit dem er zur Aufstellung der These, daß *p*, gelangte. (a) kann aber auch äquivalent sein zu
(c) „Was ist der Grund (das Motiv) für *A*, die These, daß *p*, aufzustellen?"
Hier wird die Gültigkeit von *p* nicht vorausgesetzt, *p* ist noch nicht akzeptiert, als Antwort wird eine Erklärung oder Begründung, aus der *p* ableitbar sein muß, erwartet. Das Beispiel ist kein Einzelfall, vielmehr ist eine gewisse Vagheit oder abzählbare Mehrdeutigkeit sogar die Regel. In der praktischen Kommunikation des Alltags wird die entsprechende Lesart durch Faktoren des Kontexts oder der Situation jeweils hinreichend genau bestimmt, so daß kaum Mißverständnisse auftreten.[11] In dem uns interessierenden Bereich des forschenden Problemlösens, wo wir es mit „disziplinierter" Sprache — in beiden Bedeutungen des Wortes — zu tun haben, ist die vollständige Bewußtmachung solcher Mehrdeutigkeiten notwendig. Daraus ergibt sich ein weiteres Argument für die Notwendigkeit, auf der methodentheoretischen Beschreibungsebene Fragenklassifizierungen auf Äquivalenzklassen aufzubauen, die untereinander disjunkt sind. Demzufolge erscheint dort nicht (a) als Repräsentant eines Fragetyps, sondern in zwei verschiedenen Fragetypen (entsprechend (b) und (c)) erscheint (a) als Relat verschiedener Äquivalenzpaare. Dennoch sind und bleiben Untersuchungen, die an der sprachlichen Struktur der Frageausdrücke orientiert sind, die Grundlage für zweckbezogene Klassifikationsversuche. Eine durchgängige Systematik steht — soweit wir übersehen können — noch aus. Bevor wir zur Darstellung der methodischen Funktionen der Frage übergehen, muß noch das für diesen Aspekt Nötige über die Struktur der Frage gesagt werden.

1.4. Die Frage-Antwort-Korrespondenz

Die kategoriale Struktur eines Frageausdrucks ergibt sich aus der kommunikativen und kognitiven Funktion der Frage. Die Frage bringt — sprachlich als Frageausdruck vermittelt — eine um Mitteilung heischende Aufforderung zum Ausdruck, d. h. eine Aufforderung, deren Erfüllung in Form einer Mitteilung realisiert wird, die die Antwort bildet. In der Struktur jedes Frageausdrucks befindet sich demzufolge eine Komponente, die wir den Aufforderungsteil nennen wollen. In formalen Darstellungen wird dieser Aufforderungsteil als Frageoperator wiedergegeben. Nun wird mit einem Frageausdruck nicht allein irgendeine Mitteilung

[11] Vgl. dazu: R. Conrad: Linguistische Untersuchungen zur Beschreibung der Beziehungen zwischen Frage und Antwort, Dissertation B, Leipzig, Karl-Marx-Universität, 1975.

gefordert, vielmehr — wird sie, als in einem bestimmten Spielraum befindlich, schon durch die Struktur des Frageausdrucks vorgezeichnet. Anders gesagt: Der Frageausdruck enthält neben dem Aufforderungsteil eine propositionale Basis (kurz: Fragebasis), die die erheischte Mitteilung, also die Antwort, determiniert. Die Fragebasis hat formale Ähnlichkeiten mit einer Aussage bzw. einer Menge von Aussagen, ohne jedoch im strengen Sinne Aussage zu sein — dies ist nicht möglich, weil die Fragebasis stets in der Bezugsdomäne des jeweiligen Frageoperators liegt. Die Fragebasis hat daher eher den Status einer Aussageform. Außerhalb der Domäne eines Frageoperators ist die Fragebasis stets in Form von Aussagen repräsentierbar. Wir können daher sagen, daß jede Frage in zweifacher Weise auf Aussagen Bezug nimmt:

(5) Jeder Frageausdruck nimmt, sofern er eine Antwort erheischt, auf Aussagen Bezug, da jede Antwort als Aussagesatz gegeben wird bzw. äquivalent in einen solchen umgeformt werden kann.

(6) Jeder Frageausdruck nimmt ferner auf Aussagen dadurch Bezug, daß in seiner Struktur als notwendiger (wenngleich nicht immer voll explizierter) Bestandteil eine propositionale Basis (kurz: Fragebasis) enthalten ist, die in Form von Aussagen außerhalb des Frageausdrucks repräsentierbar ist.

Fragebasis und Antwort sind notwendig verschieden, stehen jedoch in einem für die Frage konstitutiven Zusammenhang. Wir wollen das bisher Gesagte an einem einfachen Beispiel (in Anlehnung an Belnap) illustrieren. Betrachten wir den Frageausdruck: „Welche Primzahlen liegen zwischen 10 und 20?" Wenn wir nun die (abstrakte) Struktur dieses Ausdrucks hinsichtlich der Unterscheidung von Aufforderungsteil und Fragebasis verdeutlichen wollen, ergeben sich etwa folgende explizite Umschreibungen:

Aufforderungsteil: „Zähle vollständig die Elemente derjenigen Menge $\mathfrak{M}$ auf, für die gilt: [. . .]!"

In „[. . .]" wird die jeweilige propositionale Basis (Fragebasis) repräsentiert. Im vorliegenden Falle umfaßt sie folgende Informationen, die, isoliert genommen, als Aussagen formuliert werden können:

Fragebasis: (a) Es gibt Primzahlen.
(b) Zwischen 10 und 20 liegt mindestens eine Primzahl.
(c) m ist Element von $\mathfrak{M}$ gdw gilt: m ist eine Primzahl und $10 < m < 20$.

Betrachten wir nun, wie Aufforderungsteil und Fragebasis zusammen die Antwort determinieren. Die durch (a)—(c) spezifizierte Fragebasis bildet den Komplex der Voraussetzungen der Antwort, die — selbst außer Frage stehend — den Spielraum der möglichen, direkten und vollständigen Antworten definieren, und zwar in folgender Staffelung: (a) muß zutreffen, damit die Frage überhaupt sinnvoll ist, (b) muß zutreffen, damit die Frage beantwortbar ist, (c) schließlich gibt die genauen Bedingungen an, die die Antwort erfüllen muß.

Der Aufforderungsteil, sprachlich hier sichtbar gemacht durch *welche . . .?* mit seinen spezifischen Verwendungsregeln, bestimmt die Art und Weise der Realisierung der Mitteilungsforderung. Im gegebenen Falle heißt das, daß die Antwort als vollständige Aufzählung zu erfolgen hat. Auf Grund dieser Determinationsbeziehungen ist es nun möglich, Aussagen als mögliche Antworten für die genannte Frage zu bewerten, so etwa:

Zwischen 10 und 20 liegen die Primzahlen 11, 13, 17, 19;
Bewertung: direkt, vollständig und wahr;
Zwischen 10 und 20 liegen die Primzahlen 11 und 17;
Bewertung: direkt, unvollständig, nicht falsch;
Zwischen 10 und 20 liegen nur solche Primzahlen, die größer sind als 10 und kleiner als 20;
Bewertung: indirekt, nicht falsch, aber eine Scheinantwort, weil Fragebasis und Antwort identisch sind, d. h. weil die Antwort schon in den Voraussetzungen enthalten ist, und inadäquat außerdem, weil Realisierungsmodus „Aufzählung" nicht erfüllt wird;
Zwischen 10 und 20 liegen die Nummern 5, 6, 7, 8 der Primzahlreihe ab 2;
Bewertung: indirekt, vollständig, nicht falsch, aber inadäquat als Antwort, weil Voraussetzungen involviert werden, die nicht in der Frage enthalten sind (Festlegungen über Primzahlreihe);
Zwischen 10 und 20 liegen die Primzahlen 11, 15, 16;
Bewertung: unvollständig, falsch (gegen Bedingung (c));
Zwischen 10 und 20 liegen die Primzahlen 11, 13, 17, 19, 23;
Bewertung: übervollständig, falsch (gegen Bedingung (c)).

Damit dürfte deutlich geworden sein, *wie* die Determination der Antwort durch das Zusammenwirken von Aufforderungsteil und Fragebasis erfolgt. Wenn wir nun von der allgemeinen Annahme ausgehen, daß jede Frage bzw. jeder Frageausdruck im Sinne von Festlegung (4) die Funktion hat, das Schließen einer Kenntnislücke einzuleiten, dann können wir den in (5) und (6) genannten doppelten Bezug der Frage auf Aussagen folgendermaßen umformulieren:

(7) Der Bezug der Frage zum Typ der Aussage, die ihre Antwort darstellt, manifestiert sich in der Struktur des Frageausdrucks selbst, und zwar so, daß die Fragebasis die durch die Antwort zu schließende Kenntnislücke fixiert, während der Aufforderungsteil die Art und Weise des Schließens dieser Lücke angibt.

Die Begrenzungen dieser Kenntnislücke trennen das, was als bekannt vorausgesetzt wird, also die Voraussetzungen der Frage, von dem, was nicht bekannt ist, aber in Erfahrung gebracht werden soll, also die Antwort innerhalb eines bestimmten Spielraums. Das Bestehen dieser grundlegenden Zusammenhänge ist unstrittig, unklar oder kontrovers hingegen sind die verschiedenen Ansätze, diese Zusammenhänge vollständig und systematisch zu beschreiben. Besondere Schwierigkeiten bereitet es, die verschiedenen Dimensionen der Bewertung der Antworten aufeinander abzustimmen. Unzureichend ist außerdem unsere Kenntnis über den semantischen und kognitiven Status des Aufforderungsteils sowie die Art der durch ihn angewiesenen Operationen. Eine kritische Übersicht über den Stand der

Forschung aus der Sicht der Interrogativlogik bietet J. Hintikka. Jenseits dieser Probleme aber sind sich alle Autoren einig bezüglich des um Mitteilung heischenden Aufforderungscharakters der Frage und bezüglich der Frage-Antwort-Determination, wie wir sie hier illustriert haben.

Damit ist für unsere Beschreibungsebene der Tatbestand fixiert, daß keine Frage aus dem Nichts kommt und keine Frage ins Beliebige geht, sondern stets wird eine Lücke strukturiert durch die vorausgesetzten Kenntnisse, und stets zielt die Frage auf eine Auswahl von Antworten innerhalb eines vorbestimmten Spielraums.

Der in (5)—(7) gezeigte Zusammenhang kann nun für unseren Zweck, nämlich die methodischen Funktionen der Frage darzustellen, noch weiter präzisiert werden durch Einführung des Begriffs der Frage-Antwort-Korrespondenz, der folgendermaßen charakterisiert werden kann: Wenn, wie oben gezeigt, mit jeder Frage eine Klasse von Aussagen als mögliche Antworten determiniert wird, dann muß es auch ein Determinationsverhältnis in umgekehrter Richtung geben. Alles, was in Form einer Aussage (bzw. Menge von Aussagen) durch Aussagesätze repräsentiert werden kann, kann demzufolge auch als Antwort auf eine genau bestimmbare Menge von Fragen verstanden werden. Anders gesagt: Jeder Aussage kann eine Menge von Fragen zugeordnet werden, als deren mögliche Antwort die betreffende Aussage erscheinen kann. Diese wechselweise Zuordnung, die keineswegs eineindeutig, wohl aber in beiden Richtungen stets angebbar ist, nennen wir die *Frage-Antwort-Korrespondenz*.

Bevor wir sie an einem Beispiel illustrieren, muß noch gesagt werden, daß zwischen Aussage und Antwort grundsätzliche Statusunterschiede bestehen: Eine Aussage ist nicht „an sich" schon eine Antwort, sondern nur dann, wenn sie im (tatsächlichen oder konstruierbaren) Kontext einer Frage als Erfüllung der Mitteilungsforderung fungieren kann. Eine Aussage unterliegt den Bewertungskriterien der logischen und faktischen Wahrheit bzw. Falschheit, als Antwort unterliegt die Aussage darüber hinaus weiteren Bewertungen, wie „adäquat" — „inadäquat", „direkt" — „indirekt", „vollständig" — „unvollständig", die sich erst aus der Bezogenheit auf die Frage ergeben. Daraus ergibt sich ein weiterer pragmatischer Unterschied: Eine Aussage ist, isoliert betrachtet, mit der Gesamtheit der aus ihr ableitbaren Folgerungen etwas Abgeschlossenes, d. h. ein weitergehendes Operieren mit dieser Aussage bedarf äußerer Anstöße. Dieselbe Aussage aber trägt, wenn sie als Antwort im Kontext einer Frage erscheint, in sich bereits die Keime weiterer Fragen, d. h., auch ohne äußeren Anstoß kann sie weiteres Operieren auslösen. Von diesem Moment an lebt der Dialog, der ja mehr ist als bloßes wechselweises Deklarieren von Feststellungen. Und gerade an diesen zusätzlichen Merkmalen, die eine Aussage erhält, wenn sie als Antwort aufgefaßt wird, bemißt sich auch ein Teil ihrer methodischen Funktionen.

Wir werden nun die Frage-Antwort-Korrespondenz an einem Beispielsatz demonstrieren, wobei es darauf ankommt, zu zeigen, wie zu einer Aussage die Menge der Fragen (zu einem Aussagesatz die Menge der Frageausdrücke) rekonstruiert werden kann, als deren jeweilige Antwort die betreffende Aussage erscheinen kann. Die Aussage: (*A*) „Diese methodischen Regeln bestimmen komplexe Operationen", ist mögliche Antwort auf:

I. eine *Entscheidungsfrage*, etwa: „Ist es der Fall, daß diese methodischen Regeln komplexe Operationen bestimmen?", (*A*) ist dann die explizite Form von „Ja";

II. sieben Typen von *Einsetzungsfragen*, nämlich
  1. Was bestimmt komplexe Operationen?
  2. Was für Regeln bestimmen komplexe Operationen?
  3. Welche methodischen Regeln bestimmen komplexe Operationen?
  4. Welche Relation besteht zwischen diesen methodischen Regeln und komplexen Operationen?
  5. Was tun diese methodischen Regeln?
  6. Was bestimmen diese methodischen Regeln?
  7. Was für Operationen bestimmen diese methodischen Regeln?

  (Zu erwähnen sind hier auch die sogenannten multiplen Frageausdrücke, wie etwa: Wer bestimmt was? (= 1 + 6); Welche Regeln bestimmen was für Operationen? (= 3 + 7); Was tut was mit wem? (= 1 + 5 + 6). Sie können jedoch außer Betracht bleiben, weil sie stets auflösbar sind in eine Folge elementarer Einsetzungsfragen.)

III. verschiedene *Zusammenhangsfragen*, etwa solche, in denen (*A*) als Bestandteil des Explanans figuriert, z. B.
  1. Warum benutzen wir zur Bestimmung des methodischen Vorgehens den Begriff „methodische Regeln"?
  2. Woraus ergibt sich die Funktion der methodischen Regeln?
  3. Inwiefern sind methodische Regeln Bestandteil des methodischen Vorgehens?

  (Eine vollständige Aufzählung ist hier, anders als bei 1 und 2, auf Grund der Spezifik der Zusammenhangsfragen nicht möglich.)

Die Aussage (*A*) ist in ebensovielen Hinsichten Antwort, wie es möglich ist, durch Fragen Kenntnislücken zu bestimmen, die durch (*A*) geschlossen werden können. Daß der Mechanismus der Frage-Antwort-Korrespondenz tatsächlich funktioniert und auch in der Richtung Antwort-Frage (zumindest für I und II) vollständig rekonstruierbar ist, ergibt sich aus einem grundsätzlichen Strukturzusammenhang, in dem sich auch der tragende Charakterzug der Frage in erkenntnistheoretischer Sicht manifestiert: Jede Frage ist eine Aufforderung zur Wahl unter den Alternativen einer begrenzten Menge von Aussagen. Gewählt werden kann nur, wenn die Entscheidung für eine Aussage zugleich die Zurückweisung einer anderen ist. Hier erweist sich die elementare Rolle der Negation als bestimmend. Wenn eine Aussage negiert wird, zerfällt sie in einen Teil, der von der Negation betroffen wird (die Negationsdomäne), und einen Teil, der affirmiert erhalten bleibt (die Affirmationsbasis, die die Voraussetzungen umfaßt). Die kleinste mögliche Negationsdomäne ist eine Elementarprädikation innerhalb der

Aussage, die größte Negationsdomäne ist die gesamte Aussage. Da jede Aussage zerlegbar ist in eine Konjunktion von Elementaraussagen (Elementarprädikationen), gibt es entsprechend viele mögliche Negationsdomänen in ihr. Der springende Punkt für die Frage-Antwort-Korrespondenz ist dabei der: Die Anzahl der zu einer Aussage bildbaren Negationsdomänen entspricht genau der Anzahl der spezifizierbaren Kenntnislücken (Fragedomänen) bzw. der durch Fragen zu eröffnenden Antwortspielräume, auf die die betreffende Aussage als mögliche Antwort festgelegt ist. Kurz gesagt: Die Möglichkeiten der Negation bestimmen die Möglichkeiten, Alternativen zu bilden und zwischen ihnen zu wählen. Negation und Wahl sind ganz elementare kognitive Operationen, deren Kombination das Wesen des Operierens mit Fragen ausmacht. In der Logik ist dieser Tatbestand dadurch abgebildet, daß die Kombination der Operatoren „—" und „∨" die natürlichste Weise ist, alle anderen aussagenverknüpfenden Operatoren zu definieren. Den Zusammenhang von Negationsdomäne und Fragedomäne wollen wir nun noch an dem oben gewählten Beispiel (*A*) deutlich machen, wobei wir jedoch multiple Frageausdrücke und entsprechend multiple Negationen außer Betracht lassen.

Entscheidungsfragen: Wenn wir der Einfachheit halber (*A*) mit „*p*" abkürzen, dann gibt es genau eine Negationsdomäne, nämlich die Satznegation „—*p*", und auch genau einen Antwortspielraum „/*p*, —*p*/", der nur genau zwei Alternativen zur Wahl stellt. Wenn die Negation eine Operation ist, mit Hilfe derer zu einer gegebenen (wahren oder falschen) Aussage eine weitere Aussage mit entgegengesetztem Wahrheitswert gebildet wird, dann ist die Entscheidungsfrage eine Aufforderung zu der Operation, aus einer Menge von alternativ zur Wahl stehenden wahrheitswertverschiedenen Aussagen diejenige zu ermitteln, die wahr ist.

Einsetzungsfragen: Da es hierbei nicht um die ganze Aussage geht, sondern um Domänen innerhalb derselben, bei Negation und Frage, kann dieser Zusammenhang am besten durch ein Strukturschema verdeutlicht werden:

	(*A*)
Fragetyp:	Diese methodischen Regeln bestimmen komplexe Operationen
II.3	*Welche* //methodischen Regeln bestimmen komplexe Operationen//?
II.2	*Was für* //Regeln bestimmen komplexe Operationen//?
II.1	*Was* //bestimmt komplexe Operationen//?
II.4	//Diese methodischen Regeln// *stehen in welcher Relation zu* //komplexen Operationen//?
II.5	//Diese methodischen Regeln// *tun was*?
II.6	//Diese methodischen Regeln bestimmen// *was*?
II.7	//Diese methodischen Regeln bestimmen// *was für* //Operationen//?

Kursiv gesetzt und durch ein Fragewort gekennzeichnet ist hier jeweils die Fragedomäne (bzw. der Antwortspielraum), in „//" eingeschlossen ist die jeweilige Fragebasis. Die hierzu korrespondierenden Negationsdomänen kann man durch *nicht-sondern*-Aussagen verdeutlichen:

(N-3) Nicht *diese* //methodischen Regeln bestimmen komplexe Operationen//, sondern *jene* (bzw. *andere*).

(N-2) Nicht *solche* (z. B. heuristische) //Regeln bestimmen komplexe Operationen//, sondern *methodische*.

(N-1) Nicht *dies* (z. B. Zufallsabfolgen) //bestimmt komplexe Operationen//, sondern *methodische Regeln*.

(N-4) //Diese methodischen Regeln// *hängen nicht ab von* //komplexen Operationen//, sondern *sie bestimmen* //komplexe Operationen//.

(N-5) //Diese methodischen Regeln// *hängen nicht in der Luft*, sondern *sie bestimmen komplexe Operationen*.

(N-6) //Diese methodischen Regeln bestimmen// nicht *Ziele*, sondern *komplexe Operationen*.

(N-7) //Diese methodischen Regeln bestimmen// nicht *einfache* //Operationen//, sondern *komplexe*.

Wiederum ist hier in „//" die Affirmationsbasis, d. h. die von der Negation unberührt bleibende Voraussetzungsmenge, eingeschlossen; kursiv gesetzt sind die Negationsdomäne sowie die jeweiligen Alternativen innerhalb dieses Spielraums, von denen je eine zurückgewiesen, die andere an deren Stelle behauptet wird. Die Parallelität von Negations- und Fragedomäne (Antwortspielraum) einerseits und von Affirmationsbasis und Fragebasis andererseits ist wohl eindeutig. Damit ist die Determination in der Richtung Antwort-Frage hinreichend erwiesen und der Begriff der Frage-Antwort-Korrespondenz nach (5)—(7) hinreichend deutlichgemacht worden.

Die Frage-Antwort-Korrespondenz ist die Schaltstelle für das Operieren mit Fragen im methodischen Vorgehen. Alle von uns darzustellenden methodischen Funktionen der Frage involvieren die Frage-Antwort-Korrespondenz, sie ist daher notwendiger Bestandteil der Funktionscharakteristik, verschieden ist jeweils nur ihre Rolle.

2. Bestandteile der Funktionscharakteristik

2.1. Festlegungen über den Begriff „Funktion"

„Funktion" ist ein schier unendlich-deutiger Begriff, nichtsdestoweniger ist er notwendig für konstruktives theoretisches Vorgehen, das bei Benutzung dieses Begriffs stets auch mit fortschreitender Präzisierung und Differenzierung verbunden sein muß. In unserem Fall soll gelten, daß wir unter „Funktion" im Kontext von „methodisch" (gemäß der Bestimmung (3) in Abschnitt 1.2.) spezifisch bedingte und bewertbare Verwendungsweisen der Frage im methodischen Vorgehen verstehen wollen. Damit jedoch eine bestimmte Verwendungsweise der

Frage bestimmt und gegenüber anderen abgegrenzt werden kann, bedarf es der Aufstellung von Bestimmungsstücken, die es gestatten, die Art und Weise, wie eine Frage im Problemlösungsprozeß verwendet wird, unter einem mit „Funktion" benannten Gesichtspunkt zusammenzufassen. Da, wie wir gesagt hatten, eine Frage nicht von sich aus eine methodische Funktion hat, sondern diese erst in bezug auf ihre Rolle im methodischen Vorgehen *haben kann*, kommen als Bestimmungsstücke der jeweiligen Funktion u. a. bestimmte Bezugsgrößen des Problemlösungsprozesses in Betracht. Wir stehen somit vor zwei Aufgaben: (1) Bestimmungsstücke zur Charakterisierung der methodischen Funktion aus Bezugsgrößen des Problemlösungsprozesses aufzustellen, (2) methodische Funktionen zu bestimmen und gegeneinander abgrenzbar zu machen. Beide Aufgaben hängen in der Weise zusammen, daß eine Lösung beider nur durch Herstellung von Korrelationen zwischen den Bestimmungsstücken aus (1) und den Funktionsbestimmungen aus (2) erreicht werden kann. Diesem Tatbestand wird das am Ende angefügte Schema, das die Zuordnungen beider in abgekürzter Form wiedergibt, am ehesten gerecht. Bei der Darstellung sind wir jedoch an Linearität gebunden, so daß wir die Aufgaben (1) und (2) nicht zugleich, sondern nacheinander abhandeln müssen. Wir beginnen mit den Bestimmungsstücken, wobei, wie unter 1.4. schon vermerkt wurde, die Frage-Antwort-Korrespondenz grundsätzlich als Schaltstelle und somit als Bestandteil der Funktionscharakteristik auftritt. Es kommen jedoch weitere hinzu.

2.2. Bezug zum vorhandenen Wissen

Eine Frage kann eine methodische Funktion im speziellen Sinne nur dann haben, wenn sie in der Weise auf das vorhandene Wissen Bezug nimmt, daß durch den Zusammenhang von Fragedomäne und Voraussetzungen nicht nur eine Kenntnislücke fixiert wird — dies ist bei jeder Frage der Fall —, sondern darüber hinaus auch das Wissen in bestimmter Weise aktiviert wird. Dies geschieht bei jedem Frage-Vorgang in der Alltagskommunikation, und es geschieht erst recht, und zwar unter gewissen vorgezeichneten Bedingungen, im Forschungsprozeß. Die im Problemlösungsprozeß beanspruchten Kenntnisse zerfallen in verschiedene Bereiche, in Sachkenntnisse, methodisches Wissen, wissenschaftstheoretische und philosophische Kenntnisse, Kenntnisse über Verfahrenstechniken und Instrumentarien, wie Logik, Mathematik, Meßtheorie usw. Kenntnisse, gleichviel, worauf sie sich beziehen, sind stets nach bestimmten Ordnungsprinzipien strukturiert, organisiert gespeichert und liegen zum Abruf bereit. Man darf annehmen, daß die Speicherform von Kenntnissen die mehrdimensionale netzartige Verknüpfung ist, wobei als Knoten Begriffe oder Begriffskomplexe figurieren, als Verbindungen gewisse implikative oder assoziative Beziehungen. Die Form der Kenntnisspeicherung bestimmt die Form ihrer Abrufbarkeit. Die Aktivierung einer Kenntnismenge durch eine Frage geschieht über bestimmte „Schlüsselwörter", die im

Frageausdruck, sowohl in der Fragedomäne wie in der Fragebasis vorkommen; diese Schlüsselwörter bewirken eine Aktivierung des Kenntnissystems dadurch, daß sie bei der Interpretation der Frage bestimmten Knoten im Kenntnissystem zugeordnet werden und wegen der Netzartigkeit der Struktur des Kenntnissystems die Herstellung bestimmter Verbindungen evozieren (Teilnetze bilden) und aktualisieren.[12] Der Umfang und die Dichte der aufgebauten Teilnetze kann natürlich je nach Frage und je nach individueller oder auch disziplinärer Situation variieren, daß jedoch mit jeder Frage ein solcher Vorgang verbunden ist, steht außer Zweifel. Da es — wie oben angedeutet — verschiedene Abteilungen im Kenntnissystem gibt, können entsprechend auch mehrere (simultan oder gestaffelt) aktualisierte Teilnetze unterschieden werden. Diese Unterscheidung wird auf unserer methodentheoretischen Beschreibungsebene so wiedergegeben: Der Bezug der Frage zum vorhandenen Wissen, d. h. der über die Fixierung der Kenntnislücke hinausgehende Vorgang der Aktivierung von Teilnetzen des Kenntnissystems, kann sich realisieren als: Evozierung von Sachzusammenhängen oder disziplinäre Einordnung des durch die Frage repräsentierten Problems, wissenschaftstheoretische Einordnung des durch die Frage repräsentierten Problems (d. h. Identifizierung des Problemtyps).

Der Bezug der Frage zum vorhandenen Wissen kann jedoch auch vermittelter vor sich gehen, etwa dann, wenn die Struktur eines bestimmten Teilbereichs des Kenntnissystems als Folie für die Aufstellung von Kontrollfragen dient. Die Aufstellung von Hierarchien von Fragen zu diesem Zweck geschieht unter Berücksichtigung der hierarchischen Struktur des Kenntnissystems. Hier spielt die Antwort-Frage-Determination innerhalb der Frage-Antwort-Korrespondenz eine Rolle. Wenn eine innerhalb des Problemlösungsprozesses aufgebaute Klassifizierung von Daten oder Eigenschaften z. B. auf ihre Disjunktheit hin durchgeprüft werden soll, dann werden sich die dies bewerkstelligenden Fragefolgen an der durch die Hierarchie vorgezeichneten Serie von Einschränkungsmöglichkeiten orientieren.

Die Art des Bezugs zum vorhandenen Wissen ist eines der Bestimmungsstücke, nach denen methodische Funktionen der Frage unterschieden werden können.

2.3. Operativer Status der Funktion bei der Problemlösung

Unter dieser zunächst etwas unklaren Bezeichnung verbirgt sich folgendes: Gemäß der Bestimmung (3) versuchen wir, methodische Funktionen in bezug auf bestimmte Verwendungsweisen der Frage im methodischen Vorgehen zu ermitteln — sie werden unter 3.1.—3.5. unten behandelt. Diese Verwendungsweisen sind nun aber auch dahingehend zu kennzeichnen, daß ihnen jeweils Auswirkungen be-

[12] Über die Funktionsweise der Schlüsselwörter ausführlicher in: E. Lang: Erklärungstexte, a. a. O.

stimmter Art eigen sind. In welcher Weise sich die Verwendungsweise einer Frage auf das nach (2) bestimmte methodische Vorgehen auswirkt, wie also die Verwendungsweisen einer Frage in die Gesamtheit der — das methodische Vorgehen ausmachenden — gedanklichen Operationen eingreift, dies bezeichnen wir als „operativen Status".

Generell ist der operative Status einer Frage der einer Aufforderung zur Schließung einer Kenntnislücke, anders gesagt: eine Aufforderung zur Herstellung von Verbindungen zwischen Wissenseinheiten, die als solche noch nicht bestehen bzw. bekannt sind. Im spezielleren Sinne der Forschung wird die Frage operativ wirksam in ihrer Eigenschaft als Aufforderung zur gezielten Erweiterung des fachspezifisch vorhandenen Wissens. Dies hängt mit der bereits in Abschnitt 1.2. besprochenen Festlegung zusammen, daß nicht jede Frage ein Problem repräsentiert, umgekehrt aber jedes Problem in Frageform repräsentierbar ist. Probleme in der Forschung zielen naturgemäß auf wissenschaftliche Kenntnisse ab, nicht auf irgendwelche singulären Daten oder Einzelerscheinungen, insofern ist die Feststellung „Aufforderung zur Wissenserweiterung" nicht trivial.

Bestimmte Verwendungsweisen der Frage können aber auch bewirken, daß die Orientierung des Vorgehens nicht auf Wissenserweiterung zielt, sondern auf Umordnung des vorhandenen Wissens. Umordnungen des vorhandenen Wissens dienen der Verdeutlichung der stillschweigend oder auch bewußt angesetzten Menge von Voraussetzungen, sie sind wichtigste Grundlage der Hypothesenbildung.

Wieder andere Verwendungsweisen der Frage bewirken eine Überprüfung des innerhalb des Problemlösungsprozesses bis zu einem bestimmten Stadium der Lösungserarbeitung angewandten Vorgehens, der operative Status ist dann der eines Kontrollverfahrens für die bisher geleistete Arbeit oder die vorwegnehmende Bestimmung folgender methodischer Schritte.

2.4. Kriterien der Funktionserfüllung

Wenn wir den Nachweis führen wollen, daß bestimmte Verwendungsweisen der Frage vermittels der Frage-Antwort-Korrespondenz unter bestimmter Bezugnahme auf das vorhandene Wissen im methodischen Vorgehen bestimmte Auswirkungen haben, dann muß es dafür, was wir verkürzt als „Erfüllung methodischer Funktionen" bezeichnen, auch Kriterien geben. Durch solche Kriterien muß bestimmbar sein, ob eine Frage im gegebenen Problemlösungszusammenhang eine bestimmte methodische Funktion erfüllen *kann*, und ob sie — in der Retrospektive — eine bestimmte methodische Funktion erfüllt *hat*. Als Kriterien erscheinen hier bestimmte Voraussetzungen für die Funktionserfüllung, deren tatsächliche Gegebenheit jedoch nicht von vornherein bekannt ist. Nehmen wir einige Beispiele: Als Repräsentant eines Problems kann eine Frage methodisch wirksam werden nur unter der Voraussetzung, daß sie sich als regulär beantwortbar erweist, was nicht bedeutet, daß sie schon beantwortet sein muß, sondern nur, daß sie nach bisheriger Beurteilung weder als unlösbar erkannt noch als Scheinproblem demaskiert wurde. Die Anwendbarkeit dieses Kriteriums ist relativ zum Entwicklungsstand der jeweiligen Forschungsrichtung.

Die Frage, verwendet innerhalb eines Kontrollverfahrens zur Überprüfung des bisher angewandten methodischen Vorgehens, setzt als Kriterium voraus, daß dieses Vorgehen eindeutig rekonstruierbar ist, andernfalls ist die Erfüllung der Kontrollfunktion unmöglich.

Wenn die Frage eine Funktion zur Vorausplanung der nächsten Schritte im methodischen Vorgehen erfüllen soll, so geht das nur unter der Voraussetzung, daß diese Schritte dem Kriterium der Richtungskonstanz auf das jeweils gesetzte Etappenziel hin unterworfen werden können.

Der Gehalt dieser Kriterien wird deutlicher aus dem Schema S. 94—95, weil sie dort in den Gesamtzusammenhang eingebettet sind.

2.5. Abhängigkeit der Funktionserfüllung

Die im vorigen Abschnitt behandelten Bestimmungsstücke betrafen die Voraussetzungen, unter denen die Erfüllung methodischer Funktionen möglich ist. Jetzt geht es um die Faktoren, die Art, Umfang, Qualität dieser Funktionserfüllung determinieren, und zwar um solche Faktoren, die nicht mit der Struktur der Frage zusammenhängen, sondern eher mit bestimmten Merkmalen entweder des im Problemlösungsprozeß zur Lösungserarbeitung verwandten oder bereitstehenden Wissens oder des jeweils angewandten methodischen Vorgehens.

Die Art und der Grad der Funktionserfüllung, die eine Frage im methodischen Vorgehen zu leisten vermag, beispielsweise in der Funktion, Repräsentant eines Problems zu sein, hängt u. a. ab vom Umfang, von der Repräsentationsform und der Systematik, in der fachwissenschaftliche oder methodische u. a. Kenntnisse fixiert und abrufbar sind. In diesem Zusammenhang macht sich sofort die Tatsache bemerkbar, daß die verschiedenen Wissenschaftsdisziplinen unterschiedliche, disziplinspezifische oder sogar schulenspezifische, Ordnungsprinzipien in der Systematisierung ihres Fachwissens verfolgen. Es macht sehr wohl einen Unterschied, ob das Fachwissen in Form geordneter Satzsysteme (Idealfall: Mathematik) oder in Form empirisch gewonnener Klassifizierungen über einen Sachbereich vorliegt. Ebenso ist es für die methodische Funktion der Frage als Problemrepräsentant von Belang, ob die methodische Kenntnis gewissermaßen als Katalog bewährter Verfahren in Erscheinung tritt oder als Potential der Methodenkonstruktion. Jenseits unseres Themas scheint mir eine Untersuchung über die Ordnungsprinzipien, nach denen disziplinär Sach- und Methodenkenntnisse gespeichert und entsprechend abrufbar sind, in vielen Hinsichten aufschlußreich.

Andere Faktoren, die sich auf die Funktionserfüllung auswirken, betreffen das Operieren mit Frageausdrücken selbst. So etwa bei einer Verwendungsweise der Frage, die wir — vgl. 3.3. — „Leitlinie der Lösungsfindung“ nennen. Die Erfüllung dieser Funktion wird wesentlich bedingt durch den Umfang, in dem es gelingt, Fragefolgen aufzubauen, deren Struktur Stufen der Lösung abbildet. Um solche Fragefolgen zu konstruieren, bedarf es gesicherter Verfahren, nach denen Fragen verknüpft und zwischen Fragen Folgerungsbeziehungen etabliert werden können.

Weitere Faktoren finden sich in der schematischen Zusammenstellung, ihre Bedeutung wird dort aus dem Kontext ersichtlich.

Damit haben wir die vorläufige, gewiß skizzenhafte und ausbaubedürftige, Vorstellung der Bestandteile der Funktionscharakteristik abgeschlossen.

3. Die methodischen Funktionen der Frage

Die methodischen Funktionen bestehen nicht an sich, sondern sie ergeben sich gemäß den in 2.1. bis 2.5. aufgeführten Bestimmungsstücken. Um es als allgemeine Formel anzugeben: Eine Frage erfüllt im Problemlösungsprozeß eine der unter 3.1.—3.5. genannten methodischen Funktionen vermittels der Frage-Antwort-Korrespondenz, unter spezifischer Bezugnahme auf das vorhandene Wissen, im Hinblick auf operative Wirksamkeit, gemäß bestimmten Voraussetzungen und in Abhängigkeit von bestimmten Bedingungen. Die jeweiligen Belege dieser Formel finden sich in den Zeilen des Schemas S. 94—95.

3.1. Die Frage als Problemrepräsentant

Jedes Forschungsproblem ist im Prinzip als Frageausdruck formulierbar, obwohl das in der Praxis nicht unbedingt immer so in Erscheinung tritt. Aus Gründen der Übersichtlichkeit, des Stils, der Kontextbedingungen geschieht es sogar häufig, daß Probleme gar nicht als Frage, ja nicht einmal als zusammenhängender Ausdruck formuliert werden, sondern sozusagen „auf Raten" verbalisiert werden. Auch im Problemlösungsprozeß ist dem Forscher meist nicht das gesamte Problem in seiner expliziten Formulierung dauernd präsent, sondern er konzentriert sich abschnittweise auf bestimmte Teilprobleme. Dennoch gilt das oben erwähnte Prinzip, dem auch unsere in (4) gegebene Bestimmung der Frage folgt. Wir können hier ein Beispiel aus einem Forschungsbericht anführen, der hinsichtlich der Problemtypidentifizierung analysiert wurde.[13] Das in diesem Bericht abgehandelte Problem war, auf mehrere Abschnitte verteilt, ratenweise in Aussagesätzen formuliert worden. Als Frageausdruck zusammengezogen lautet es: (*B*) Welche Zu-

[13] Vgl. E. Lang: Methodisches Vorgehen bei der Analyse von Berichtstexten unter dem Gesichtspunkt der Identifizierung von Problemtypen, unveröffentlichte Studie 1973. Die ausgewertete Berichtsquelle ist: R. S. Khare, R. K. Mishra: Effect of Acetylcholine and Atropine on Brain Cell Membranes — Interference Microscopic Studies, in: Studia Biophysica, 1/1972, S. 43—50.

standsveränderungen von Gehirnzellmembranen unter Einwirkung von organischen Substanzen können in bezug auf die Kenngrößen Dichte und Brechungsindex mit Hilfe der interferenzmikroskopischen Apparatur *M* nachgewiesen werden? (Wir haben dabei die Spezifikation von *M* und die Namen der einwirkenden Substanzen weggelassen, weil sie für unseren Zusammenhang unwichtig sind.) Dies ist die vollständige, wenngleich ziemlich unhandliche Repräsentation des Problems in Form eines Frageausdrucks. Wie treffen darauf die in 2.1.—2.5. genannten Bestimmungsstücke zu, denen zufolge diese Problemrepräsentation eine methodische Funktion hat? Gemäß der Frage-Antwort-Korrespondenz läßt sich die Fragedomäne ziemlich leicht fixieren als: Was ist die Differenz von *D*, *B* zu *D'*, *B'* . . .? (Wobei wir abkürzungshalber mit *D*, *B* die Ausgangskenngrößen, mit *B'*, *D'* die nach Einwirkung resultierenden Kenngrößen bezeichnen; der ganze Rest des Frageausdrucks bildet die Fragebasis, die in sich wiederum in eine Menge verschiedenartiger Voraussetzungen zerfällt.)

Zweifellos wird damit ein Spielraum möglicher Antworten festgelegt, genauer noch — wenn wir von dem Fall absehen, daß (*B*) als Prüfungsfrage gestellt wird — wird durch diese Fragedomäne die Kontur einer Wissenslücke fixiert, zu deren Schließung (die im übrigen in (*B*) ziemlich präzis konditioniert ist) es der Forschungsarbeit bedarf. Damit wäre erst einmal (*B*) als Repräsentant eines Forschungsproblems qualifiziert. Und weiter? (*B*) umfaßt — soweit sie mir zugänglich waren — eine Reihe von Schlüsselwörtern wie *Gehirnzellmembranen*, *organische Wirksubstanzen*, die eine sachbezogene, sowie *Dichte*, *Brechungsindex*, *interferenzmikroskopische Apparatur M*, die eine verfahrensbezogene disziplinäre Einordnung des Problems ermöglichen, indem sie die Aktualisierung entsprechender Teilnetze über Sachzusammenhänge bzw. Methodenanwendung aus dem Kenntnissystem bewirken. Der durch die Schlüsselwörter hergestellte Bezug zum vorhandenen Wissen geschieht natürlich nicht in freier Assoziation, sondern entsprechend den Ordnungsprinzipien der fachspezifischen Kenntnisspeicherung (vgl. 2.5.). Details dazu werden im Forschungsbericht auch ausgeführt, wir brauchen sie hier nicht wiederzugeben. Wesentlich als methodische Funktion ist jedoch die dadurch erreichte Vorsortierung der Lösungsmöglichkeiten, anders gesagt: „methodisch" ist die lösungsbezogene Selektivwirkung, die allein schon von der Problemrepräsentation geleistet wird. Und nur, wenn eine solche Vorsortierung stattfindet, können wir der Frage als Problemrepräsentant eine methodische Funktion zuschreiben. Im vorliegenden Illustrationsfall ist das zweifellos geschehen, wie der Bericht ausweist.

3.2. Die heuristische Funktion der Frage — gemessen an ihrer Formulierung

Diese Funktion bezieht sich auf Formulierungsvarianten innerhalb einer Äquivalenzklasse von Frageausdrücken. Ein und dasselbe Problem kann durch mehrere Frageausdrücke wiedergegeben werden, die sich jedoch unterscheiden hinsichtlich der Lösungstransparenz, wobei Lösungstransparenz eine relative Eigenschaft ist. Wir können dies an einem einfachen Beispiel verdeutlichen: Angenommen, eine chemische Legierung *L* habe die finite Menge nachgewiesener Eigenschaften $E = \{e_1, \dots, e_n\}$. Nun soll die Eignung von *L* für das Kaltgußverfahren ermittelt werden, was natürlich von *E* abhängt. Für die Eignungsprüfung stellt sich somit das Problem, aus *E* die Kaltgußverträglichkeit von *L* zu ermitteln. Dies kann durch folgende Frageformulierungen geschehen: (a) „Welche Elemente aus *E* sind kaltgußverträglich?" oder (b) „Was für Elemente aus *E* sind kaltgußverträglich?" Beide Frageformulierungen sind bei gegebenem finitem *E* äquivalent. Dem Unterschied der Frageoperatoren entspricht jedoch ein Unterschied im Modus der Antwortfindung. Bei (a) besteht die Antwort im Aufzählen einer Teilmenge aus *E*, die durch Suchen und Durchprüfen ermittelt wird. Die Antwort auf (b) wird nicht durch Aufzählung gegeben, sondern durch eine definite Beschreibung der betreffenden Teilmenge aus *E* durch Angabe ihrer klassebildenden Eigenschaften. Unter Umständen ist (b) lösungstransparenter formuliert als (a), weil es zur Aussonderung einer Teilklasse auffordert, also zu einem Suchverfahren, das auf sukzessivem Ausschließen von Alternativen beruht, während in (a) ein solcher „Hinweis" nicht enthalten ist. Das Beispiel ist zugegebenermaßen simpel, dennoch ist die Nutzung des Prinzips, daß eine Menge sowohl durch Aufzählung wie durch definite Beschreibung konstituiert werden kann, worauf ja auch die Äquivalenz von (a) und (b) beruht, für das methodische Vorgehen durchaus gängige Praxis.

Daß aus zweckmäßiger Umformulierung eines Frageausdrucks heuristischer Nutzen gezogen werden kann, ist eine unbestrittene Erfahrungstatsache. Bevor jedoch Aussagen und Verfahrensweisen verallgemeinernd aufgestellt werden können, müssen die Möglichkeiten gesicherter und formal charakterisierbarer Äquivalenzklassenbildung genauer erforscht werden. Aus psychologischer Sicht liegen mehrere Untersuchungen über den heuristischen Wert mehr oder minder lösungstransparenter Formulierungen vor.

3.3. Die Frage als Leitlinie der Lösungsfindung bzw. der Lösungserarbeitung

In dieser Funktion bezieht sich eine Frage — anders als bei 3.1. und 3.2. — direkt auf das methodische Vorgehen der Lösungserarbeitung, und zwar in folgender Hinsicht: Wie in verschiedenen Arbeiten[14] skizziert wurde, werden Problemstellungen sukzessive in Teilprobleme zerlegt, d. h., es erfolgt die Dekomponierung der Ausgangsproblemstellungen in solche Teilprobleme, die schrittweise abgearbeitet werden können. Damit bei einer solchen Zerlegung nicht unter der Hand Abweichungen oder logische Fehler entstehen, muß die Zerlegung von logischen

[14] U. a. in: W. Heitsch: Überführung von Methoden in algorithmische und heuristische Programme, in: Teorie a metoda 3/1971, S. 105—112; E. Lang: Möglichkeiten der Modellierung des methodischen Vorgehens, in: IWTO-Kolloquienreihe, 2/1971, S. 50—60.

Beziehungen, wie materiale Implikation, semantische Inklusion u. a., zwischen der Ausgangsformulierung und den aus ihr abgeleiteten Teilformulierungen getragen sein. Bei dieser Zerlegung kommt die in (5)—(7) in 1.4. bestimmte Frage-Antwort-Korrespondenz methodisch zur Geltung, insofern, als nun durch systematische Rückfragen die Gewähr dafür gegeben wird, daß die Zerlegung der Ausgangsfrage (Ausgangsproblemstellung) in Teilfragen dem Aufbau der Endantwort aus Teilantworten konform geht, d. h., es wird gesichert, daß die ursprüngliche Fragedomäne als Rahmen beibehalten wird. Der Bezug zum vorhandenen Wissen wird hierbei dadurch hergestellt, daß sich die Zerlegung der Ausgangsfrage an den hierarchischen Strukturen des Kenntnissystems und den jeweils involvierten Kenntnisnetzen orientiert. Der operative Status der durch Fragen gesteuerten Zerlegung und des Rückfragens ist der, daß dadurch Schrittfolgen und Lösungsabstände bestimmt werden. Dies zusammengenommen, rechtfertigt es, hier von der methodischen Funktion „Leitlinie der Lösungsverarbeitung“ zu sprechen.

3.4. Die Frage als Ordnungs- und Kontrollfaktor bei der Lösungserarbeitung

Diese Funktion der Frage ist dann gegeben, wenn an bestimmten Stellen bei der Anwendung einer Methode bestimmte Abfrageschemata absolviert werden müssen, bevor der nächste Schritt getätigt werden kann (solche Frageschemata sind fester Bestandteil bestimmter Methodiken), oder aber, wenn an bestimmten Stellen unvorhergesehene Schwierigkeiten auftreten und eine kontrollierende Reanalyse des bisherigen Vorgehens notwendig ist.

Die Funktion Ordnungsfaktor besteht darin, daß durch Fragen das bisher erreichte und als nächstes anzustrebende Ergebnis in geordneter Form vergegenwärtigt werden kann. Die Frage ist hier Instrument zum Aufbau bzw. zur Abänderung einer Lösungsstrategie. Als Kontrollfaktor fungiert die Frage bei der Reanalyse gezogener Schlüsse, gesetzter Begriffsbildungen, abgeleiteter Theoreme, vorgeschlagener Erklärungen usw. Der Zweck der Kontrolle ist vornehmlich die Aufdeckung von Äquivokationen, Verstößen gegen semantische Stufenunterschiede, Inkonsistenzen, reduktiven Schlüssen usw.

Die Frage-Antwort-Korrespondenz bietet dabei die Gewähr, daß der ursprünglich angesetzte Spielraum der Ausgangsfrage durch Reanalyse der im Verlauf der Lösungserarbeitung erreichten Antworten systematisch rekonstruiert werden kann. In dieser Funktion ist die Frage mit der Ausnutzung bestimmter methodischer Prinzipien, wie Symmetrisierung, argumentatio e contrario u. a., gekoppelt. Diese Funktion der Frage gehört zum Kernstück einer wissenschaftlichen Argumentationslehre.[15]

[15] Ansätze für eine Theorie des Argumentierens finden sich u. a. in: Ch. Perelman, L. Olbrechts-Tyteca: Traité de l'Argumentation, Paris, 1958; Arne Naess: Communication and Argument, Oslo 1966; W. Kummer: Aspects of a Theory of Argumentation, in: E. Gülich, W. Raible (Hrsg.): Textsorten. Differenzierungskriterien aus linguistischer Sicht, Frankfurt/Main 1972, S. 25—49.

Tabelle 1: Schematische Zusammenstellung der methodischen Funktionen der Frage und ihrer Bestimmungsstücke

Funktion im methodischen Vorgehen		Rolle der Frage-Antwort-Korrespondenz (FAK)	Bezug zum vorhandenen Wissen	Operativer Status der Funktion bei der Problemlösung	Kriterien der Funktionserfüllung	Funktionserfüllung ist abhängig von:
(1) Repräsentant von Problemen	A	Eingrenzung des Spielraums zulässiger Antworten	Über Schlüsselwörter wird ein Kenntnisnetz von Sachzusammenhängen evoziert	Anweisung zur Herstellung nicht etablierter Verbindungen im Kenntnissystem	Reguläre Beantwortbarkeit bei wahren Voraussetzungen	Umfang, Repräsentationsform und Struktur von in Satzsystemen fixierten Kenntnissen
	MV	Kontur der Wissenslücke fixiert	Disziplinäre Einordnung des Problems	Anweisung zur gezielten Wissenserweiterung	Ausschließbarkeit von Scheinproblemen und unlösbaren Problemen	Möglichkeit und Art der Einordnung des Problems in Theorien
(2) Formulierung transparent oder verschleiernd (heuristische Funktion)	A	Wahl der Antwort innerhalb des Spielraums erleichtert oder erschwert	Problemtyp identifiziert oder unklar	Vorordnung des vorhandenen Wissens gemäß sachbezogenen oder disziplinären Ordnungsprinzipien	Bewertbarkeit von Alternativantworten innerhalb jeweiliger Spielräume	Möglichkeit, Äquivalenzbeziehungen zwischen verschiedenen Frageformulierungen zu fixieren
	MV	Bewirkt Lösungstransparenz bzw. Lösungsverschleierung	Wissenschaftstheoretische Einordnung des Problems	flankierende Hypothesenbildung	Bewertbarkeit von Alternativhypothesen	Organisiertheit, Verfügbarkeit und intertheoretischer Übersetzbarkeit von Kenntnissen

(3) Leitlinie der Lösungsfindung bzw. Lösungserarbeitung	FAK bietet Gewähr, daß der Zerlegung der Ausgangsfrage in Teilfragen der Aufbau der Endantwort aus Teilaussagen (Teilantworten) entspricht	Veränderung der Spielraumgrenzen der Antwort bei Zerlegung der Ausgangsfrage entspricht hierarchischen Strukturen der Kenntnisse	Bestimmung von Schrittfolgen und Zielabständen bei der Lösungserarbeitung	Rekonstruierbarkeit der Zerlegung, Fixierbarkeit der Ziel-Bedingungs-Relation (Richtungskonstanz)	Möglichkeit, Folgerungsbeziehungen zwischen Frageausdrücken zu etablieren; Möglichkeit, durch Frageverknüpfung solche Fragefolgen aufzubauen, deren Struktur Lösungsstufen abbildet
(4) Ordnungs- und Kontrollfaktor bei der Lösungserarbeitung	FAK bietet Gewähr, daß der ursprüngliche Spielraum der Ausgangsfrage durch Analyse der erzielten Antworten systematisch rekonstruiert werden kann	Konsistenz- bzw. Verträglichkeitsprüfung der in Aussagen formulierten Ergebnisse untereinander und in Bezug zum Ausgangswissen	Kontrollverfahren in Ausnutzung methodischer Prinzipien, wie Symmetrisierung, negative Beweisführung u. a.	Sach- und Zeitabhängigkeit der Schrittfolge	Umkehrbarkeit getätigter Ableitungen, Abtrennbarkeit von Aussagenteilmengen
(5) Grundlage des Experiments	FAK ist Schaltstelle für Umsetzung der Frage in Experimentalanordnung und für Interpretation der Ergebnisse als Antwort	Bezugnahme auf objektivierbare Eigenschaften und operationalisierbare Kriterien des Sachbereichs. Experiment ist materialisiertes Modell der Frage	Urbild und Interpretationsraum für das Modell, das die Experimentalanordnung bzw. die Ergebnisse darstellen	Gliederbarkeit in Fragestellungen, für die im Experiment und durch Beobachtung Protokollaussagen als Antworten gefunden werden können	Idealisierbarkeit der Eigenschaften, Analogisierbarkeit der Strukturen, physikalisch-technische Ausführbarkeit des Experiments

3.5. Die Frage als Grundlage des Experiments

Der bekannte Satz, daß das Experiment eine Frage an die Natur sei, ist gewiß intuitiv ebenso richtig, wie er problematisch ist, wenn es darum geht, ihn methodentheoretisch zu belegen. Zweifellos ist das Experiment eine materielle Umsetzung einer Frage, weil jedem Experiment eine Frage vorangeht und diesem also zugrunde liegt. Die Funktion der Frage, Grundlage des Experiments sein zu können, ist von den anderen genannten Funktionen grundsätzlich verschieden, eben weil hier eine Verbindung zu einem Operationsbereich hergestellt wird, dessen Einheiten nicht mehr auf der gedanklichen Ebene liegen. Die Parallele von Frage und Experiment ist dennoch offensichtlich: Das Operieren mit Fragen über Kenntnisbestände hat das Ziel, Kenntnislücken zu schließen. Wo die erfragten Kenntnisse nicht in abrufbarer (sprachlich codierter) Form zugänglich sind, tritt das Experiment für die Frage ein. Der Einsatz des Experiments geschieht innerhalb des Problemlösungsprozesses aus einem bestimmten Zusammenhang formulierter Teilfragen. Es hat in dem Ausmaß Bedeutung und Erfolgschancen wie die ihm zugrunde liegende Frage. Ohne Zielbezug durch eine Frage ist ein Experiment ein bedeutungsloser Vorgang. Das Experiment ist daher zu verstehen als „materielle Codierung" der ihm zugrunde liegenden Frage. Jede Methode, die experimentelles Vorgehen einschließt, enthält somit eine besondere Repräsentationsform der Frage. Die Struktur der Frage muß in der Struktur des Experiments ein Analogon haben. Ebenso müssen die Resultate des Experiments als Antworten auf die zugrunde liegende Frage interpretierbar sein. Zweifellos kommt hier wieder die Frage-Antwort-Korrespondenz ins Spiel, wenngleich unter Zwischenschaltung von jeweils einer zusätzlichen Instanz: Die Frage-Antwort-Korrespondenz ist Schaltstelle für die Umsetzung der Frage in eine Experimentalanordnung und ebenso Vermittlungsglied bei der Rückinterpretation der Experimentalergebnisse in Antworten. Die Beziehungen zwischen Frage und Experiment sind zwar im Prinzip konstatierbar, im Konkreten aber bisher wenig durchschaubar. In der Praxis vollzieht sich die Umsetzung der Frage in ein Experiment weitgehend intuitiv, auch spezielle Abhandlungen zur Theorie des Experiments nehmen davon wenig Notiz.

Damit ist diese sehr vorläufige Darstellung der methodischen Funktionen der Frage abgeschlossen. Sie sollte — und konnte — vorerst nur eine gewisse Rahmenvorstellung vermitteln, in welcher Hinsicht es möglich und berechtigt ist, der Frage in verschiedenen Verwendungsweisen eine methodische Funktion zuzusprechen und diese Funktionen zu charakterisieren. Die günstigste Vorstellung über die sehr komplexen Zusammenhänge, innerhalb derer die Frage methodische Funktionen haben kann, vermittelt die schematische Zusammenstellung auf S. 94—95. Sie enthält alle wesentlichen Aussagen dieser Studie in Kurzform. Die Zeilen bilden, jeweils nach der oben genannten Formel (vgl. S. 90) gelesen, eine Charakteristik der links stehenden Funktion. Die Unterteilung der ersten beiden Zeilen in *A* bzw. *MV* bringt eine Unterscheidung dafür, was allgemein für die Frage gilt und was im spezielleren Bereich des methodischen Vorgehens beim Problemlösen gilt.

Wolfgang Wächter

Zur methodischen Funktion von Prinzipien in der Forschung

Das methodische Vorgehen in der Forschung beschränkt sich nicht auf das Abarbeiten von Methoden als Systemen von Regeln. Neben Systemen von Regeln wirken bei der Gewährleistung eines ziel- und bedingungsbezogenen Vorgehens in der Forschung andere gedankliche Gebilde, wie Prinzipien, Fragen oder spezielle Elemente des bereits vorhandenen Wissens, mit. Als Explikandum der Methodentheorie ergibt sich methodisches Vorgehen deshalb als ein komplexes Zusammenwirken verschiedener Typen gedanklicher Gebilde im Bezugsrahmen der für die Forschungstätigkeit charakteristischen Ziel-Bedingungs-Relation.[1]

Von den gedanklichen Gebilden, die im methodischen Vorgehen auftreten, beanspruchen unterschiedliche Arten von ‚Prinzipien' besonderes Interesse.

In Publikationen, die spezielle Forschungsmethodiken, wie z. B. die der Mikrowägung, die des Mikroskopierens oder die der Versuchsplanung, behandeln, werden in der Regel nicht nur spezielle Methoden und Verfahren vorgestellt. Meistens werden auch Grundsätze des Vorgehens, d. h. bestimmte methodische Prinzipien formuliert, die beim Vorgehen im Rahmen der entsprechenden Methodik anzuwenden oder zu beachten sind.[2] Andererseits haben Grundsätze philosophischer Konzeptionen und einzelwissenschaftlicher Theorien, d. h. Prinzipien theoretischen Charakters, eine methodische Funktion. Das Ausgehen von bestimmten philosophischen oder einzelwissenschaftlichen Prinzipien kann über die Festlegung einer bestimmten Betrachtungsweise und über die Eingrenzung des Suchfeldes zu einer ganz bestimmten Untersuchungsrichtung führen. So stellen Wissenschaftler, die über ihre Forschungstätigkeit reflektieren, vielfach fest, daß sie sich bei bestimmten Forschungsentscheidungen von mehr oder weniger gut begründeten theoretischen Prinzipien leiten ließen. Watson und Crick gingen z. B. bei ihrer

[1] Diese Ausgangsposition ist in der Arbeit von E. Lang, W. Wächter: Aspekte des methodischen Vorgehens in der Forschung — in vorliegendem Band, S. 48—70, — ausführlich dargestellt und begründet worden.

[2] Siehe z. B.: A. A. Benedetti-Pichler: Waagen und Wägung, in: Handbuch der mikrochemischen Methoden, Bd. I, Teil 2, Wien 1959; A. Lindner: Planen und Auswerten von Versuchen, Stuttgart 1969.

Entscheidung, zweisträngige statt dreisträngige DNS-Modelle zu bauen, von dem Grundsatz aus, daß alle wichtigen biologischen Objekte eine polare Struktur aufweisen.[3] Auch das Ausgehen von dem Postulat, daß die grundlegenden Naturzusammenhänge einfach sind, spielte bei der Entdeckung der DNS-Struktur eine gewisse Rolle. Es bestärkte Watson in seiner Überzeugung, daß Nukleinsäuremoleküle eine Spiralstruktur besitzen, da die spiralförmige Anordnung der Untereinheiten die einfachste Möglichkeit für das spezifische Wachstum von Nukleinsäurekristallen bot.[4]

An anderer Stelle haben wir bereits gezeigt, wie einzelwissenschaftliche Aussagen, die, bezogen auf den gegebenen Untersuchungsbereich, Prinzipcharakter besitzen (Semmelweis' These über den endemischen Charakter des Kindbettfiebers), für die weitere Untersuchung methodisch wirksam werden.[5] Weiter unten werden wir durch eine Analyse der Entdeckung des mechanischen Wärmeäquivalents weitere Belege für die methodische Funktion von philosophischen und einzelwissenschaftlichen Prinzipien beibringen.

Es existiert eine ganze Anzahl von Arbeiten, die sich mit einzelnen philosophischen oder einzelwissenschaftlichen (insbesondere physikalischen) Prinzipien beschäftigen und dabei auch auf die methodische Funktion einzelner solcher Prinzipien eingehen. Im Mittelpunkt des Interesses stehen dabei solche Grundsätze wie das Einfachheitsprinzip, das Prinzip der Wechselwirkung, das Kausalprinzip, das Prinzip der Einheit von Logischem und Historischem, das Korrespondenzprinzip, das Komplementaritätsprinzip u. a.[6] Diese Einzeluntersuchungen bedürfen der Ergänzung durch spezifisch methodentheoretische Untersuchungen, die Prinzipien unabhängig von ihrem konkreten Inhalt hinsichtlich ihrer Eigenschaft analysieren, als Strukturelemente des methodischen Vorgehens auftreten zu können. In diesem Zusammenhang wäre vor allem zu erkunden, welche methodentheoretisch zu charakterisierenden Typen von Prinzipien im methodischen Vorgehen auftreten und welche methodischen Funktionen sie erfüllen können.

[3] Vgl. J. D. Watson: Die Doppelhelix, Reinbek bei Hamburg 1969, S. 213.
[4] Vgl. Ebenda, S. 147.
[5] Siehe: E. Lang, W. Wächter: Aspekte des methodischen Vorgehens in der Forschung, a. a. O.
[6] Siehe z. B.: I. I. Žbankova: Philosophische Prinzipien in der wissenschaftlichen Erkenntnis (russ.), Minsk 1974; W. Bloch: Polarität. Ihre Bedeutung für die Philosophie, die moderne Physik, Biologie und Psychologie, Berlin 1972; S. D. Krymski: Die Organisationsprinzipien der Theorie, in: P. W. Kopnin, I. S. Popowitsch (Hrsg.): Logik der wissenschaftlichen Forschung, Berlin 1969, Kap. 10; G. E. R. Schulze: Zur Rolle des Einfachheitsprinzips im physikalischen Weltbild, in: Sitzungsberichte der Sächsischen Akademie der Wissenschaften zu Leipzig, Bd. 110, 6/1974; H. Laitko: Das Korrespondenzprinzip als Methode der theoretischen Erkenntnis, in: H. Laitko, R. Bellmann (Hrsg.): Wege des Erkennens, Berlin 1969; F. Richter: Vereinfachung und Idealisierung, in: H. Laitko, R. Bellman (Hrsg.): Wege des Erkennens, a. a. O.; P. W. Alexejew, A. J. Iljin: Das Prinzip der Parteilichkeit, Berlin 1975; H. Albert: Wertfreiheit als methodisches Prinzip, in: Logik der Sozialwissenschaften, hrsg. von E. Topitsch, Köln—Berlin 1966; O. P. Serebrjannikov: Heuristische Prinzipien und logische Kalküle, Berlin 1974.

Bemühungen in dieser Richtung stoßen auf eine Reihe von Schwierigkeiten: ‚Prinzipien‘ sind bezüglich ihrer Struktur und ihrer Geltung keine so fest umrissenen gedanklichen Gebilde wie etwa Fragen. Ihrer Struktur nach können ‚Prinzipien‘ sowohl Aussagen als auch Aufforderungen oder Begriffe sein. Didaktische Prinzipien, als den Bildungs- und Erziehungsprozeß betreffende Handlungsanweisungen, tragen z. B. Aufforderungscharakter; dagegen werden in der Physik Grundaussagen über bestimmte Wirklichkeitsbereiche als ‚Prinzipien‘ bezeichnet, während in der Technik begriffliche Beschreibungen der wesentlichen Wirkungskomponenten technischer Systeme als ‚Prinzipien‘ gelten. Offensichtlich kommt die Eigenschaft, ein Prinzip zu sein, bestimmten gedanklichen Gebilden nicht an sich zu. Das Prinzipsein schließt immer eine bestimmte Beziehung zu einem System gedanklicher Gebilde ein. Daraus ergibt sich die Möglichkeit, daß in bezug auf einen Gegenstandsbereich unterschiedliche Ausgangspositionen als ‚Prinzipien‘ gesetzt werden können.

Die angedeuteten Schwierigkeiten machen es erforderlich, zunächst einige Bemerkungen zum Begriff des Prinzips zu machen. Unter Bezugnahme auf eine Fallstudie schließt sich der Versuch an, Typen von Prinzipien auszuweisen, die im methodischen Vorgehen wirksam sind. Schließlich wird eine Zuordnung zwischen strukturell bestimmten Typen von Prinzipien und den möglichen methodischen Funktionen von Prinzipien hergestellt.

1. Zum Begriff des Prinzips

Ziel der folgenden kurzen Bemerkungen zum Begriff des Prinzips ist es, eine akzeptable Bestimmung des Prinzipbegriffs als Voraussetzung für die Untersuchung der methodischen Funktion von Prinzipien zu gewinnen.

Ein Prinzip ist für uns auf jeden Fall ein gedankliches Gebilde. Diese Festlegung bringt zugleich eine materialistische Ablehnung von sogenannten Realprinzipien zum Ausdruck, wie sie von metaphysischen Systemen spekulativ angenommen werden.

Im Rahmen der Auffassung, daß Prinzipien gedankliche Gebilde sind, werden unterschiedliche Bestimmungen des Prinzipbegriffs vorgenommen. Für J. Müller sind Prinzipien begriffliche Gebilde. Er versteht unter einem Prinzip die „begrifflich qualitative Beschreibung der Struktur eines Systems“[7], wobei „Struktur“ als „Menge der Elemente eines Systems und die darauf liegende Menge von Relationen (Kopplungen)“[8] definiert wird.

Diese Begriffsbestimmung ist am Sprachgebrauch der technischen Wissenschaften orientiert. Durch ein technisches Prinzip wird die wesentliche Wirkungskomponente, der Springpunkt, einer bestimmten Klasse von technischen Syste-

[7] J. Müller: Grundlagen der Systematischen Heuristik, Berlin 1970, S. 203.
[8] Ebenda, S. 207.

men bzw. Verfahren erfaßt. So wird z. B. die wesentliche Wirkungskomponente einer Reihe von technischen Systemen zur Stofftrennung durch das Prinzip „Ausnutzung der Fliehkraft“ beschrieben. Umgekehrt können wir sagen, daß das Prinzip der Ausnutzung der Fliehkraft die ideelle Grundlage für die Konstruktion einer Menge von technischen Systemen der Stofftrennung bildet.

Technische Prinzipien sind als solche keine methodischen Gebilde, für sich genommen besitzen sie auch keine methodische Funktion. Eine methodische Funktion können nur Kenntnisse über technische Prinzipien haben. Wir denken dabei vor allem an Kenntnisse, in denen technische Prinzipien mit möglichen Ausgangs- oder Lösungsbedingungen technischer Aufgabenstellungen korreliert werden.

Auch die von G. S. Altschuller formulierten 35 Prinzipien zur Lösung technischer Widersprüche[9] können, für sich genommen, das Vorgehen bei der Lösung von Erfindungsaufgaben nicht methodisch leiten. Auch sie stellen zunächst nur eine begriffliche Widerspiegelung der wesentlichen Komponenten technischer Konstruktionsverfahren dar. Eine wesentliche methodische Funktion hat demgegenüber das Wissen über die Zuordnung von Lösungsprinzipien zu technischen Widersprüchen, das in der von Altschuller entwickelten „Tabelle für den ersten Schritt des operativen Stadiums“ verschlüsselt ist.[10]

Eine wichtige Untersuchung zum Begriff des Prinzips ist von D. Kirchhöfer[11] vorgelegt worden. Kirchhöfer entwickelt den Prinzipbegriff als einen spezifisch philosophischen Begriff, der vor allem die soziale und weltanschauliche Determiniertheit des Handelns zum Ausdruck bringen soll. Anwendungsfelder dieses Prinzipbegriffs sind in erster Linie solche praktischen Disziplinen wie die Didaktik. Ausgehend von dieser Intention, bestimmt Kirchhöfer Prinzipien als Aufforderungen. Seine detaillierten Untersuchungen zusammenfassend, definiert er: „Mit ‚Prinzip‘ bezeichnen wir in der marxistisch-leninistischen Philosophie eine Klasse ideeller Abbilder, die als ausgezeichnete Aufforderungen eines bestimmten Aufforderungssystems andere Aufforderungen desselben oder eines anderen Aufforderungssystems wichten, begründen oder prüfen. Sie bilden in einer normativen Komponente wesentliche und relativ konstante Klasseninteressen und in einer kognitiven Komponente gesetzmäßige Bedingungen-Operatoren-Resultat-Zusammenhänge ab . . .“[12]

Diese Begriffsbestimmung enthält den wichtigen Gedanken, daß Prinzipien ausgezeichnete gedankliche Gebilde sind, d. h., daß sie in einem bestimmten System

[9] G. S. Altschuller: Erfinden — (k)ein Problem? Eine Anleitung für Neuerer und Erfinder, Berlin 1973.

[10] Siehe: Ebenda.

[11] D. Kirchhöfer: Weltanschauliche und soziale Aspekte der Funktion, Begründung und Bewertung von Prinzipien und der Versuch einer Präzisierung des Prinzipienbegriffs der marxistisch-leninistischen Philosophie, Dissertation, Karl-Marx-Universität Leipzig, Sektion Marxistisch-leninistische Philosophie und wissenschaftlicher Sozialismus, Leipzig 1971.

[12] Ebenda, S. 148.

von gedanklichen Gebilden eine ausgezeichnete Stellung besitzen. Außerdem können wir feststellen, daß Prinzipien, die gesetzmäßige Bedingungen-Operatoren-Resultat-Zusammenhänge abbilden, eine methodische Funktion haben können. Als Grundlage für eine Analyse der methodischen Funktion von Prinzipien in der Forschung ist der mit einer anderen Intention entwickelte Prinzipbegriff von Kirchhöfer jedoch nicht geeignet. Erstens bringen Erkenntnisziele, die in methodische Prinzipien eingehen, nicht unmittelbar Klasseninteressen zum Ausdruck. Zweitens treten im methodischen Vorgehen in der Forschung als ‚Prinzipien' bezeichnete gedankliche Gebilde auf, die keinen Aufforderungscharakter besitzen. Wir denken dabei an verschiedene Typen theoretischer Prinzipien, die vor allem hinsichtlich der Festlegung eines bestimmten Herangehens an den Forschungsgegenstand eine methodische Funktion besitzen. Beispiele für theoretische Prinzipien sind solche Grundaussagen der Physik wie das Energieprinzip, das Fermatsche Prinzip oder das Aufbauprinzip von Bohr.

Wir wollen unseren Untersuchungen zur methodischen Funktion von Prinzipien einen relativ allgemeinen Begriff des Prinzips zugrunde legen. Wir berücksichtigen dabei, daß sowohl Prinzipien, die eine normative Komponente enthalten, als auch Prinzipien, die Aussagen sind, bei der methodischen Leitung von Forschungsprozessen auftreten.

Unter einem Prinzip wollen wir einen Grundsatz verstehen, d. h. ein gedankliches Gebilde, das in einem bestimmten System von gedanklichen Gebilden (Theorie, Methodik, Weltanschauung etc.) eine ausgezeichnete Stellung besitzt und durch einen Satz repräsentiert wird.[13] Dieser Prinzipbegriff schließt Prinzipien im Sinne von Kirchhöfer ein, wobei man allerdings noch über das an Segeth orientierte Konzept der Aufforderung diskutieren müßte.[14] Er schließt die sogenannten technischen Prinzipien, die keine Grundsätze, sondern begriffliche Widerspiegelungen wesentlicher System- oder Verfahrenskomponenten sind, aus. Wie oben angemerkt wurde, können technische Prinzipien als solche ja auch keine Elemente des methodischen Vorgehens sein.

2. Zur Funktion von Prinzipien bei der Entdeckung des mechanischen Wärmeäquivalents durch Robert Mayer

Robert Mayer gehört zu den Forschern, die sich auch ausführlich zur Art und Weise des Zustandekommens ihrer Entdeckungen geäußert haben. Nicht nur die klassi-

[13] Von den in der Literatur zu findenden Definitionen kommt die Definition von A. Kosing dieser Begriffsbestimmung am nächsten. Vgl. Philosophisches Wörterbuch, hrsg. von G. Klaus und M. Buhr, Berlin 1974, S. 972, Stichwort: Prinzip.

[14] W. Segeth: Methodische Regeln, in: Deutsche Zeitschrift für Philosophie, 1967, S. 792—806, derselbe: Aufforderung als Denkform, Berlin 1974.

schen Originalarbeiten[15] enthalten viele Hinweise und Informationen über Mayers methodisches Vorgehen; im Jahre 1851 widmete Mayer eine Arbeit über das mechanische Äquivalent der Wärme eigens dem Zweck, „einen der neuesten Zeit angehörigen Zuwachs unseres Wissens dem Leser auf heuristische Weise vorzuführen“[16].

Da die Entdeckung des mechanischen Wärmeäquivalents an eine Reihe grundlegender theoretischer Voraussetzungen gebunden war, sind die Arbeiten Robert Mayers für das Studium der methodischen Funktion von Prinzipien besonders aufschlußreich.

Zu Beginn seiner Arbeit „Bemerkungen über das mechanische Äquivalent der Wärme“ (1851), die speziell der methodologischen Problematik gewidmet ist, formulierte Mayer ein Grundprinzip der Naturforschung, das sein Herangehen an die Erforschung der Naturzusammenhänge stets leitete:

(1) „Die wichtigste, um nicht zu sagen einzige Regel für die echte Naturforschung ist die: eingedenk zu bleiben, daß es unsere Aufgabe ist, die Erscheinungen kennenzulernen, bevor wir nach Erklärungen suchen oder nach höheren Ursachen fragen mögen. Ist einmal eine Tatsache nach allen Seiten hin bekannt, so ist sie eben damit erklärt, und die Aufgabe der Wissenschaft ist beendigt.“[17]

Diese ‚Regel‘, die man wegen ihrer ausgezeichneten Stellung mit Recht als ein Prinzip bezeichnen kann, war für Mayer nicht lediglich eine Grundregel der Methode der wissenschaftlichen Erklärung. Wie aus den folgenden Erläuterungen Mayers hervorgeht, richtete er sich mit der Formulierung dieser ‚Regel‘ vor allem gegen naturphilosophische Spekulation und Mißachtung gewissenhafter empirischer Untersuchung. Er schreibt: „Mag auch dieser Ausspruch von einigen für trivial erklärt, von anderen mit noch so vielen Gründen bekämpft werden, so bleibt doch gewiß, daß diese Grundregel bis auf die neueste Zeit herab nur allzu oft vernachlässigt wird, daß aber alle spekulativen Operationen selbst der glänzendsten geistigen Kapazitäten, die, statt von den Tatsachen als solchen Besitz zu ergreifen, sich über dieselben erheben wollten, bis jetzt nur taube Früchte getragen haben.“[18] Daraus resultiert, daß wir diese ‚Grundregel‘ in erster Linie als ein weltanschauliches Prinzip zu betrachten haben, das das Anliegen der Naturforschung im Gegensatz zur naturphilosophischen Spekulation festlegt.

Bei seinen Untersuchungen, die zur Entdeckung des mechanischen Wärme-

[15] J. R. Mayer: Bemerkungen über die Kräfte der unbelebten Natur (1842), und: Die organische Bewegung in ihrem Zusammenhang mit dem Stoffwechsel, o. O. (1845), in: Die Mechanik der Wärme. Zwei Abhandlungen von Robert Mayer, hrsg. von A. von Oettingen, Leipzig 1911.

[16] J. R. Mayer: Bemerkungen über das mechanische Äquivalent der Wärme (1851), in: W. Bloch: Um die Entdeckung der Energie. Julius Robert Mayer = Forschung und Humanität, Bd. 13, Ulm 1947, S. 101.

[17] Ebenda.

[18] Ebenda, S. 101—102.

äquivalents führten und denen wir jetzt im einzelnen nachgehen werden, ging Mayer stets von diesem Prinzip aus.

Der entscheidende Anstoß zum Nachdenken über die Erhaltung und Verwandlung der Energie ging von einer Beobachtung aus, die Mayer auf einer Schiffsreise nach Java machte. Als Schiffsarzt behandelte er eine Lungenentzündung, die sich nach der Ankunft in Battavia unter der Mannschaft ausbreitete, auch mit Aderlässen. Er stellte dabei fest, daß das Blut der Venen eine auffallend helle Farbe besaß, während es in Europa im allgemeinen dunkelrot gefärbt ist. Mayer konsultierte in Battavia ansässige Ärzte und erfuhr, daß die hellrote Färbung des venösen Blutes in den Tropen eine ganz allgemeine Erscheinung sei.

Bei seiner Beschäftigung mit den physiologischen Problemen, die durch die geschilderte Beobachtung aufgeworfen wurden, ließ sich Mayer von einem Prinzip leiten, das er selbst so formulierte:

(2) „Will man nun über physiologische Punkte klar werden, so ist Kenntnis physikalischer Vorgänge unerläßlich, wenn man es nicht vorzieht, von metaphysischer Seite her die Sache zu bearbeiten, was mich unendlich disgoutiert; ich hielt mich also an die Physik . . ."[19]

Der unter der Bedingung der Gültigkeit von (1) formulierte Grundsatz: „Will man . . . über physiologische Punkte klar werden, so ist Kenntnis physikalischer Vorgänge unerläßlich", ist ein Grundsatz des methodischen Vorgehens zur Aufklärung physiologischer Zusammenhänge. Er beschreibt die Kenntnis physikalischer Vorgänge als eine notwendige Bedingung der Zielerreichung (Klärung physiologischer Punkte) und orientiert damit auf die Aktivierung physikalischen Wissens bzw. auf eine zielbezogene Untersuchung physikalischer Erscheinungen. Die theoretische Grundlage dieses methodischen Prinzips liegt in der Erkenntnis, daß die Lebensvorgänge im Organismus mit dem Ablauf elementarer physikalischer Prozesse verbunden sind.

Bei der Erklärung seiner Beobachtungen ließ sich Mayer — (1) und (2) beachtend — von einem theoretischen Grundsatz leiten, der sich aus der Theorie Lavoisiers ergab. Er schreibt: „Von der Theorie *Lavoisiers* ausgehend, nach welcher die animalische Wärme das Resultat eines Verbrennungsprozesses ist, betrachtete ich die doppelte Farbenveränderung, welche das Blut in den Haargefäßen des kleinen und großen Kreislaufes erleidet, als ein sinnlich wahrnehmbares Zeichen, als den sichtbaren Reflex einer mit dem Blut vor sich gehenden Oxydation."[20] An anderer Stelle gibt Mayer folgende Formulierung dieses Grundsatzes:

(3) „Die einzige Ursache der tierischen Wärme ist ein chemischer Prozeß, in *specie* ein Oxydationsprozeß."[21]

[19] Zitiert bei: W. Bloch: Um die Entdeckung der Energie. Julius Robert Mayer = Forschung und Humanität, Bd. 13, a. a. O., S. 20.

[20] J. R. Mayer: Bemerkungen über das mechanische Äquivalent der Wärme, a. a. O., S. 107f.

[21] J. R. Mayer: Die organische Bewegung in ihrem Zusammenhang mit dem Stoffwechsel, a. a. O., S. 40.

Der auf diesem Grundsatz aufbauenden Betrachtungsweise folgend, schlußfolgerte Mayer: „Zur Erhaltung einer gleichförmigen Temperatur des menschlichen Körpers muß die Wärmeentwicklung in demselben mit seinem Wärmeverluste, also auch mit der Temperatur des umgebenden Mediums notwendig in einer Größenbeziehung stehen, und es muß daher sowohl die Wärmeproduktion und der Oxydationsprozeß als auch der Farbenunterschied beider Blutarten im ganzen in der heißen Zone geringer sein als in kälteren Gegenden."[22] Mayer führte also die hellere Färbung des Blutes der Venen in den Tropen auf einen höheren Sauerstoffgehalt zurück und brachte diese Tatsache mit der Annahme in Verbindung, daß die Wärmeproduktion des menschlichen Körpers in den Tropen geringer sein muß als in der gemäßigten Zone. Diese Annahme stellte sich später als ein Irrtum heraus. Da sie für Mayer jedoch nicht mehr war als ein Anstoß zur Untersuchung grundlegender Fragen der Physiologie, konnte sie trotzdem fruchtbar sein.[23]

Mayers Überlegungen führten zu dem Gedanken, daß die vom Körper direkt oder indirekt erzeugte Wärme aus einer langsamen Verbrennung der Lebensmittel stammt. Er stellte Überlegungen über die Wärmebilanz des Körpers an. Bei der Klärung der Frage, woher die Wärme kommt, stieß er auf den Sachverhalt, daß auch beim Abbremsen mechanischer Vorgänge Wärme entsteht. Bereits auf seiner Schiffsreise hatte Mayer von einem Seemann gehört, daß vom Sturm gepeitschte Wellen wärmer seien als die ruhige See.[24] Überlegungen in dieser Richtung führten den Forscher schließlich dazu, sein Hauptaugenmerk auf den physikalischen Zusammenhang zwischen Wärme und Bewegung zu richten.[25]

Von besonderer Bedeutung für die Entdeckung des mechanischen Wärmeäquivalents war, daß sich Mayer ausdrücklich und konsequent von einigen philosophischen Prinzipien leiten ließ, die zugleich seinen naturwissenschaftlichen Materialismus zum Ausdruck brachten. In seiner Arbeit „Bemerkungen über die Kräfte der unbelebten Natur" (1842) geht Mayer von dem Grundsatz

(4) „causa aequat effectum"

aus. Er leitet aus diesem Grundsatz ab, daß Ursachen quantitativ unzerstörbare und qualitativ wandelbare Objekte sind.[26] Unter diesem, durch ein philosophisches Prinzip bestimmten Blickwinkel betrachtet Mayer Kräfte als Bewegungsursachen und faßt den Gedanken der Unzerstörbarkeit und Verwandelbarkeit der Kraft.

Ein anderes philosophisches Prinzip, das Mayers Denken in dieser Richtung bestärkte, war der Grundsatz

(5) „Ex nihilo nihil fit. Nihil fit ad nihilum"[27].

[22] J. R. Mayer: Bemerkungen über das mechanische Äquivalent der Wärme, a. a. O., S. 108.
[23] Vgl. hierzu: W. Bloch: Um die Entdeckung der Energie, a. a. O., S. 20ff.
[24] Siehe: ebenda, S. 19.
[25] Vgl. J. R. Mayer: Bemerkungen über das mechanische Äquivalent der Wärme, a. a. O., S. 110.
[26] Siehe: J. R. Mayer: Bemerkungen über die Kräfte der unbelebten Natur, a. a. O., S. 3f.
[27] J. R. Mayer: Die organische Bewegung in ihrem Zusammenhange mit dem Stoffwechsel, a. a. O., S. 11.

Es entsteht keine Wirkung ohne Ursache; keine Ursache vergeht ohne entsprechende Wirkung. Daraus leitete Mayer die quantitative Unveränderlichkeit des Gegebenen als ein „oberstes Naturgesetz“ ab, das sich auf gleiche Weise über Kraft und Materie erstreckt.[28] Was Mayer als Kraft bezeichnet, entspricht dem später in die Physik eingeführten Begriff der Energie.

Mayer erkannte, daß die verschiedenen physikalischen Kräfte (Fallkraft, Bewegung, Wärme, Magnetismus, Elektrizität) nur verschiedene Formen einer „einzigen Kraft“ sind. „Es gibt in Wahrheit nur eine einzige Kraft“[29], schrieb er. Beim Zustandekommen dieser Erkenntnis spielten als Prinzipien gedanklicher Verfahren das
(6) Prinzip der Analogisierung von Wissensbeständen
und das
(7) Prinzip der Generalisierung von Wissenselementen
eine Rolle.

Mayer überlegte, daß dem Satz von der Erhaltung des Stoffes in der Chemie ein Satz von der Erhaltung der Kräfte in der Physik entsprechen müßte.[30] 1845 schreibt er: „Was die Chemie in Beziehung auf Materie (im Sinne von Stoff, mechanischer Materiebegriff — W. W.), das hat die Physik in Beziehung auf Kraft zu leisten.“[31] Die Physik kannte bereits die Umwandlung von mechanischen Kräften ineinander und hatte ein Gesetz der Erhaltung der mechanischen Kraft aufgestellt. Mayers Fragestellung, die aus Elementen der Generalisierung erwuchs, ging darüber hinaus. Er stellte sich solche Fragen wie: Was wird aus der Fallkraft, wenn der Stein auf dem Boden anlangt?, und postulierte die Verwandlung einer mechanischen Kraft (Bewegungsenergie) in Wärme.[32] Mayer legte sich nun die Frage vor, was bei einer Wärmeentwicklung durch Reibung, beim unelastischen Stoß oder beim Zusammendrücken luftförmiger Körper vor sich geht.

Auf Grund seiner antispekulativen Einstellung hielt er nichts von der Annahme eines „Wärmestoffes“, eines ruhenden oder schwingenden „Wärmeäthers“ oder von „Wärmeatomen“, die sich zwischen den Masseatomen befinden sollten. In einem Brief an Baur schreibt er, daß es keinen physikalischen Sinn habe, nach dem „Wesen“ der Dinge zu fragen, d. h. darüber nachzugrübeln, wie denn nun aus mechanischer Bewegung Wärme würde. „Wie Bewegung in Wärme übergehe, darüber Aufschluß zu verlangen, wäre vom menschlichen Geist zuviel verlangt.“[33] Mayer lehnt ein naturphilosophisches Meditieren über diese Frage ab. Sein Vorgehen bei der Lösung des aufgeworfenen Problems wird durch folgenden — von Mayer als Regel bezeichneten — Grundsatz geleitet:

[28] Siehe: ebenda.
[29] Ebenda, S. 12.
[30] Siehe: W. Bloch: Um die Entdeckung der Energie, a. a. O., S. 23.
[31] J. R. Mayer: Die organische Bewegung in ihrem Zusammenhange mit dem Stoffwechsel, a. a. O., S. 12.
[32] Siehe: W. Bloch: Um die Entdeckung der Energie, a. a. O.
[33] Zitiert: ebenda, S. 24.

(8) „Die Regel, nach welcher verfahren werden müßte, um die Fundamente der Naturkunde in der denkbar kürzesten Zeit zu legen, läßt sich in wenige Worte fassen. Es müssen nämlich die nächstliegenden und häufigsten Naturerscheinungen mittels der Sinnwerkzeuge einer sorgfältigen Untersuchung unterworfen werden, die so lange fortzuführen ist, bis aus ihr Größenbestimmungen, die sich durch Zahlen ausdrücken lassen, hervorgegangen sind."[34]

Entsprechend diesem Prinzip nahm Mayer eine Größenbestimmung der auf mechanischem Wege erzeugten Wärme und der dazu aufgewendeten mechanischen Arbeit vor und verglich die erhaltenen Größen miteinander. Durch theoretische Untersuchungen, die von (4) und (5) ausgingen, fand er, daß diese Größen „in der denkbar einfachsten Beziehung, d. h. in einem unveränderlichen, geraden Verhältnis zueinander stehen, und daß das nämliche Verhältnis auch statthat, wenn umgekehrt mit Hilfe der Wärme wieder Arbeitskraft erzeugt wird"[35]. Diese Sachverhalte meinte Mayer, wenn er davon sprach, daß sich Wärme und Bewegung ineinander verwandeln. Einer solchen Auffassung des Problems der Verwandlung von „Kräften" ineinander liegt ein Prinzip zugrunde, das eine streng naturwissenschaftliche Fragestellung der naturphilosophischen Spekulation und Interpretation gegenüberstellt. Mayer formulierte einen entsprechenden Grundsatz in einem Brief an Griesinger (1842):

(9) „Was Kraft, was Wärme ist, brauchen wir nicht zu wissen — aber das müssen wir wissen, wie man die Kraft oder die Arbeit und die Wärme nach unveränderlichen Einheiten, . . . nach Meterkilogramm und Kalorien zählt, und daß und welche unveränderlichen Größenbeziehungen zwischen dem Meterkilogramm und der Wärmeeinheit stattfinden."[36]

Aus seinen theoretischen Überlegungen entwickelte Mayer folgende experimentelle Fragestellung: „. . . gleichermaßen ist zur Auflösung der zwischen Fallkraft und Bewegung einer- und der Wärme andererseits bestehenden Gleichungen die Frage zu beantworten, wie groß das einer bestimmten Menge von Fallkraft oder Bewegung entsprechende Wärmequantum sei. Z. B. wir müssen ausfindig machen, wie hoch ein bestimmtes Gewicht über den Erdboden erhoben werden müsse, daß seine Fallkraft äquivalent sei der Erwärmung eines gleichen Gewichtes Wasser von 0° auf 1°."[37] Robert Mayer, der selbst nicht experimentell arbeitete, wertete entsprechende experimentell gefundene Angaben von Gay-Lussac und Dulong aus und bestimmte auf ihrer Grundlage das mechanische Äquivalent der Wärme. Als numerischen Ausdruck der unveränderlichen Größenbeziehung zwischen mechanischer Bewegung und Wärme fand er zunächst, „daß dem Herabsinken eines Gewichtsteiles von einer Höhe von zirka 365 m die Erwärmung eines gleichen Gewichtsteiles Wasser von 0° auf 1° entspreche"[38]. In seiner Schrift

[34] J. R. Mayer: Bemerkungen über das mechanische Äquivalent der Wärme, a. a. O., S. 102.
[35] Ebenda, S. 107.
[36] Zitiert bei: W. Bloch: Um die Entdeckung der Energie, a. a. O., S. 28.
[37] J. R. Mayer: Bemerkungen über die Kräfte der unbelebten Natur, a. a. O., S. 8.
[38] Ebenda.

„Die organische Bewegung in ihrem Zusammenhang mit dem Stoffwechsel" (1845) konnte er das mechanische Äquivalent der Wärme mit 427 kgm entsprechend einer Kalorie schon wesentlich genauer angeben.

Soweit unsere Skizze des Vorgehens von Robert Mayer, das zur Entdeckung des mechanischen Äquivalents der Wärme und zur Aufstellung des Energieprinzips führte. Diese Skizze macht deutlich, daß die Anwendung bzw. die Beachtung oder das Ausgehen von Prinzipien eine wesentliche Rolle beim Zustandekommen von Mayers Entdeckungen spielte. Aus ihr geht weiterhin hervor, daß im methodischen Vorgehen in der Forschung unterschiedliche Arten von Prinzipien mit jeweils unterschiedlichen Funktionen auftreten können.

Im Vorgehen von Robert Mayer begegnen uns:

Erstens Prinzipien, die das wesentliche Anliegen, die charakteristische Zielstellung physikalischer bzw. naturwissenschaftlicher Forschung überhaupt festlegen. Es sind dies die Grundsätze (1), (8) und (9). Diese Grundsätze sagen uns, was in einem bestimmten Zusammenhang als naturwissenschaftliche Erkenntnis erreicht werden soll. Sie haben einen normativen Charakter, legen erkenntnistheoretisch zu begründende Zielorientierungen fest und fungieren als mehr oder weniger allgemeine Kriterien wissenschaftlicher Erkenntnis. In der Mitte des vorigen Jahrhunderts war es zur Einhaltung eines streng naturwissenschaftlichen Herangehens und zur Abgrenzung von der naturphilosophischen Spekulation für Robert Mayer notwendig, diese Prinzipien herauszustellen und bewußt nach ihnen zu verfahren.

Zweitens finden sich mit den Grundsätzen (3), (4) und (5) Prinzipien theoretischen Charakters vor, die, bezogen auf die Wirklichkeit überhaupt oder auf bestimmte Objektbereiche, wesentliche und allgemeine Zusammenhänge beschreiben. Im Rahmen der Untersuchungen Mayers legen sie vor allem bestimmte Herangehens- und Betrachtungsweisen fest.

Drittens begegnen wir Grundsätzen, die sich direkt auf die Ziel-Mittel-Relation beziehen, die für bestimmte Forschungsaktivitäten charakteristisch ist. Sie sagen aus, was zu tun ist, um bestimmte Erkenntnisziele zu erreichen. Sie beschreiben notwendige finale Bedingungen der Zielerreichung. (2) ist ein solcher Grundsatz.

Viertens möchten wir schließlich auf die Prinzipien (6) und (7) hinweisen. Hier handelt es sich im eigentlichen Sinne nicht um Grundsätze, sondern um begriffliche Widerspiegelungen wesentlicher Komponenten von gedanklichen Verfahren, die in der Forschung angewandt werden. Für sie gilt sinngemäß das im Abschnitt 1 zu den technischen Prinzipien Gesagte. Da auch solche Operationsprinzipien, für sich genommen, keine methodische Funktion besitzen, bleiben sie vorerst außerhalb unseres Betrachtungskreises.

3. Typen von Prinzipien, die beim methodischen Vorgehen in der Forschung auftreten

Im vorangehenden Abschnitt deutete sich schon an, daß drei verschiedenartige Typen von Grundsätzen im Hinblick auf das Vorgehen in der Forschung von Interesse sind:

1. Prinzipien, die grundlegende Zielorientierungen der Forschung zum Ausdruck bringen. Wir werden sie im folgenden als „normative Prinzipien" der Forschungstätigkeit bezeichnen.
2. Prinzipien, die ausgezeichnete Bestandteile des zugrunde gelegten Wissens sind und, bezogen auf die Wirklichkeit überhaupt oder auf bestimmte Objektbereiche, allgemeine und wesentliche Zusammenhänge beschreiben. Wir bezeichnen diese Grundsätze als „theoretische Prinzipien".
3. Prinzipien, die bezogen auf einen bestimmten Typ des methodischen Vorgehens wesentliche Bedingungen der Zielerreichung beschreiben. Das sind Prinzipien, die wesentliche Elemente der in der Forschungstätigkeit auftretenden Ziel-Mittel-Relation erfassen. Wir nennen sie „methodische Prinzipien".

Auch eine Strukturanalyse der Forschungstätigkeit ergibt diese drei Klassen von Prinzipien als wesentliche Faktoren der Determination des Vorgehens in der Forschung.

Ausgehend von der Marx'schen Analyse der Arbeit,[39] die zugleich die wesentlichen Bestimmungsstücke des Tätigkeitsbegriffs überhaupt erfaßt, erhalten wir nämlich als Komponenten der Forschungstätigkeit

1. das Forschungsziel,
2. das bereits vorhandene Wissen, das erweitert werden soll und das die Grundlage für Zielstellung und Zielerreichung (Problemstellung und Problemlösung) in der Forschung bildet,
3. das an den Wissenshintergrund anknüpfende methodische Vorgehen.

Die genannten Typen von Prinzipien beziehen sich auf diese Faktoren der Forschungstätigkeit und erfassen allgemeine und wesentliche Momente der Zielstellung, des Wissenshintergrundes und des Vorgehens in der Forschung.

3.1. Normative Prinzipien der Forschungstätigkeit

Forschungstätigkeit ist Erkenntnistätigkeit, die den Kriterien der Wissenschaftlichkeit genügt. Normative Prinzipien der Forschung bringen keine konkreten individuellen Erkenntnisziele zum Ausdruck, wie z. B. die Zielstellung, einen ganz bestimmten Sachverhalt zu erklären, sondern Ziele, Orientierungen und Maßstäbe, die für die wissenschaftliche Forschung überhaupt, für bestimmte Wissen-

[39] Siehe: K. Marx: Das Kapital. Erster Band, in: MEW, Bd. 23, Berlin 1962, S. 192f.

schaftsbereiche (z. B. empirische Wissenschaften) bzw. -disziplinen oder für bestimmte wissenschaftliche Verfahren (Erklärung, Prognose etc.) charakteristisch sind. Normative Prinzipien der Forschung legen den Forschungsgegenstand fest bzw. was als wissenschaftliche Erkenntnis, wissenschaftliche Erklärung, wissenschaftlicher Beweis etc. erreicht werden soll.

Ausgezeichnete Zielstellungen der wissenschaftlichen Forschung lassen sich vielfach nicht durch einen einzigen normativen Grundsatz zum Ausdruck bringen. In der Regel stellt das zu erreichende Erkenntnisziel einen Merkmalskomplex dar. Normative Prinzipien können sich dann auch auf einzelne zu realisierende Merkmale beziehen, so daß die entsprechende allgemeine und wesentliche Zielstellung wissenschaftlicher Forschung durch ein System von normativen Prinzipien dargestellt wird. Als Beispiel für ein solches System normativer Prinzipien kann man die Festlegungen von C. G. Hempel und P. Oppenheim auffassen, die zum Ausdruck bringen, was eine wissenschaftliche Erklärung sein soll.

In ihrer grundlegenden Arbeit zu Problemen der wissenschaftlichen Erklärung geben Hempel und Oppenheim zunächst Merkmale an, die die Struktur des Aussagensystems betreffen, auf dessen Grundlage eine wissenschaftliche Erklärung hergestellt werden kann: Eine wissenschaftliche Erklärung besteht aus zwei hauptsächlichen Konstituenten (Explanandum und Explanans), das Explanans enthält zwei Unterklassen von Aussagen (Gesetzesaussagen und Aussagen über Antecedensbedingungen). Unter Voraussetzung dieser strukturellen Merkmale werden Prinzipien der Adäquatheit (Adäquatheitsbedingungen) formuliert:

1. Das Explanandum muß eine logische Konsequenz des Explanans sein.
2. Das Explanans muß allgemeine Gesetze enthalten, die tatsächlich für die Ableitung des Explanandum erforderlich sind.
3. Das Explanans muß empirischen Inhalt haben, d. h. eine Überprüfung durch Experiment oder Beobachtung muß im Prinzip möglich sein.
4. Die Aussagen, die das Explanans konstituieren, müssen wahr sein.[40]

Forschungstätigkeit ist nun keine „reine" Erkenntnistätigkeit. Die Forschung ist eingebettet in den gesamtgesellschaftlichen Reproduktionsprozeß, sie ist Erkenntnistätigkeit, die unter konkreten objektiven und subjektiven gesellschaftlichen Bedingungen zu leisten ist. Daraus resultiert, daß die Tätigkeit zur Erreichung von Erkenntniszielen auch ökonomisch, politisch oder ethisch bewertet werden muß. Damit werden ökonomische, politische, ethische und andere gesellschaftliche Zielstellungen unmittelbar für das Vorgehen zur Erreichung von Erkenntniszielen bedeutsam. Diese Ziele treten in der Forschung als Bedingungen der Erreichung des Erkenntniszieles in Erscheinung und fungieren als ökonomische, politische oder ethische Kriterien des Vorgehens in der Forschung.

Bei der Ausarbeitung von Forschungsplänen werden jeweils ganz bestimmte, in erster Linie ökonomische Kriterien für das Vorgehen bei der Problem-

[40] Siehe C. G. Hempel, P. Oppenheim: The Logic of Explanation, in: Philosophy of Science, 15/1948, S. 137ff.

lösung festgesetzt. Solche Bedingungen bzw. Kriterien sind z. B. bestimmte Terminfestsetzungen, Festsetzung eines bestimmten einzuhaltenden Kostenlimits, Festlegungen über auszunutzende Kooperationsbeziehungen usw. Allgemeine ökonomische, politische oder ethische Ziele, die in der Forschung als Bedingungen der Zielerreichung auftreten, werden durch entsprechende normative Prinzipien zum Ausdruck gebracht. Solche Prinzipien sind: Das Prinzip der Ökonomie der Zeit, das Sparsamkeitsprinzip, das Prinzip, Lebewesen beim Vorgehen in der Forschung keinen Schmerz zuzufügen u. a.

Aus dem Gesagten geht hervor, daß in der Forschung zwei Gruppen von normativen Prinzipien auftreten: normative Prinzipien, die grundlegende Zielorientierungen der Erkenntnistätigkeit zum Ausdruck bringen und normative Prinzipien des Vorgehens in der Forschung, die allgemeine ökonomische, politische oder ethische Bedingungen der Zielerreichung zum Inhalt haben.

Die Funktion normativer Prinzipien besteht einmal darin, daß sie die grundlegende Ziel- bzw. Bedingungsorientierung der Forschungstätigkeit gewährleisten. Sie haben eine ziel- und bedingungsorientierende Funktion. In dieser Funktion stellen sie Grundsätze für die Ziel- und Problemstellung in der Forschung dar. Normative Prinzipien der Forschung haben in der Regel weltanschaulichen Charakter. Insofern sie weltanschauliche Standpunkte zum Ausdruck bringen, gehören sie zu den weltanschaulichen Voraussetzungen der Forschungstätigkeit. Die weltanschauliche Relevanz von normativen Prinzipien haben wir bereits an den Beispielen (1), (8) und (9) im Abschnitt 2 illustrieren können. Die Untersuchung einzelner normativer Prinzipien der Erkenntnistätigkeit ist vor allem ein Gegenstand der marxistischen Erkenntnistheorie.

Die normativen Prinzipien fungieren zum anderen als allgemeine Kriterien der Beurteilung, inwieweit das Erkenntnisziel erreicht bzw. die allgemeinen Bedingungen der Zielerreichung erfüllt sind.

Eine methodische Funktion im eigentlichen Sinne haben normative Prinzipien der Forschungstätigkeit nicht. Methodisches Vorgehen setzt als ziel- und bedingungsbezogenes Vorgehen die Fixierung von Zielstellungen und Bedingungen voraus. Auf diese *Voraussetzungen* methodischen Vorgehens beziehen sich die normativen Prinzipien.

3.2. Theoretische Prinzipien, die beim Vorgehen in der Forschung auftreten

Theoretische Prinzipien sind Aussagen über allgemeine und wesentliche Zusammenhänge der Wirklichkeit, die in einzelwissenschaftlichen Theorien, in philosophischen oder in anderen theoretischen Systemen eine ausgezeichnete Stellung einnehmen.

Für das Studium der methodischen Funktion von theoretischen Prinzipien ist es zweckmäßig, die theoretischen Prinzipien nach zwei Gesichtspunkten zu klassifizieren:

1. Nach dem Wissenschaftsgebiet, dem die theoretischen Prinzipien angehören, in empirisch-wissenschaftliche, strukturwissenschaftliche und philosophische Prinzipien.
2. Nach der Unterscheidung zwischen Objekt- und Metaebene in objekttheoretische und metatheoretische Prinzipien.

3.2.1. Theoretische Prinzipien unterschiedlicher Wissensgebiete

Empirisch-wissenschaftliche Prinzipien, das sind natur- oder gesellschaftswissenschaftliche Prinzipien, kann man am besten am Beispiel der Physik studieren, denn in dieser Wissenschaftsdisziplin werden explizit eine Reihe von Prinzipien, Sätzen oder Grundsätzen formuliert, von denen die meisten theoretische Prinzipien sind. Allerdings begegnen uns in der Physik auch Grundsätze, die keine theoretischen Prinzipien sind, sondern Prinzipien, die durch Einführung von Grundbegriffen einen Objektbereich abgrenzen und damit konkrete physikalische Problemstellungen ermöglichen. Ein solcher Grundsatz ist das erste Newtonsche Axiom der Dynamik, der Trägheitssatz, durch den der Begriff der Kraft als Ursache aller Beschleunigungen eingeführt wird.

Theoretische Prinzipien der Physik sind demgegenüber das Prinzip der Wechselwirkung, das Prinzip der Erhaltung der Energie, das Ersatzprinzip der Gastheorie, das Huygensche Prinzip, das Aufbauprinzip von Bohr u. a. Diese Prinzipien bilden — bezogen auf bestimmte physikalische Objektbereiche — wesentliche und allgemeine Sachverhalte ab; sie beschreiben grundlegende Eigenschaften der Objekte oder charakterisieren Grundprozesse, ohne zugleich funktionale Gesetze über deren konkreten Ablauf darzustellen. Physikalische Prinzipien werden häufig auch als allgemeine Naturgesetze angesehen. Diese Betrachtungsweise ist gerechtfertigt, denn die genannten und andere theoretische Prinzipien der Physik können auch explizit in Form von Gesetzesaussagen dargestellt werden. Prinzipcharakter erhalten diese Gesetzesaussagen dadurch, daß sie sehr allgemeine Zusammenhänge erfassen und an der Spitze von Hierarchien von Erklärungen stehen. Damit nehmen sie eine ausgezeichnete Stellung in der entsprechenden physikalischen Theorie ein.

Theoretische Prinzipien anderer Naturwissenschaften sind z. B.: der im Abschnitt 2 erwähnte Grundsatz der physiologischen Wärmetheorie, die sogenannte biogenetische Grundregel, das Trefferprinzip oder das Prinzip der Genetik, daß ein Gen die Synthese von einem Enzym steuert. In den biologischen Wissenschaften werden Grundsätze von Theorien meistens nicht in einer so ausdrücklichen Form aufgestellt und behauptet wie in der Physik. Es ist jedoch auch hier möglich und aus methodologischen Gründen vorteilhaft, Grundaussagen innerhalb biologischer Wissenssysteme in einer der Physik analogen Weise als biologische Prinzipien zu formulieren. Das wäre insbesondere für die Theorienbildung in den biologischen Wissenschaften von Nutzen.

Theoretische Prinzipien der Gesellschaftswissenschaften sind vor allem die Grundaussagen der marxistischen Gesellschaftstheorie. In seinem Vorwort zu „Zur Kritik der Politischen Ökonomie“ hat Marx Grundsätze der marxistischen Gesellschaftstheorie niedergelegt, z. B.: „Die Produktionsweise des materiellen Lebens bedingt den sozialen, politischen und geistigen Lebensprozeß überhaupt.“[41] „Es ist nicht das Bewußtsein der Menschen, das ihr Sein, sondern umgekehrt ihr gesellschaftliches Sein, das ihr Bewußtsein bestimmt.“[42]

Marx weist übrigens auch auf die methodische Funktion dieser Prinzipien der Gesellschaftstheorie hin, indem er feststellt, daß sie das allgemeine Resultat waren, „das sich mir ergab und, einmal gewonnen, meinen Studien zum Leitfaden diente“[43].

Empirisch-wissenschaftliche Prinzipien können weiter untergliedert werden. In Hinblick auf die methodische Funktion dieser Prinzipien ist eine Unterteilung in Prinzipien, die wesentliche kausale Beziehungen beschreiben und in diesem Sinne Bedingungsaussagen sind, und solche, die keine Bedingungsaussagen sind, von Interesse.

Bedingungsaussagen sind die zitierten Grundsätze von Marx sowie das Prinzip (3) im Abschnitt 2. Die genannten physikalischen Prinzipien sind keine Bedingungsaussagen. Theoretische Prinzipien, die Bedingungsaussagen sind, bieten sich als theoretische Grundlage für entsprechende methodische Prinzipien der wissenschaftlichen Erklärung an.

Auf die *strukturwissenschaftlichen Prinzipien* werden wir im Rahmen dieses Beitrages nicht näher eingehen. Eine hinreichende Charakterisierung der strukturwissenschaftlichen Prinzipien, inklusive ihrer methodischen Funktion, würde eine tiefgreifende Erörterung methodologischer Probleme von Logik und Mathematik voraussetzen. Das würde den Rahmen des Sammelbandes, der methodologischen Problemen der empirischen Forschung gewidmet ist, sprengen. Daher nur einige Bemerkungen.

Als Beispiel für strukturwissenschaftliche Prinzipien können wir solche Grundsätze der Logik wie den Zweiwertigkeitssatz, die Extensionalitätsthese oder das Dualitätstheorem betrachten. In den empirischen Wissenschaften haben solche logischen Prinzipien wie das Dualitätstheorem eine methodische Funktion bei der Transformation von Theorien.

S. D. Krymski hat sich mit dem Problem der Transformation von Theorien beschäftigt und Transformationsprinzipien von Theorien untersucht. Er versteht darunter „die logischen Prinzipien, die die Veränderung des deduktiven Schemas . . . des theoretischen Systems regulieren, anders ausgedrückt, die logischen Grundlagen für die Transformation der Hauptfaktoren des Aufbaus und der Gestaltung

[41] MEW, Bd. 13, Berlin 1961, S. 8f.
[42] Ebenda S. 9.
[43] Ebenda S. 8.

einer Theorie"[44]. Krymski gibt in diesem Zusammenhang eine erweiterte Fassung des „Dualitätsprinzips", die auf dem Dualitätstheorem der Logik aufbaut, und dessen methodische Wirksamkeit betont.

Unter *philosophischen Prinzipien* wollen wir die Grundaussagen verstehen, die weltanschaulich-philosophische Systeme konstituieren. Eine allgemeine Typologie philosophischer Prinzipien vorzunehmen, ist unmöglich, da es *die* philosophische Theorie schlechthin nicht gibt. Die verschiedenen philosophischen Systeme unterscheiden sich vor allem auch darin, welche philosophischen Probleme als Ausdruck bestimmter gesellschaftlicher Interessen im Mittelpunkt der philosophischen Reflexion stehen. Aus diesem Grunde werden Einteilungen der philosophischen Grundsätze, die von den Ausgangssituationen eines bestimmten philosophischen Systems abstrahieren, bei ihrer Anwendung auf konkrete philosophische Systeme immer Schwierigkeiten bereiten. Eine solche Einteilung der philosophischen Grundsätze wäre z. B. die Einteilung in erkenntnistheoretische und ontologische Prinzipien der Philosophie, die uns bereits mit der Schwierigkeit konfrontiert, daß es philosophische Richtungen gibt, die ontologische Fragestellungen ablehnen.

Für die marxistische Philosophie ist die Typisierung ihrer weltanschaulich-philosophischen Grundsätze in Prinzipien des philosophischen Materialismus und Prinzipien der materialistischen Dialektik zwar trivial, aber hinsichtlich der methodischen Funktion von Prinzipien doch wesentlich.

3.2.2. Objekttheoretische und metatheoretische Prinzipien

Die bisher behandelten bzw. genannten theoretischen Prinzipien beziehen sich auf Objekte oder Objektbereiche der entsprechenden Wissenschaftsdisziplinen. Es treten jedoch auch theoretische Prinzipien in den empirischen, logisch-mathematischen oder philosophischen Wissenschaften auf, die sich nicht auf die Objekte, sondern auf wissenschaftliche Theorien, Begriffe oder Verfahren dieser Wissenschaften beziehen.

Die Unterscheidung zwischen Prinzipien objekttheoretischen Charakters und Prinzipien metatheoretischen Charakters ist hinsichtlich der methodischen Funktion von Prinzipien von Interesse. Objekttheoretische Prinzipien treten vor allem im methodischen Vorgehen zur Lösung von Beschreibungs- und Erklärungsproblemen auf. Als Aussagen über grundlegende Zusammenhänge im jeweiligen Objektbereich können sie — z. B. bei der Bildung erklärender Hypothesen — eine bestimmte Betrachtungsweise festlegen und damit das Suchfeld eingrenzen. Prinzipien metatheoretischen Charakters sind, insofern sie eine methodische Funktion ausüben, vor allem Problemen des Ausbaus, der Erweiterung und Fortentwicklung von Theorien zugeordnet.

[44] S. D. Krymski: Die Organisationsprinzipien der Theorie, in: P. W. Kopnin, I. S. Popowitsch (Hrsg.): Logik der wissenschaftlichen Forschung, Kap. 10, Berlin 1969, S. 328, Anm.

In der Physik ist das Korrespondenzprinzip ein solches metatheoretisches Prinzip. Es besagt, daß die Gesetze der Quantentheorie sich mit wachsenden Quantenzahlen mehr und mehr den Gesetzen der klassischen Physik annähern und schließlich in sie übergehen. In dieser Formulierung, die sich auch in physikalischen Lehrbüchern findet,[45] stellt das Korrespondenzprinzip eine Aussage über grundlegende Zusammenhänge zwischen physikalischen Theorien dar. Auch Krymski betrachtet in seiner Arbeit über Organisationsprinzipien von Theorien das Korrespondenzprinzip zunächst als eine Aussage über den Zusammenhang von Theorien. Er schreibt: „... seine Hauptgesetzmäßigkeit drückt sich in der Behauptung aus, daß die Resultate einer neuen und einer alten (klassischen) Theorie unter gewissen Bedingungen, die durch die Extremwerte eines ‚charakteristischen Parameters' (gewöhnlich ist dies eine fundamentale Konstante und ihre Werte sind 0 oder ∞) gegeben sind, in der Erklärung einer bestimmten Gesamtheit von Erscheinungen asymptotisch übereinstimmen."[46] Nun ist das Korrespondenzprinzip ein sehr vielschichtiges Gebilde. Es tritt nicht nur in Form einer Aussage über den Zusammenhang von Theorien auf, sondern auch in normativer Wendung einer solchen Aussage als methodisches Prinzip der Weiterentwicklung von Theorien. In diesem Sinne unterscheidet Krymski zwischen dem Korrespondenzprinzip als einem theoretischen Grundsatz und den „heuristischen Anwendungen" des Korrespondenzprinzips. Er schreibt: „... daß das Korrespondenzprinzip in seinen heuristischen Anwendungen nicht so sehr in der Form der Gesetzmäßigkeit auftritt, die den wechselseitigen Zusammenhang zweier *bereits geformter* theoretischer Systeme nach der Methode des Grenzübergangs konstatiert, als vielmehr als Prinzip der ‚größtmöglichen Analogie' (Heisenberg) der zu schaffenden Theorie mit ihrem voraufgegangenen theoretischen Bereich"[47].

Als Prinzip, das die größtmögliche Analogie der zu schaffenden Theorie mit der bestehenden, aber zu verändernden fordert, ist das Korrespondenzprinzip ein methodisches Prinzip der Theorienbildung, das auf einer Gesetzmäßigkeit (einem theoretischen Prinzip) des Zusammenhangs von Theorien in ihrem Entwicklungsprozeß beruht. H. Laitko behandelt das Korrespondenzprinzip in diesem Sinne als ein methodisches Prinzip mit theoretischer Grundlage,[48] wobei er häufig ungenau vom Korrespondenzprinzip als einer „Methode" oder einer „Erkenntnismethode" spricht.

Ein metatheoretisches Prinzip der Physik ist wahrscheinlich auch das Komplementaritätsprinzip.[49] Ein Beispiel für ein metatheoretisches Prinzip im Bereich

[45] Siehe z. B.: W. H. Westphal: Lehrbuch Physik, 20. und 21. Aufl., Berlin—Göttingen—Heidelberg 1959, S. 626.

[46] S. D. Krymski: Die Organisationsprinzipien der Theorie, a. a. O., S. 338.

[47] Ebenda, S. 339.

[48] H. Laitko: Das Korrespondenzprinzip als Methode der theoretischen Erkenntnis, in: H. Laitko, R. Bellmann (Hrsg.): Wege des Erkennens, Berlin 1969, S. 158.

[49] Vgl. dazu: W. Wächter: Theoretische und methodische Prinzipien, in: Erkenntnis und Handeln. Probleme der marxistisch-leninistischen Erkenntnistheorie, Karl-Marx-Universität Leipzig 1974, S. 156.

der Philosophie ist das Prinzip der Parteilichkeit der Philosophie. Es sagt aus, daß die Grundaussagen weltanschaulich-philosophischer Systeme Klassenstandpunkte zum Ausdruck bringen und daß demzufolge die Parteienauseinandersetzung in der Philosophie eine ideologische Form des Klassenkampfes darstellt.

Unsere Ausführungen zu den Typen theoretischer Prinzipien abschließend, möchten wir noch darauf aufmerksam machen, daß es außerdem noch einige theoretische Prinzipien gibt, die sehr schwer zu bestimmen und zu typisieren sind. Zu ihnen gehört das sogenannte Einfachheitsprinzip, das in seiner Fassung als theoretisches Prinzip besagt, daß die wesentlichen Naturzusammenhänge „einfach" sind. Obwohl dieses Prinzip weder einzelwissenschaftlich noch philosophisch begründet werden kann, ließen sich viele maßgebende Physiker von der Überzeugung leiten, daß die grundlegenden physikalischen Gesetze einfach seien. Auch in anderen Disziplinen spielt die unbegründbare Überzeugung der Einfachheit wesentlicher Zusammenhänge eine Rolle im methodischen Vorgehen. Wir wiesen in der Einführung bereits darauf hin.[50]

3.3. Methodische Prinzipien

Während die theoretischen Prinzipien keine methodischen Gebilde sind und eine methodische Funktion nur im Rahmen einer Ziel-Bedingungs-Relation haben können, gehen in methodische Prinzipien wesentliche Elemente von Ziel-Bedingungs-Relationen ein. Methodische Prinzipien der Forschung beziehen sich auf die Ziel-Mittel-Relation in der Forschungstätigkeit und beschreiben wesentliche finale Bedingungszusammenhänge zwischen Forschungszielen und Operationen, die auf die Zielerreichung gerichtet sind. Methodische Prinzipien lassen sich damit als Bedingungsaussagen darstellen, die finale Bedingungszusammenhänge (Ziel-Mittel-Relationen) erfassen. Ihre allgemeine Form ist: „Um das Ziel *Z* zu erreichen, ist es erforderlich, so und so vorzugehen bzw. an den Untersuchungsgegenstand heranzugehen."

Bezogen auf einen bestimmten Typ der Forschungstätigkeit, bringen methodische Prinzipien allgemeine und wesentliche Erfordernisse der Zielerreichung zum Ausdruck. Daraus ergibt sich ihre ausgezeichnete Stellung im System der methodischen Gebilde, d. h. innerhalb einer bestimmten Methodik zur Erreichung einer Klasse von Forschungszielen. Methodische Prinzipien sind damit keine Strukturelemente von Methoden als Systemen methodischer Regeln. Sie legen keine bestimmten Schritte innerhalb von Schrittfolgen fest. Als Widerspiegelungen allgemeiner und wesentlicher Erfordernisse der Zielerreichung müssen methodische Prinzipien bei jedem Vorgehen zur Erreichung von Zielen angewandt bzw. beach-

[50] Siehe z. B.: J. D. Watson: Die Doppelhelix, Reinbek bei Hamburg 1969, S. 147; zur Problematik des Einfachheitsprinzips siehe auch: C. G. Hempel: Philosophy of Natural Science, Englewood Cliffs, N. J. 1966, S. 40ff.

tet werden. Sie stecken den Rahmen für die Anwendung unterschiedlicher Methoden und Verfahren ab.

Diese Aussagen zur Bestimmung des Begriffs des methodischen Prinzips können anhand von Beispielen erläutert und bestätigt werden, die in der wissenschaftlichen Literatur enthalten sind.

A. Lindner formuliert für das Planen von Versuchen vier Grundsätze, die methodische Prinzipien sind:

1. „Um den Versuchsfehler zuverlässig bestimmen zu können, müssen die Verfahren über mehrere Versuchseinheiten wiederholt werden." Dieser Grundsatz gewährleistet, „daß überhaupt ein Versuchsfehler ermittelt werden kann".[51]
2. „Damit jede Einseitigkeit in der Zuteilung der Versuchseinheiten auf die verschiedenen Verfahren nach Möglichkeit vermieden wird, muß diese Zuteilung zufällig vor sich gehen."[52] Dieser Grundsatz bewirkt, „daß ein einseitiger Einfluß störender äußerer Ursachen sich so selten als möglich auswirken wird. Sodann erlaubt uns die zufällige Zuteilung, den Versuchsfehler einwandfrei zu ermitteln, weil die Regeln der Wahrscheinlichkeitsrechnung angewandt werden können."[53]
3. „Um die Empfindlichkeit des Versuches zu erhöhen und um gleichzeitig eine breite induktive Basis zu gewährleisten, werden Blöcke mit unter sich möglichst gleichartigen Versuchseinheiten gebildet."[54]
4. „Der symmetrische Aufbau des Versuchsplanes erleichtert die einwandfreie Auswertung, der Versuch wird dadurch überdies aufschlußreicher."[55]

Die Grundsätze 1 bis 3 beziehen sich eindeutig auf einen finalen Bedingungszusammenhang. Die angegebenen Operationen sind allgemeine und wesentliche Erfordernisse zur Erfüllung von Zielkriterien (ein Versuchsplan bzw. eine Versuchsanordnung muß eine zuverlässige Bestimmung des Versuchsfehlers gestatten, sie muß eine einseitige Zuteilung der Versuchseinheiten auf die verschiedenen Verfahren vermeiden; sie muß die Empfindlichkeit des Versuches und eine breite induktive Basis gewährleisten). Die Grundsätze 1 bis 3 sind insofern ausgezeichnete methodische Gebilde, als sie bei jeder Versuchsplanung anzuwenden sind.

Der Grundsatz 4 ist nicht explizit als ein Ziel-Mittel-Zusammenhang formuliert worden. Es kann aber leicht eine entsprechende Formulierung dieses Grundsatzes als ein methodisches Prinzip angegeben werden. (Um die einwandfreie Auswertung des Versuches zu erleichtern, ist es angebracht, den Versuchsplan symmetrisch aufzubauen.) Das Kriterium, das hier erfüllt werden soll, ist offensichtlich nicht konstitutiv für die mit der Lösung eines Erkenntnisproblems zusammen-

[51] A. Lindner: Planen und Auswerten von Versuchen, Stuttgart 1969, S. 18.
[52] Ebenda.
[53] Ebenda.
[54] Ebenda, S. 20.
[55] Ebenda, S. 22.

hängende Zielstellung der Versuchsplanung. Daraus ergibt sich, daß der Grundsatz 4 in bezug auf die Versuchsplanung kein konstitutives, sondern nur ein regulatives methodisches Prinzip darstellt. Auf die Unterscheidung zwischen konstitutiven und regulativen methodischen Prinzipien werden wir noch zu sprechen kommen.

Die Analyse der methodischen Grundsätze der Versuchsplanung macht bereits deutlich, daß in der Forschung verschiedene Typen methodischer Prinzipien auftreten. Für die Untersuchung der Funktion methodischer Prinzipien ist es zweckmäßig, eine Typisierung nach drei Gesichtspunkten vorzunehmen: nach dem Kriterium, ob die methodischen Prinzipien ein Herangehen an einen Objektbereich oder ein Vorgehen zur Erreichung eines Zielzustandes festlegen; nach dem Kriterium, ob die methodischen Prinzipien theoretisch oder methodologisch begründet werden können, und nach dem Kriterium, ob die methodischen Prinzipien für die Erreichung einer bestimmten Klasse von Zielen eine konstitutive oder eine regulative Bedeutung haben.

3.3.1. Prinzipien des Herangehens und Prinzipien des Vorgehens

Durch ein Forschungsproblem wird ein zu erreichender Erkenntniszustand (beschreibendes Aussagensystem, erklärendes Aussagensystem, prognostizierendes Aussagensystem etc.) in bezug auf ein zu erkennendes Objekt bzw. einen zu untersuchenden Objektbereich gekennzeichnet. Bei der methodisch geleiteten Forschungstätigkeit ist deshalb das methodisch geleitete Vorgehen zur Erreichung des gekennzeichneten Zielzustandes mit einem bestimmten Herangehen an das Forschungsobjekt verbunden, das ebenfalls methodisch geleitet sein kann. Das methodische Vorgehen in der Forschung („Vorgehen" im allgemeinsten Sinne als ein Irgendwie-Verfahren zu verstehen) hat also zwei Aspekte: zum einen den Aspekt des Herangehens an einen bestimmten Forschungsgegenstand, zum anderen den Aspekt des Voranschreitens (*Vor*gehens), das auf die Aufstellung eines bestimmten Aussagensystems gerichtet ist. Entsprechend diesen beiden Aspekten treten in der Forschung methodische Prinzipien des objektbezogenen Herangehens an die Wirklichkeit überhaupt oder an einen bestimmten Objektbereich und methodische Prinzipien des zielgerichteten Vorgehens auf (Prinzipien des Herangehens und Prinzipien des Vorgehens).

Methodische Prinzipien des Herangehens sind hinsichtlich des Bezuges auf eine Erkenntnisfunktion nicht spezifiziert. Sie sind in diesem Sinne nicht zieldefinit. Sie beschreiben das Ausgehen von bestimmten Sachverhalten oder die Anwendung einer bestimmten Betrachtungsweise als ein Erfordernis für die Erforschung von bestimmten Objektbereichen bzw. Objekten bestimmten Typs. Methodische Prinzipien des Herangehens haben in der Regel folgende Form: „Um den Objektbereich *O* widerzuspiegeln, ist es erforderlich, von dem Sachverhalt *S* beziehungsweise der Betrachtungsweise *B* auszugehen." In einer Reihe von Arbeiten formulierte Lenin allgemeine Prinzipien des Herangehens an Erkenntnisobjekte, die auf theoretischen Grundsätzen der materialistischen Dialektik aufbauen.

In der Broschüre „Noch einmal über die Gewerkschaften" stellte Lenin u. a. folgende Prinzipien des Herangehens auf: „Um einen Gegenstand wirklich zu kennen, muß man alle seine Seiten, alle Zusammenhänge und ‚Vermittlungen' erfassen und erforschen." „Zweitens verlangt die dialektische Logik, daß man den Gegenstand in seiner Entwicklung, in seiner ‚Selbstbewegung' (wie Hegel manchmal sagt), in seiner Veränderung betrachte."[56] Das zweite Prinzip läßt sich leicht in die Form des ersten bringen. In seinen „Philosophischen Heften" stellte Lenin 16 Elemente der Dialektik als einer Betrachtungsweise heraus. Die meisten dieser Elemente der Dialektik sind abgekürzt formulierte, theoretisch begründete methodische Prinzipien des Herangehens an die Wirklichkeit.[57]

Die Klassiker des Marxismus-Leninismus haben auch methodische Prinzipien des Herangehens an speziellere Objektbereiche aufgestellt, die durch Aussagen über allgemeine Zusammenhänge in diesen Objektbereichen begründet werden. Wir geben dafür zwei Belege, von denen der zweite den Zusammenhang zwischen einem methodischen Prinzip des Herangehens und seiner theoretischen Grundlage besonders deutlich macht. Lenin in seiner Vorlesung „Über den Staat": „. . . das Allerwichtigste, um an diese Frage vom wissenschaftlichen Standpunkt heranzugehen, besteht darin, den grundlegenden historischen Zusammenhang nicht außer acht zu lassen, jede Frage von dem Standpunkt aus zu betrachten, wie eine bestimmte Erscheinung in der Geschichte entstanden ist, welche Hauptetappen diese Erscheinung in ihrer Entwicklung durchlaufen hat, und vom Standpunkt dieser ihrer Entwicklung aus zu untersuchen, was aus der betreffenden Sache jetzt geworden ist."[58]

Marx und Engels in „Die deutsche Ideologie": „Die erste Voraussetzung aller Menschengeschichte ist natürlich die Existenz lebendiger menschlicher Individuen. Der erste zu konstatierende Tatbestand ist also die körperliche Organisation dieser Individuen und ihr dadurch gegebenes Verhältnis zur übrigen Natur . . . Alle Geschichtsschreibung muß von diesen natürlichen Grundlagen und ihrer Modifikation im Lauf der Geschichte durch die Aktion der Menschen ausgehen."[59] Beide Prinzipien sind methodische Prinzipien des Herangehens an gesellschaftliche Erscheinungen (Staat, Menschheitsgeschichte).

Ein theoretisch begründetes Prinzip des Herangehens an Objekte der Naturwissenschaften ist der folgende wesentliche methodische Grundsatz der Biologie: Bei der Untersuchung des Tier- und Pflanzenreiches ist davon auszugehen, daß die rezenten Arten das Ergebnis einer stammesgeschichtlichen Entwicklung sind.

[56] W. I. Lenin: Noch einmal über die Gewerkschaften, in: Werke, Bd. 32, Berlin 1963, S. 85.

[57] Siehe: W. I. Lenin: Konspekt zu Hegels „Wissenschaft der Logik", in: Werke, Bd. 38, Berlin 1961, S. 212ff.

[58] W. I. Lenin: Über den Staat, in: Werke, Bd. 29, Berlin 1965, S. 463.

[59] K. Marx, F. Engels: Die deutsche Ideologie, in: MEW, Bd. 3, Berlin 1963, S. 20f.

Die bisher angeführten methodischen Prinzipien des Herangehens sind theoretisch begründete bzw. theoretisch begründbare methodische Prinzipien. Das heißt, sie basieren auf Aussagen über allgemeine und wesentliche Zusammenhänge innerhalb des Objektbereiches bzw. betreffend den Typ von Objekten, auf den bezogen sie ein bestimmtes Herangehen festlegen.

Es treten jedoch auch methodische Prinzipien des Herangehens auf, die nicht auf Aussagen über die entsprechenden Objektbereiche beruhen, sondern bestimmte Erkenntnisinstrumentarien (Kategoriensysteme, abstrakte Modelle etc.) zur Grundlage haben. Sie legen eine Betrachtungsweise fest, die auf der Anwendung bestimmter Erkenntnisinstrumentarien beruht. Zu diesen Prinzipien des Herangehens gehören das erste der von Lenin herausgestellten Elemente der Dialektik und die Prinzipien der Systembetrachtung (des Systemherangehens an die Wirklichkeit).

Lenin formulierte als erstes Element der dialektischen Betrachtungsweise „die *Objektivität* der Betrachtung (nicht Beispiele, nicht Abschweifungen, sondern das Ding an sich)".[60] Prinzipien der Systembetrachtung sind insbesondere von Blauberg und Sadowski untersucht worden, die auf zwei von ihnen besonders hinweisen: das Prinzip, zu untersuchende Objekte als Ganzheiten zu betrachten, und das Prinzip, an Erkenntnisobjekte als an hierarchisch gegliederte Systeme heranzutreten.[61] Blauberg stellte fest, daß die Systembetrachtung auf beliebige Objekte angewandt werden kann und daß ihre Anwendung dann zweckmäßig ist, wenn bisherige Herangehensweisen nicht mehr effektiv sind.[62] Diese Feststellung unterstreicht, daß Prinzipien der Systembetrachtung nicht durch Bezugnahme auf Aussagen über die in Frage stehenden Objektbereiche begründet werden können. Sie werden — wie alle methodischen Prinzipien, die auf der Anwendung bestimmter Erkenntnisinstrumentarien beruhen — auf der Grundlage von Zielstellungen und Intentionen der Forschungstätigkeit durch Erwägungen begründet, die sich ausschließlich auf die Ziel-Mittel-Relation beziehen. In diesem Sinne werden sie methodologisch begründet. Es ergibt sich damit, daß wir zwischen theoretisch und methodologisch zu begründenden Prinzipien des Herangehens zu unterscheiden haben.

Methodische Prinzipien des zielgerichteten Vorgehens sind auf eine bestimmte Erkenntnisfunktion spezifiziert und in diesem Sinne zieldefinit. Es sind allgemeine oder spezielle methodische Prinzipien des Erklärens, des Beweisens, des Experimentierens etc., die allgemeine und wesentliche Erfordernisse für die Aufstellung bzw. Begründung eines wissenschaftlichen Aussagensystems bestimmten Typs

[60] W. I. Lenin: Konspekt zu Hegels „Wissenschaft der Logik", in: Werke, Bd. 38, a. a. O., S. 212.

[61] Siehe: I. W. Blauberg: Das systemtheoretische Herangehen und die Möglichkeiten seiner Anwendung bei der Untersuchung der Wissenschaft, in: Wissenschaft und Forschung im Sozialismus, Berlin 1974, S. 214.
Siehe: N. W. Sadowski: Das Systemdenken und die Systemanalyse der Wissenschaft, in: Ebenda, S. 268ff.

[62] Siehe: I. W. Blauberg: Das systemtheoretische Herangehen . . . a. a. O., S. 213.

zum Ausdruck bringen und damit das Feld der möglichen Vorgehensweisen zur Lösung eines Problems einschränken.

Auch die methodischen Prinzipien des Vorgehens können methodologisch oder theoretisch begründet sein.

Methodologisch zu begründende Prinzipien des Vorgehens sind die oben angegebenen Grundsätze der Versuchsplanung.

Benedetti-Pichler stellte im Handbuch der mikrochemischen Methoden eine Reihe von „allgemeinen Regeln" für das Arbeiten mit hochempfindlichen Mikrowaagen auf, die methodologisch zu begründende Prinzipien des Vorgehens sind:

1. Es ist zu vermeiden, zu wägende Objekte auf eine Unterlage abzulegen.
2. Es empfiehlt sich, die Gewichte immer im Wägegehäuse zu belassen.
3. Aus Quarzglas bestehende Teile der Waagen sind mit Sorgfalt zu behandeln.
4. Jede Waage soll vor Gebrauch in dem für sie bestimmten Raum wenigstens einige Tage stehen.[63]

Es sind dies methodologisch zu begründende Prinzipien des Vorgehens, deren Anwendung gewährleistet, daß Adäquatheitskriterien für Wägungen (Objektivität, Genauigkeit etc.) erfüllt werden.[64]

Beispiele für theoretisch begründete Prinzipien des Vorgehens finden wir vor allem in den Gesellschaftswissenschaften, wo es auf Grund der Komplexität des Gegenstandes schwer möglich ist, ganze Schrittfolgen umfassende Methoden aufzustellen.

Marx und Engels stellen in der „Deutschen Ideologie" theoretisch begründet folgendes allgemeine Prinzip des Vorgehens auf: „Die Tatsache ist also die: Bestimmte Individuen, die auf bestimmte Weise produktiv tätig sind, gehen diese bestimmten gesellschaftlichen und politischen Verhältnisse ein. Die empirische Beobachtung muß in jedem einzelnen Fall den Zusammenhang der gesellschaftlichen und politischen Gliederung empirisch und ohne alle Mystifikation und Spekulation aufweisen."[65]

Auf der Grundlage der marxistischen Gesellschaftstheorie können eine Reihe methodischer Prinzipien der Erklärung gesellschaftlicher Erscheinungen aufgestellt werden. Ein relativ einfaches Prinzip dieser Art würde etwa besagen, daß es zur Erklärung von Veränderungen innerhalb des gesellschaftlichen Bewußtseins erforderlich ist, die Entwicklung der sozialökonomischen Verhältnisse zu untersuchen. Diesem methodischen Prinzip liegen die oben zitierten Grundsätze der Marxschen Gesellschaftstheorie zugrunde, die die Form von Bedingungsaussagen haben.

[63] Vgl. A. A. Benedetti-Pichler: Waagen und Wägung, in: Handbuch der mikrochemischen Methoden, Bd. I, Teil 2, Wien 1959, S. 118ff.

[64] Die angegebenen Formulierungen sind natürlich verkürzt, sie lassen sich jedoch im Sinne der allgemeinen Form methodischer Prinzipien vervollständigen.

[65] K. Marx, F. Engels: Die deutsche Ideologie, in: MEW, Bd. 3, S. 25.

3.3.2. *Theoretisch und methodologisch zu begründende methodische Prinzipien*

Einige Gesichtspunkte für die Typisierung methodischer Prinzipien nach diesem Kriterium haben wir in 3.3.1. schon angedeutet und durch Beispiele erläutert. Wir können uns daher auf eine Zusammenfassung und Ergänzung dieser Gesichtspunkte beschränken.

Theoretisch zu begründen sind die methodischen Prinzipien des Vorgehens oder des Herangehens, die auf dem bereits vorhandenen Wissen über zu untersuchende Objektbereiche beruhen. Diese methodischen Prinzipien können als normative, besser: methodische Wendungen des zielbezogen vorgeordneten Wissens verstanden werden.

Methodologisch zu begründen sind die methodischen Prinzipien, die auf Erwägungen, Erfahrungen oder Erkenntnissen beruhen, die das entsprechende Erkenntnisverfahren selbst betreffen.

Die Unterscheidung zwischen theoretisch und methodologisch zu begründenden Prinzipien könnte terminologisch noch deutlicher gemacht werden, indem man von „objekttheoretisch" und „verfahrenstheoretisch" zu begründenden methodischen Prinzipien spricht.

3.3.3. *Konstitutive und regulative methodische Prinzipien*

Ein konkretes Forschungsproblem, das in einem wissenschaftlichen Institut zur Bearbeitung vorliegt, ist nie ein reines Erkenntnisproblem. Die durch die Lösung des Forschungsproblems zu überwindende Schwierigkeit besteht nicht lediglich darin, ein bestimmtes Erkenntnisziel überhaupt zu erreichen, sondern darin, ein bestimmtes Erkenntnisziel unter bestimmten Bedingungen zu erreichen. Es ist sogar möglich, daß sich die eigentliche Schwierigkeit bei der Lösung des Forschungsproblems aus den Bedingungen der Zielerreichung ergibt und weniger eine Erkenntnisschwierigkeit darstellt. Die im Forschungsproblem gesetzten Bedingungen der Zielerreichung sind darstellbar als Kriterien, denen das Vorgehen genügen muß. Beispiele für ökonomische und ethische Kriterien des Vorgehens sind im Abschnitt 3.1. genannt worden. Allgemeine und wesentliche ökonomische, politische oder ethische Kriterien können in der Form von normativen Prinzipien ausgesprochen werden (z. B. Prinzip der ständigen Steigerung der Arbeitsproduktivität, Prinzip des planmäßigen und rationellen Vorgehens etc.).

Der Forscher ist zwar wesentlich mit Erkenntnistätigkeit befaßt, insofern er jedoch bei der Erreichung von Erkenntniszielen ökonomische oder politische Kriterien des Vorgehens beachtet oder erfüllt, ist er ein in der Forschung ökonomisch oder politisch Handelnder. Für das methodische Vorgehen in der Forschung ergibt sich daraus: Das Vorgehen ist methodisch in zweierlei Hinsicht, nämlich in bezug auf die Erreichung des Erkenntniszieles und in bezug auf die Erfüllung der Kriterien des Vorgehens zur Zielerreichung.

Insoweit das Vorgehen durch methodische Prinzipien determiniert wird, kommen zwei Typen von methodischen Prinzipien in Betracht:

1. Methodische Prinzipien, die dem Erkenntnisziel zuzuordnen sind und Erfordernisse der Erreichung des Erkenntniszieles beschreiben (methodische Prinzipien der Erkenntnis).
2. Methodische Prinzipien, die den Kriterien des Vorgehens zuzuordnen sind und Bedingungen bzw. Erfordernisse für die Erfüllung dieser Kriterien beschreiben (methodische Prinzipien ökonomischen und politischen Handelns usw.).

Forschung ist wesentlich Erkenntnistätigkeit. Betrachten wir also die Funktion dieser beiden Gruppen von Prinzipien im System Erkenntnistätigkeit, d. h. in bezug auf das zu erreichende Erkenntnisziel bzw. das zu lösende Erkenntnisproblem!

Die methodischen Prinzipien der Erkenntnis, die sich auf die die Erkenntnistätigkeit charakterisierende Ziel-Mittel-Relation beziehen und allgemeine und wesentliche Erfordernisse der Erreichung des Erkenntniszieles beschreiben, sind für die Erreichung des Erkenntniszieles konstitutiv.

Methodische Prinzipien ökonomischen und politischen Handelns sind an der Determination des Vorgehens zur Erreichung des Erkenntniszieles beteiligt, sie beschreiben jedoch keine allgemeinen und wesentlichen Erfordernisse der Erreichung des *Erkenntnis*zieles. Sie haben keine konstitutive, sondern nur eine regulative Funktion und sind in diesem Sinne regulative Prinzipien. Regulativ sind auch solche methodischen Prinzipien, die die Eleganz, Übersichtlichkeit, Einfachheit und Ästhetik des Vorgehens gewährleisten.

4. Zur methodischen Funktion von theoretischen und methodischen Prinzipien

Theoretische Prinzipien können im Rahmen einer bestimmten Ziel-Bedingungs-Relation eine methodische Funktion haben. Methodischen Prinzipien kommt trivialerweise eine methodische Funktion zu, da sie einen bestimmten Ziel-Bedingungs-Zusammenhang zum Ausdruck bringen. Für die Methodentheorie ergeben sich hier zwei Fragestellungen:

1. Welche methodischen Funktionen können theoretische und methodische Prinzipien überhaupt ausüben, was sind die möglichen methodischen Funktionen von Prinzipien?
2. Welche bestimmten methodischen Funktionen sind jeweils bestimmten Typen von theoretischen oder methodischen Prinzipien zuzuordnen?

Die Beantwortung der ersten Frage ergibt eine Liste der möglichen methodischen Funktionen von Prinzipien. Die Beantwortung der zweiten Frage führt zu einem Zuordnungsschema zwischen Prinziptypen einerseits und möglichen methodischen Funktionen von Prinzipien andererseits. Zur Beantwortung der gestellten Fragen können in der vorliegenden Arbeit nur erste Überlegungen mitgeteilt werden. Sie dienen dem Zweck, eine bestimmte methodentheoretische Problemstellung etwas mehr aufzuhellen.

Folgende zehn methodische Funktionen kommen für Prinzipien, die im methodischen Vorgehen auftreten, in Betracht.

1. Eine Betrachtungsweise erzeugen

Bei der Bearbeitung und Lösung von Forschungsproblemen wird vom bereits vorhandenen Wissen über den entsprechenden Objektbereich ausgegangen. Besonders wesentliche Wissenselemente sind dabei theoretische Prinzipien. Indem bei der Bearbeitung von Forschungsproblemen bestimmte theoretische Prinzipien zugrunde gelegt werden, wird zugleich — bezogen auf das jeweilige Wirklichkeitssegment — eine bestimmte Betrachtungsweise erzeugt. Der theoretische Grundsatz, daß die heute auf der Erde vorhandenen Arten das Ergebnis einer langen stammesgeschichtlichen Entwicklung sind, erzeugt eine entsprechende Betrachtungsweise der Organismenwelt.

2. Ein bestimmtes Herangehen an einen Objektbereich festlegen

Diese methodische Funktion ist stärker als die erste. Sie kann nur von methodischen Prinzipien des Herangehens erfüllt werden, denn diese erzeugen nicht nur eine bestimmte Betrachtungsweise, sondern legen darüber hinaus ein bestimmtes Herangehen an den Forschungsgegenstand ziel- und bedingungsbezogen fest.

3. Das Untersuchungsfeld eingrenzen

Diese Funktion können theoretische Prinzipien der Einzelwissenschaften sowie methodische Prinzipien haben, in die Aussagen über den jeweiligen Objektbereich eingehen. Indem bestimmte Zusammenhänge vorausgesetzt werden, eröffnen sich entsprechende Untersuchungsfelder und alternative Untersuchungsbereiche werden ausgeschlossen. So grenzte z. B. Semmelweis, ausgehend von dem Prinzip, daß das Kindbettfieber endemischen Charakter trägt, das Untersuchungsfeld auf mögliche endemische Ursachen ein.

4. Das Feld der Lösungsmöglichkeiten einschränken

Das Feld der Lösungsmöglichkeiten wird dadurch eingeschränkt, daß — begründet durch bereits vorhandenes Wissen — ein Rahmen abgesteckt wird, in den sich die angestrebte Lösung einpassen muß. Es wird ein bestimmter Lösungstyp festgelegt. Daraus ergibt sich, daß diese methodische Funktion durch theoretisch begründete methodische Prinzipien erfüllt werden kann.

Tabelle 3

Prinziptypen	Theoretische Prinzipien				Methodische Prinzipien			
	Philosophische Prinzipien		empirisch-wissenschaftl. Prinzipien		Prinzipien des Herangehens (MPH)		Prinzipien des Vorgehens (MPV)	
Prinzipfunktionen	Prinzipien des phil. Materialismus	Prinzipien der mater. Dialektik	beschreibende	erklärende	theoretisch begründbare	methodologisch begründbare	theoretisch begründbare	methodologisch begründbare
1. Betrachtungsweise erzeugen	+	+	+	+	+	+		
2. Ein bestimmtes Herangehen festlegen					+	+		
3. Untersuchungsfeld eingrenzen			+	+	+			
4. Feld der Lösungsmöglichkeiten einschränken							+	
5. Auf Untersuchungen bestimmter Art orientieren							+	+
6. Auf Lösungen bestimmter Art orientieren		+	+	+	+		+	

7. Forschungsentscheidungen rechtfertigen		+	+	+				
8. Ein bestimmtes Vorgehen festlegen							+	+
9. Vorgehen bzw. Herangehen kontrollieren	+	+	+	+	+	+	+	+
10.1. Theoretische Prinzipien, die Grundlage für MPH sein können	+	+	+	+				
10.2. Theoretische Prinzipien, die Grundlage für MPV sein können			+	+				

5. Untersuchungen bestimmter Art festlegen bzw. auf Untersuchungen bestimmter Art orientieren

Diese Funktion beinhaltet, daß Vorgehensweisen zielbezogen fest- bzw. nahegelegt werden. Es ist leicht zu sehen, daß sie nur solchen Prinzipien zukommen kann, die eine Ziel-Mittel-Relation zum Ausdruck bringen. Sie ist an methodische Prinzipien des Vorgehens gebunden.

6. Auf Lösungen bestimmter Art orientieren

Eine Orientierung auf Lösungen bestimmter Art ist bereits in der vierten von uns genannten methodischen Funktion enthalten. Im Unterschied zu dieser, nur bestimmten methodischen Prinzipien zukommenden Funktion ist die Orientierung auf Lösungen bestimmter Art eine methodische Funktion, die auch von einem theoretischen Prinzip ausgeübt werden kann. Das ergibt sich daraus, daß zugrunde gelegtes Wissen methodisch die Funktion einer Leitidee haben kann.

7. Forschungsentscheidungen rechtfertigen

Alle theoretischen Prinzipien können die Funktion haben, Forschungsentscheidungen zu rechtfertigen. Ein instruktives Beispiel für die Rechtfertigung einer Forschungsentscheidung durch ein theoretisches Prinzip ist die oben erwähnte Entscheidung von Watson und Crick, zweisträngige statt dreisträngige DNS-Moleküle zu bauen. Rechtfertigende Grundlage für diese Entscheidung war das Prinzip der polaren Struktur der wichtigsten Lebenserscheinungen.

8. Ein bestimmtes Vorgehen festlegen

Das ist die für methodische Prinzipien des Vorgehens charakteristische Funktion.

9. Vorgehen und Herangehen kontrollieren

Alle theoretischen und methodischen Prinzipien können als Instanzen der Beurteilung des methodischen Vorgehens auftreten und haben in dieser Hinsicht eine Kontrollfunktion.

10. Theoretische Prinzipien können als Grundlage methodischer Prinzipien oder anderer methodischer Gebilde fungieren

Zum Problem der Zuordnung bestimmter methodischer Funktionen zu bestimmten Typen von Prinzipien möchten wir abschließend ein Zuordnungsschema zur Diskussion stellen. Wir korrelieren dabei die erläuterten zehn methodischen Funktionen mit den wesentlichen Typen theoretischer und methodischer Prinzipien, die wir als Ergebnis der Analyse im Abschnitt 3 erhielten. Von den nichtphilosophischen Prinzipien berücksichtigen wir dabei nur die theoretischen Prinzipien empirischer Wissenschaften. Die Typen der „Prinzipien empirischer Wissenschaften, die Bedingungsaussagen sind" und „Prinzipien empirischer Wissenschaften, die keine Bedingungsaussagen sind" haben wir in der Tabelle kürzer als „erklärende" und „beschreibende" Prinzipien bezeichnet.

Unsere Tabelle verdeutlicht auf jeden Fall, daß die im methodischen Vorgehen auftretenden Prinzipien in Abhängigkeit von gewissen strukturellen Eigenschaften nur jeweils einige bestimmte methodische Funktionen ausüben können. Überlegungen auf der Grundlage unseres Schemas sind nützlich, um die methodische Wirksamkeit und Leistungsfähigkeit bestimmter Prinzipien zu verdeutlichen. Eine falsche Bewertung der methodischen Wirksamkeit bestimmter Prinzipien — eine Überschätzung wie auch eine Unterschätzung ihrer methodischen Funktion — kann die Forschungstätigkeit in erheblichem Maße negativ beeinflussen.

Wir sind uns bewußt, daß unser Schema, das im Rahmen dieser Arbeit der Erläuterung einer Problemstellung dient, der Erweiterung und Präzisierung bedarf.

Klaus Fuchs-Kittowski, Klaus Lemgo, Ernst Mühlenberg*

Zur Unterscheidung von wissenschaftlichen Begriffen und zur Differenzierung von Informationen als eine theoretische Grundlage für den Einsatz der automatisierten Informationsverarbeitung im Forschungsprozeß

Ausgangspunkt unserer Überlegungen zu wissenschaftstheoretischen und wissenschaftsorganisatorischen Grundlagen der automatisierten Informationsverarbeitung im Forschungsprozeß ist erstens ein Verständnis der Wissenschaft als „allgemeine Arbeit" im Marxschen Sinne,[1] nach dem Wissenschaft eine spezifische Form gesellschaftlicher Tätigkeiten ist, die im Rahmen einer bestimmten Gesellschaftsformation auf die Produktion, Reproduktion, Vermittlung und Anwendung wissenschaftlicher Erkenntnisse gerichtet sind.[2] Zweitens gehen unsere Betrachtungen davon aus, daß unter informationellem Aspekt jede wissenschaftliche Tätigkeit einen komplizierten Prozeß der Gewinnung, Analyse, Speicherung und Verarbeitung von Informationen darstellt, so daß die Wissenschaft als ein kompliziertes, dynamisches Informationssystem zu untersuchen ist,[3] dessen Effektivität durch den Einsatz automatisierter Informationsverarbeitungsanlagen wesentlich erhöht werden kann. Drittens verlangt jede Problembearbeitung und -lösung den Einsatz bestimmter materieller und ideeller Erkenntnismittel, deren Niveau sowohl die Rationalität und Intensität des wissenschaftlichen Arbeitsprozesses als auch das Feld von Problemstellungen beeinflußt, das überhaupt bearbeitet werden kann.[4] Viertens sind es die in der Entwicklung befindlichen Grundlagen einer gesellschaftswissenschaftlich orientierten allgemeinen Informatik.

1. Zum Verhältnis von Problem, Methode und Gerät

Die modernen automatisierten Informationsverarbeitungsanlagen sind heute in Einheit mit den entsprechenden Systemunterlagen entscheidende wissenschaft-

* Wir danken B. Groß für Diskussionen zu diesem Problem.

1 K. Marx: Das Kapital. Dritter Band, in: MEW, Bd. 25, Berlin 1964, S. 113f.

2 G. Kröber, H. Laitko: Sozialismus und Wissenschaft, in: Reihe: Unser Weltbild, TB 61, Berlin 1972, S. 51.

3 G. M. Dobrov: Potential der Wissenschaft, Berlin 1971, S. 77ff.; derselbe: Aktuelle Probleme der Wissenschaftswissenschaft, Berlin 1970, S. 19.

4 K. Fuchs-Kittowski, H. Kaiser, R. Tschirschwitz, B. Wenzlaff: Informatik und Automatisierung, Berlin 1976.

liche Erkenntnismittel geworden. Als integrierter Bestandteil wissenschaftlicher Experimente dienen sie der Rationalisierung und Intensivierung formalisierbarer geistiger Routinetätigkeit,[5] z. B. bei der Realisierung biologischer Experimente durch Automatisierung der Meßwerterfassung und durch automatische Steuerung physikalischer Geräte.[6] Mit Hilfe materieller und ideeller wissenschaftlicher Erkenntnismittel, d. h. Geräte und methodisches Vorgehen (Methoden, Verfahren, Programme), können neue Informationen über den Untersuchungsgegenstand gewonnen werden. Sie dienen als Vermittler bei der geistigen Aneignung des Erkenntnisgegenstandes durch das erkennende Subjekt. Das erkennende Subjekt schiebt zwischen sich und das Erkenntnisobjekt zunächst, vor allem zur Gewinnung, Vermittlung und Prüfung von Informationen, die wissenschaftlichen Arbeitsinstrumente. Dann gilt es jedoch, die Vielzahl der Einzelinformationen zu aussagefähigen, wesentlichen Informationen zu verdichten. Man kann nicht, wie manche der sich am Positivismus orientierenden Wissenschaftler meinen, bei der Erscheinung, bei den beobachteten Fakten, die uns in der Erfahrung und durch die Meßgeräte gegeben sind, stehenbleiben. Hierbei kann die automatisierte Informationsverarbeitung den Forscher erfolgreich unterstützen. Erkenntnis ist nicht zu identifizieren mit der Gewinnung von Tatsachen, mit der Beobachtung von Fakten. Wissenschaftliche Erkenntnis heißt, aus den empirischen Tatsächlichkeiten die allgemeinen Gesetze der Natur, Gesellschaft und des Denkens zu erschließen.[7]

Die moderne elektronische Datenverarbeitungsanlage (EDVA) ist zu verstehen als ein leistungsfähiges Instrument in der Hand des Menschen, das insbesondere theoretisch-rechnerisch zur Erkenntnis der Gesetze der objektiven Realität beiträgt. Entscheidend ist es, daß der Mensch damit in der Lage ist, bestimmte Problemstellungen in Angriff zu nehmen, die ihm ohne diese Technik und die dazugehörigen Systemunterlagen nicht zugänglich wären. Die Modellierung immer weiterer Gebiete der geistigen Tätigkeit des Menschen erweitert die Möglichkeiten menschlicher Betätigung in heute noch kaum übersehbarer Weise. Mit dem Einsatz moderner elektronischer Datenverarbeitungsanlagen werden ja nicht nur ein Gerät, sondern, in Form von Systemunterlagen, insbesondere Programmpaketen, auch ideelle Erkenntnis- und Organisationsmittel zur Verfügung gestellt.

[5] H. Hörnig schreibt dazu: „Die Intensivierung der wissenschaftlichen Arbeit hat viele Seiten. ... Verbesserung der Information und Dokumentation gehören genauso dazu wie die effektivste Nutzung der Großgeräte und die Entwicklung von Methoden für den verstärkten Einsatz von EDVA beim Experiment.“ (H. Hörnig: Die Akademie der Wissenschaften in der entwickelten sozialistischen Gesellschaft der DDR, in: Spektrum, 7/8/1975, S. 5.)

[6] E. Adam, S. Collatz, D. Falkenberg, G. Flach, K. Fuchs, R. Kästner, P. Liewers, R. Rockstroh, L. Wetzel: Aufgaben des Physikers bei der Beherrschung von Kernreaktoren für Energieerzeugungszwecke, in: Kernenergie, 10/1970, S. 310ff.; K. Fuchs: Physikalische Grundlagenforschung und Energiewirtschaft, in: Vortrag auf der Jahreshauptversammlung 14.—16. 5. 1973 in Berlin.

[7] K. Fuchs-Kittowski: Probleme des Determinismus und der Kybernetik in der molekularen Biologie, 2., erweiterte Auflage, Jena 1976, S. 97.

Ideelle Erkenntnismittel, als in den wissenschaftlichen Arbeitsprozeß unmittelbar eingehender Erkenntnisfonds aus Theorie und Fakten sowie spezifischen Formen des methodischen Vorgehens, Methodiken, Aufforderungen und Leitprinzipien, müssen jetzt nicht erst über das aktuelle Wissen eines bestimmten Forschers aktiviert werden, sondern sind den experimentell arbeitenden Physikern über die Programmpakete unmittelbar zugänglich. Dadurch ergibt sich eine viel engere Verflechtung zwischen theoretischer und experimenteller Arbeit im Forschungsprozeß, und das ist wissenschaftstheoretisch von besonderem Interesse.

Das Ziel unserer Ausführungen besteht in der Darstellung einiger noch allgemeinerer Wechselbeziehungen zwischen Wissenschaft und Informatik, d. h. der Darstellung der Möglichkeiten und Grenzen des Einsatzes automatisierter Informationsverarbeitungssysteme und der Ableitung von Konsequenzen sowohl für die entsprechende Wissenschaftsdisziplin als auch für die Wissenschaftstheorie und Wissenschaftsorganisation.

Durch den Einsatz automatisierter Informationsverarbeitungssysteme können bestimmte Problemstellungen, zu deren Lösung langwierige Berechnungen rasch und exakt auszuführen sind, wie z. B. bei der Röntgenkristallstrukturanalyse, bei der Simulation von molekularkinetischen Systemen,[8] oder umfangreiche Datenmengen in relativ kurzer Zeit statistisch ausgewertet werden müssen[9], wie z. B. in der Medizin, Soziologie usw., überhaupt erst in Angriff genommen werden.[10]

V. M. Gluškov bemerkt hierzu: „Das Experiment selbst ändert heute gleichfalls radikal seine äußere Erscheinung. Komplizierte Versuchsanlagen versieht man mit eingebauten EDVA, die automatisch zählen, die gewonnenen Daten verarbeiten und das Experiment steuern. Einfachere Anlagen und Geräte werden von einer einzigen EDVA bedient, die für das gesamte Laboratorium oder sogar für eine ganze Gruppe von Laboratorien betrieben wird."[11]

Die Haupttendenz der Entwicklung der automatisierten Informationsverarbeitung besteht in dem Streben nach ständiger Erhöhung der Effektivität der EDV-Anwendungssysteme und der Einsatzfähigkeit der Anlagen. Dies führt neben einer ständigen Erweiterung der Einsatzbereiche dazu, daß die automatisierten Informa-

[8] G. Wangermann: Auf dem Wege zur exakten Naturwissenschaft, in: Spektrum, 4/1975, S. 10; A. Knijnenburg: Algorithmisches Simulationsmodell der RNS-Bakteriophagen-Vermehrung, Dissertation (ZKI d. AdW), Berlin 1975 (unveröffentlicht).

[9] W. Schirmer, K. Fiedler: Beiträge für den wissenschaftlichen Vorlauf, in: Spektrum, 4/1975, S. 9.

[10] Vgl.: H. W. Meier: Informationsverarbeitung als Forschungsaufgabe, in: Spektrum, 4/1975, S. 14; W. Schirmer, G. Voijta, H. Kriegsmann, R. Paetzold: Zu einigen Fragen der Wechselbeziehungen zwischen Physik und Chemie I, Berlin 1971; M. Steenbeck: Automatisierung und gesellschaftliche Entwicklung in der DDR, in: Wirken für die Zukunft, Reden und Aufsätze 1968—1972, Berlin—Weimar 1973.

[11] V. M. Gluškov: Die Rolle der Mathematik in der modernen Wissenschaft, in: Vestnik Akademii Nauk SSSR, 9/1974, S. 5ff., übersetzt in: Übersetzungen und Referate zu Wissenschaftspolitik, Wissenschaftsorganisation und Wissenschaftsentwicklung, Akademie der Wissenschaften der DDR, Wissenschaftliches Informationszentrum, 1/1975, S. 5ff.

tionsverarbeitungssysteme den Anwendungsbedingungen und den Besonderheiten der zu lösenden Aufgaben immer mehr angepaßt werden. Damit ist deutlich, daß für die Weiterentwicklung der EDV gegenwärtig nicht so sehr Zugriffszeit und Rechengeschwindigkeit der Anlage die Hauptprobleme darstellen, sondern der Aufbau problemangepaßter EDV-Anwendungssysteme und die rationelle Integration der durch sie gewonnenen Ergebnisse in den Arbeitsprozeß. Die Effektivität von EDV-Anwendungssystemen hängt also nicht allein von der einsetzbaren Technik, sondern auch von der wissenschaftlichen Durchdringung der informationellen Prozesse und den erreichten organisatorischen Lösungen ab. Damit werden eine Reihe neuer theoretischer wie praktisch zu lösender Fragen aufgeworfen, die im engen Zusammenhang mit der Diskussion um die Möglichkeiten und Grenzen der automatisierten Informationsverarbeitung stehen.

Heute besteht offensichtlich die Situation, daß das Tempo der Bereitstellung moderner Technik das der Projektierung und Programmierung der EDV-Anwendungssysteme sowie das der Erschließung qualitativ neuer Anwendungsgebiete bei weitem übertrifft. Deshalb muß die Einheit von Organisation und Technik stärker beachtet werden. Daraus folgt die Notwendigkeit der Entwicklung einer gesellschaftswissenschaftlich orientierten allgemeinen Informatik als Wissenschaft von Struktur und Organisation syntaktischer und semantischer Informationsverarbeitungsprozesse und der rationellen Gestaltung von Informationssystemen unter Berücksichtigung der Integration in die verschiedenen gesellschaftlichen Arbeitsprozesse. Von entscheidender Bedeutung ist dabei die präzise Bestimmung des Gegenstandes der Automatisierung[12] und die Ableitung notwendiger und hinreichender Bedingungen für den Einsatz der automatisierten Informationsverarbeitung. Maschinelle Informationsverarbeitung ist ausschließlich Strukturverarbeitung (syntaktische Informationsverarbeitung) und unterscheidet sich grundsätzlich von den spezifisch menschlichen Informationsverarbeitungsprozessen (semantische Informationsverarbeitung). Wie G. Klaus herausgearbeitet hat, besteht ein „typisches Kennzeichen der Entwicklung abstrakter Bereiche in den Wissenschaften (darin), daß von der Bearbeitung der Dinge zur Verarbeitung von Gedanken über die Dinge übergegangen wird, daß das Operieren mit Gedanken durch Manipulationen mit Zeichen ersetzt wird“[13]. Die Entwicklung des menschlichen Denkens ermöglicht also den Übergang von der Bearbeitung der Dinge zur Verarbeitung von Gedanken, wobei ein Teil dieser Informationsverarbeitungsprozesse (Manipulation mit Zeichen) durch Strukturverarbeitung auf Automaten ersetzt werden kann.

[12] Vgl. K. Fuchs-Kittowski, R. Tschirschwitz, B. Wenzlaff: Zum Gegenstand der Automatisierung körperlicher und geistiger menschlicher Tätigkeiten, in: messen — steuern — regeln, 8/1974; dieselben: Mensch und Automatisierung, in: Deutsche Zeitschrift für Philosophie, Sonderheft Mensch, Wissenschaft und Technik im Sozialismus, Berlin 1975; dieselben: Mensch und Automatisierung, in: Proceedings of the XVth World Congress of Philosophy, Band a, Sofia 1973.

[13] G. Klaus: Semiotik und Erkenntnistheorie, Berlin 1973, S. 20.

Jede schöpferische Tätigkeit des Menschen, soweit sie auf Erzeugen, Selektieren und Verarbeiten von Informationen beruht, ist ihrem Wesen nach eine Einheit von semantischer und syntaktischer Informationsverarbeitung. Auf Grund der historischen Relativität des Schöpferischen werden einzelne schöpferische Denkprozesse im Verlaufe der Entwicklung in schematische umgewandelt,[14] schöpferisches Denken läßt sich aber nicht auf schematisches reduzieren.[15] Wir sprechen also von syntaktischer Informationsverarbeitung, wenn die Operationen nur auf der Zeichenebene durchgeführt werden und es soweit zur Zielerreichung keiner gedanklichen Verarbeitung auf der Bedeutungsebene bedarf. Wenn die Operationen allein auf der Zeichenebene durchgeführt werden können, ist es möglich, den rein syntaktisch arbeitenden Automaten einzusetzen. Denn es sind nur formalisierbare Informationen, deren Verarbeitungsformen Algorithmen sind, der automatisierten Informationsverarbeitung zugänglich. Die Unterscheidung zwischen syntaktischen und semantischen Informationsverarbeitungsprozessen ermöglicht die Bestimmung der Anwendungsgebiete der automatisierten Informationsverarbeitung und ihrer Grenzen. Sie dient dazu, die Vorzüge und die Leistungsfähigkeit der spezifisch menschlichen, semantischen Informationsverarbeitung mit der Leistungsfähigkeit, Präzision und Geschwindigkeit der syntaktische Informationen verarbeitenden Automaten zu einem hochleistungsfähigen Gesamtsystem zu verbinden.

Der Einsatz von automatisierten Informationsverarbeitungssystemen in den verschiedensten Bereichen der Wissenschaft setzt die Analyse und Untersuchung des wissenschaftlichen Arbeits- und Forschungsprozesses und seiner Leitung unter informationellem Aspekt sowie die Bestimmung der Wechselbeziehungen zwischen den wissenschaftlichen Problemstellungen, dem informationsverarbeitenden Automaten und den Erkenntnis- und Verarbeitungsmethoden voraus. Hierin bestehen wichtige Aufgaben einer Wissenschaftsinformatik, die wir als Theorie über die Betrachtung der Wissenschaft als informationelles System auffassen. Entscheidend ist dabei die Untersuchung der Möglichkeiten zur Formalisierung der wissenschaftlichen Informationsverarbeitungsprozesse von Forschungsprozessen. Jedoch geht es dabei nicht nur um das Herauslösen formalisierter Informationen (Daten) und Operationen aus dem Forschungsprozeß, sondern auch um die zweckmäßige Wiedereinordnung automatisierter Operationen in den komplexen Forschungsprozeß. Die bisherigen Erfahrungen beim Einsatz der EDV in den verschiedenen Wissenschaftsdisziplinen haben immer wieder deutlich gemacht, daß die effektive Nutzung der Methoden der automatisierten Informationsverarbeitung es erforderlich macht, durch den Einsatz des Automaten keine fachfremde Zäsur zu der eigentlichen wissenschaftlichen Arbeit des Anwenders eintreten zu lassen. Daher kommt der wirklichen Integration der Methoden der

[14] G. Klaus: Kybernetik in philosophischer Sicht, Berlin 1965, S. 433ff.

[15] K. Fuchs-Kittowski: Probleme des Determinismus und der Kybernetik in der molekularen Biologie, 2., erweiterte Auflage, Jena 1976; S. L. Rubinstein: Das Denken und die Wege seiner Erforschung, Berlin 1972, S. 50.

maschinellen Informationsverarbeitung in die Methodologie der Forschung entscheidende Bedeutung zu. Für diesen Prozeß ist die Ausarbeitung einer entsprechenden Technologie von entscheidender Bedeutung.[16] Das entscheidende wissenschaftstheoretische und praktische Problem besteht also darin, wie die Methoden der automatisierten Informationsverarbeitung in die Gesamtmethodik der jeweiligen Fachwissenschaft integriert sind. Da die Automatisierung von Informationsverarbeitungsprozessen die Formalisierbarkeit der Informationen und ihrer Verknüpfungsverfahren voraussetzt, erfordert sie die Entwicklung des formallogischen Apparates der entsprechenden Wissenschaftsdisziplin.

Die Tendenz zur Formalisierung und Mathematisierung in den Wissenschaften ist allgemein.[17] Dies gilt nicht nur für die Naturwissenschaften, sondern auch für die Gesellschaftswissenschaften. Umgekehrt wirkt sich aber auch der Einsatz der EDV fördernd auf diese Entwicklung aus.[18] Die Formalisierung ist weit vorangetrieben in der modernen Physik und Chemie. Die Entwicklung der Biophysik, Biokybernetik, Biomathematik zeigt, daß sie sich auch in den Lebenswissenschaften vorantreiben läßt. Die Mathematisierung in den Gesellschaftswissenschaften tritt insbesondere in der Ökonomie durch die Entwicklung der Operationsforschung und der mathematisch-statistischen Methoden in der Ökonomie hervor. Mit der von uns vorgenommenen Differenzierung von Deskriptionen und Daten wird u. a. deutlich, daß die Exaktheit einer Wissenschaft, wie in Anlehnung an Kant oftmals behauptet wird, nicht allein durch den Grad ihrer Mathematisierung bzw. Formalisierung bestimmt wird, sondern vor allem durch den Grad der Beherrschung der von ihr untersuchten objektiven Gesetzmäßigkeiten, die jedoch nicht nur formalisiert zum Ausdruck gebracht werden. Durch die Formalisierung bzw. Mathematisierung erhalten die Wissenschaften, speziell auch die Gesellschaftswissenschaften, eine neue Qualität.

Die immer tiefere Erfassung der den Erscheinungen zugrunde liegenden Gesetzmäßigkeiten ist nicht allein davon abhängig, wie weit sie mathematisch darstellbar sind. In den Geschichts- und Literaturwissenschaften wird man es weiterhin überwiegend mit Deskriptionen, d. h. mit nicht formalisierten Informationen zu tun haben. Dennoch können auch für die Lösung von Problemen in Teilgebieten dieser Wissenschaften mathematische Methoden und Verfahren sowie Automaten eingesetzt werden.[19]

Die Methoden der automatisierten Informationsverarbeitung haben sich in den letzten Jahren in steigendem Maße bei der Bearbeitung der verschiedensten

[16] R. Rompe, K. Werner: Ist die geistige Leistung des Wissenschaftlers größer als die des Technologen?, in: Spektrum, 8/1974, S. 2f.

[17] K. Fuchs: Zur Bedeutung der theoretischen Physik für die Naturwissenschaften, in: Spektrum, 11/1974, S. 12—15; A. Habermehl, E. H. Graul, H. Wolter: Computer in der Nuklearmedizin, Heidelberg 1969, S. 16f.; E. H. Graul: Arzt sein in einer technischen Welt, in: Computersysteme in der Medizin, Hrsg.: E. H. Graul, in: Reihe: Systems in Medizin, Lövenich 1973, S. 10.

[18] V. M. Gluškov: Die Rolle der Mathematik in der modernen Wissenschaft, a. a. O., S. 14f.

[19] K. Fuchs-Kittowski: EDV und wissenschaftliches Denken, in: Forum, 7/1970, S. 11.

Aufgabenstellungen der empirisch-induktiven Forschung bewährt und geben heute bereits eine notwendige Unterstützung für die rationelle Planung und Durchführung von Forschungsvorhaben. Dazu schreibt V. M. Gluškov: „Allein in den exakten Wissenschaften konnte man einstmals viele Aufgaben nur bei einer so starken Vergröberung ihrer Bedingungen auf den Nenner einer Zahlenfunktion bringen, so daß die Lösung vielleicht gerade für die qualitative Orientierung ausreichte. Für eine andere Lösung mußte man auf kostspielige Experimente an realen Objekten oder ihren physikalischen Modellen zurückgreifen. Dank der Erfindung und Ausbildung der EDVA wird der Kreis der Aufgaben, die sich mit Berechnungsmethoden und mittels mathematischer Modellierung lösen lassen, ständig größer, die Entwicklung ringt den klassischen Versuchs- und Beobachtungsmethoden immer weitere Gebiete ab."[20]

Die Notwendigkeit der Abstraktion in den Gesellschaftswissenschaften wurde besonders von K. Marx betont: „Bei der Analyse der ökonomischen Formen kann außerdem weder das Mikroskop dienen noch chemische Reagentien. Die Abstraktionskraft muß beide ersetzen."[21] Heute kann man dieser Tatsache bei der Erkenntnis und Vorhersage gesellschaftlicher Ereignisse speziell durch die Anwendung der Simulationsmethode noch besser Rechnung tragen.

Der Einsatz der EDV unterstützt also in entscheidendem Maße die Inangriffnahme neuer Probleme und dient der Rationalisierung der Bearbeitung von gegebenen Problemen in der Forschung. Wesentlich neue Probleme, die noch vor kurzem nicht in Angriff genommen werden konnten, da die EDVA noch nicht zur Verfügung stand, sind: die Möglichkeit von Experimenten in den Gesellschaftswissenschaften und die der Leitung von gesellschaftlichen Prozessen mittels Simulation; die Steuerung und Regelung von Prozessen, deren Beherrschung dem Menschen allein nicht mehr möglich ist, z. B. in Kernkraftwerken, bei Weltraumexperimenten usw.; die Geschwindigkeitstransformation modellierter Objekte, insbesondere bei der Untersuchung der Entwicklung von Systemen, z. B. in der Molekularbiologie und der Biochemie; der Aufbau von Datenbanken zur Unterstützung von Leistungs- und Leitungsprozessen der Forschung.

So wäre die Simulation von molekulargenetischen Prozessen ohne Automaten nicht möglich. Aber hier können gegenwärtig auch nur relativ kleine und übersehbare subzelluläre Systeme betrachtet werden, wie z. B. RNS-Bakteriophagen.[22]

Ebenso konnten Probleme, die sich aus der Weiterentwicklung und Nutzung von statistischen Verfahren für die verschiedenen Wissenschaftsgebiete ergaben, erst mit der Existenz der EDVA einer Lösung zugeführt werden. Die Anwendung der mehrdimensionalen Statistik z. B. wäre in dem umfassenden Maße, wie es in den letzten Jahren geschah, ohne das Vorhandensein und die damit mögliche Nut-

[20] V. M. Gluškov: Die Rolle der Mathematik in der modernen Wissenschaft, a. a. O., S. 15f.

[21] K. Marx: Das Kapital. Erster Band, in: MEW, Bd. 23, S. 12.

[22] A. Knijenburg: Algorithmisches Simulationsmodell der RNS-Bakteriophagen-Vermehrung, a. a. O., S. 14.

zung eines Automaten nicht realisierbar gewesen. So wie die Mikroskopie als moderne Forschungsmethode grundlegende Wandlungen in den naturwissenschaftlichen Problemstellungen mit sich brachte,[23] — viele Zweige, wie z. B. Zytologie, Histologie, Mikrobiologie, Bakteriologie und auch die Pathologie, verdanken erst dem Mikroskop ihre außerordentliche Entwicklung —, so ermöglicht es die EDVA, mit Hilfe adäquater Methoden neue Probleme in Angriff zu nehmen, deren Bearbeitung noch vor kurzer Zeit nicht möglich erschien.

Die historische Parallele zur Entwicklung der Mikroskopie weist jedoch auf eine weitere Problematik hin; es zeigte sich nämlich, daß mit Hilfe des neuen Geräts nur dann ein neuer Erkenntnisgegenstand gewonnen werden kann, wenn eine Theorie für seinen Einsatz vorhanden ist. So unterstreicht F. Jakob: „Um aus einem bisher unsichtbaren Körper einen Gegenstand der Analyse zu machen, genügt es nicht, ihn zu ‚sehen'. Als Leewenhoeck erstmals einen Wassertropfen unter seinem Mikroskop betrachtete, findet er darin eine unbekannte Welt vor: Ein Gewimmel von Formen, lebende Wesen . . ., die das Instrument der Beobachtung plötzlich zugänglich macht. Aber das damalige Denken kann mit dieser Welt nichts anfangen . . . Diese Entdeckung dient lediglich als Gesprächsgegenstand . . . Die Wahrnehmung des Objekts genügt nicht, um dieses der Untersuchung zugänglich zu machen. Darüber hinaus muß eine Theorie zu seiner Integration bereit sein."[24] In diesem Sinne muß auch das neue Erkenntnismittel Automat (Gerät und Systemunterlagen) über die Erkenntnisse der allgemeinen Informatik eingebettet sein in die Methoden der jeweiligen Fachdisziplin. Die reine technische Entwicklung der EDV bringt die Anwendung in den Fachdisziplinen nicht vorwärts, deshalb muß mit dieser Entwicklung die Aufstellung einer entsprechenden Anwendungstheorie konform laufen oder weiter fortgeschritten sein. Die angewandte Informatik muß zu einem Teil der jeweiligen Fachdisziplin werden.

Bei der Untersuchung des Zusammenhanges zwischen Problem, Methode und Gerät unter dem Aspekt des Einsatzes der EDV zur Rationalisierung der Bearbeitung ergeben sich unseres Erachtens mehrere zu unterscheidende Fälle, je nachdem, ob die entsprechende Methode und/oder das entsprechende Gerät für die Bearbeitung des gegebenen Problems vorhanden sind:

1. Wenn für die Inangriffnahme des Problems die entsprechende Methode und das geforderte Gerät vorhanden sind, kann das Problem bearbeitet werden.

2. Existiert zur Inangriffnahme eines Problems die Methode, das dazu notwendige Gerät aber nicht, dann kann das Problem erst bearbeitet werden, wenn neue Geräte, z. B. ESER-Geräte, Mikroprozessoren usw., entwickelt oder existierende Geräte modifiziert worden sind. Es werden also durch neue gesellschaftliche Bedürfnisse ständig neue Anforderungen an das Gerätesystem gestellt. So zeichnen sich bei der EDV drei typische Entwicklungslinien ab. Die erste

[23] Geschichte der Mikroskopie/Leben und Werk großer Forscher, Frankfurt/Main 1964.
[24] F. Jakob: Die Logik des Lebenden, Frankfurt/Main 1970.

Entwicklungslinie besteht darin, daß die Gerätesysteme der automatisierten Informationsverarbeitung immer umfangreicher und komplexer werden, z. B. Großrechner, Rechnernetze. Die zweite Entwicklungslinie geht in die Richtung, daß immer leistungsstärkere Kleinrechner zur lokalen Verarbeitung von Daten eingesetzt werden. Die dritte Richtung besteht in der Anwendung von Mikroprozessoren als Einzweckrechner für die Laborautomatisierung und zur Steuerung und Regelung von Subsystemen.

3. Ist für die Inangriffnahme des Problems keine Methode vorhanden, aber ein Gerät, z. B. ESER-Rechner, vorgesehen, dann ist eine Lösungsmethode zu entwickeln oder von einer anderen Fachdisziplin, z. B. der Informatik, zu übernehmen und anzupassen, ansonsten ist eine Bearbeitung nicht möglich. Die Übernahme und Anpassung der Methode einer fremden Fachdisziplin, z. B. der Informatik, kann nur auf der Grundlage einer entsprechenden Methodologie erfolgen, was die Zusammenarbeit zwischen Fachspezialisten und Spezialisten der automatisierten Informationsverarbeitung voraussetzt. Andererseits stimuliert die Bearbeitung von Problemen in den Fachdisziplinen mittels des Einsatzes der EDVA die Entwicklung von entsprechenden numerischen Verfahren, mehrdimensionalen Statistiken, Meßwerterfassungsalgorithmen, Simulationssystemen usw.

Aus diesen Ausführungen wird deutlich, wie stark sich die Methoden der Informatik und die der Fachdisziplin gegenseitig beeinflussen. Es gilt deshalb, die Möglichkeiten der Anwendung der EDV methodologisch zu untermauern. D. Bär betont u. E. zu Recht: „Über ihren rein wissenschaftstheoretischen Aspekt hinaus besitzt eine derartige Zielstellung bereits heute entscheidende praktische Bedeutung für den Alltag der Zusammenarbeit zwischen den Rechenzentren auf der einen Seite und den Vertretern der einzelnen Fachwissenschaften auf der anderen Seite. In den kommenden Jahren wird die praktische Bedeutung fundierter methodologischer Grundlagen für die Anwendung der maschinellen Informationsverarbeitung in den Fachwissenschaften entscheidend wachsen. Nur auf derartigem Fundament wird es möglich sein, hinreichend umfassende Projekte zur optimalen Nutzung kybernetisch-rechentechnischer Methoden rechtzeitig und langfristig auszuarbeiten und zu realisieren.“[25]

Es ist offensichtlich, daß der weitere Einsatz der EDV generell und speziell auch in der Forschung die Lösung einer Vielzahl komplizierter Probleme verlangt. Da wir in der Anwendung der EDV im Forschungsprozeß ASU „Wissenschaft“ heute erst am Anfang der Entwicklung stehen, sind deren Konsequenzen für die Wissenschaft heute auch nicht annähernd vollständig zu übersehen. Die Analyse dieser Entwicklung des nachhaltigen Einflusses der EDV auf die Wechselbeziehungen zwischen den Wissenschaften und auf die Wissenschaftsentwicklung ist eines der aktuellsten und brennendsten Probleme der Wissenschaftstheorie.

[25] D. Bär: Möglichkeiten und Probleme der maschinellen Informationsverarbeitung in der experimentellen Forschung, in: Rechentechnik/Datenverarbeitung, 1. Beiheft 1970.

2. Bildung wissenschaftlicher Begriffe und Informationsverarbeitung

Wissenschaftliche Erkenntnis, wie menschliche Informationsverarbeitung überhaupt, ist nicht möglich ohne ein entsprechendes Begriffs- und Zeichensystem. Jeder Denkprozeß kann nur auf der Grundlage von Begriffen und Begriffsverknüpfungen erfolgen, deren Funktion in der Widerspiegelung von Klassen von Individuen und ihren invarianten Eigenschaften und Relationen besteht. Sie dienen der Bildung von Aussagen und ermöglichen den Übergang von der sinnlichen Widerspiegelung der objektiven Realität zur durch Verallgemeinerung, Abstraktion, Analyse und Synthese gekennzeichneten rationalen Erkenntnis. Die Bildung und Entwicklung von Begriffen stellt ein wesentliches Element der Entwicklung des Denkens dar. Die Funktion der Sprache kann dabei keinesfalls auf den Bereich der Kommunikation beschränkt werden; Denken und Sprache sind untrennbar miteinander verbunden. So schreibt S. L. Rubinstein: „Die Sprache ist eine notwendige Bedingung für die Entwicklung und Existenz des Denkens im eigentlichen, spezifischen Sinne. Erst mit dem Auftreten der Sprache, die es erlaubt, diese oder jene Eigenschaft von einem Ding zu abstrahieren und die Vorstellung oder den Begriff dieser Eigenschaft im Wort zu objektivieren und damit das Produkt der Analyse zu fixieren, erscheinen erstmalig die von den Dingen abstrahierten ideellen Objekte des Denkens als ‚theoretische' Tätigkeit und damit auch diese selbst."[26] Das verwendete Begriffs- und Sprachsystem bestimmt damit entscheidend die Fähigkeit zur ideellen Widerspiegelung. Dies gilt im besonderen Maße für den wissenschaftlichen Arbeits- und Forschungsprozeß. Auf die komplizierten Probleme des Verhältnisses von Sprache, Denken und Erkenntnis kann an dieser Stelle jedoch nicht näher eingegangen werden. Im folgenden soll gezeigt werden, daß sich auf der Grundlage der Unterscheidung verschiedener Begriffsarten und der Untersuchung der Entwicklung von Wissenschaftssprachen Konsequenzen für den Einsatz der automatisierten Informationsverarbeitung im Forschungsprozeß ergeben.

2.1. Klassifikatorische, komparative und metrische Begriffe

Neben anderen Einteilungen von Begriffsarten kommt der in klassifikatorische, komparative (topologische) und metrische Begriffe besondere Bedeutung zu.[27] Das Auffinden der invarianten Eigenschaften oder Beziehungen einer oder mehre-

[26] S. L. Rubinstein: Sein und Bewußtsein, Berlin 1972, S. 149; vgl. E. Albrecht: Sprache und Erkenntnis, Berlin 1967, S. 146.

[27] C. G. Hempel: Fundamentals of Concept Formation in Empirical Science, in: International Encyclopaedia Unified Science, Bd. II, Nr. 7, Chikago—London—New York 1952, übersetzt in: Grundzüge der Begriffsbildung in der empirischen Wissenschaft, Düsseldorf 1974, S. 51 ff.; vgl. auch: F. v. Kutschera: Wissenschaftstheorie I, München 1972; R. Carnap: Einführung in die symbolische Logik, Wien 1960.

rer Klassen von Individuen ist notwendig, um Aussagen wissenschaftlichen Charakters treffen zu können. Hierbei erweisen sich die klassifikatorischen Begriffe als am einfachsten und die metrischen als am präzisesten hinsichtlich der Differenzierung der Eigenschaften oder Beziehungen der Objekte. Die komparativen Begriffe bilden eine Übergangsform.

Mittels klassifikatorischer Begriffe ist es möglich, eine Menge von Objekten in zwei oder mehrere einander ausschließende Klassen einzuteilen (z. B. männlich—weiblich, blau—grün—gelb—rot), d. h., es wird eine Menge von Objekten bei Vorgabe von zwei oder mehreren disjunkten Klassen so eingeteilt, daß auf Grund der invarianten Eigenschaften oder Beziehungen Aussagen über diese Menge von Objekten getroffen werden können. Der Vorrat an klassifikatorischen Begriffen erweist sich im allgemeinen als relativ schnell erschöpft, um eine Menge von Objekten genügend stark zu differenzieren. Die Ursache hierfür liegt darin, daß die Begriffe qualitativer Natur sind. Ein solches Klassifizierungssystem existiert z. B. bei der Einteilung der Pflanzen nach Linné.[28]

Bei klassifikatorischen Begriffen sind die Unterscheidungen von Objekten in der gegebenen Menge nur durch die Anzahl der gegebenen Klassen möglich. Die invarianten Eigenschaften sind entweder vorhanden oder nicht. Ein Vergleich oder die Angabe einer Ordnung läßt sich mit diesen Begriffen nicht realisieren.

Komplizierter hinsichtlich der Differenzierung sind schon die komparativen Begriffe (auch Ordnungsbegriffe oder topologische Begriffe genannt), wie z. B. härter, größer, stärker. Sie ermöglichen genauere Vergleichsfestlegungen, die man mit klassifikatorischen Begriffen nicht vornehmen kann. Wenn z. B. eine Sprache zur Bezeichnung von Wärmezuständen nur die vier Ausdrücke „heiß", „warm", „lauwarm" und „kalt" kennt, so kann damit noch kein Wärmevergleich vorgenommen werden. Erst mit der Einführung der Relationsausdrücke „wärmer" werden solche Vergleiche möglich. Mit komparativen Begriffen wird es möglich, invariante Eigenschaften oder Beziehungen der betrachteten Objekte in einer Menge zu vergleichen und dadurch eine Reihenfolge festzulegen. Die festgelegte Reihenfolge gilt aber nur für die betrachtete Menge, denn ändert sich z. B. die Anzahl der Objekte, so kann sich die Zuordnung zu den Positionen in der Reihenfolge ändern, z. B. beim Vergleich der Größe von Kindern in einem Kindergarten oder in einer Schulklasse. Die Einführung der Ordnungsrelation gestattet es, eine Menge von Objekten genauer zu differenzieren als es die Verwendung von klassifikatorischen Begriffen zuläßt. Aber der Vorrat der komparativen Begriffe ist im allgemeinen bei der wissenschaftlichen Beschreibung ebenfalls bald erschöpft, bzw. der verwendete Begriffsapparat wird sehr schnell unübersichtlich und damit schwer handhabbar. Die Ursache liegt darin, daß die komparativen Begriffe quasi-quantitativer Natur sind.

Das präziseste Begriffsinstrumentarium, über das ein Wissenschaftler verfügen kann, bilden die metrischen (bzw. quantitativen) Begriffe. Diese Begriffe sind quan-

[28] C. v. Linné: Vollständiges Pflanzensystem, Nürnberg 1777—88.

titativer Natur und gestatten es infolgedessen, Unterschiede zu ermitteln, die durch klassifikatorische oder komparative Begriffe nicht erfaßbar und damit auch nicht beschreibbar bzw. erklärbar sind. Die Eigenschaften bzw. die Beziehungen der Dinge oder Ereignisse werden hierbei dadurch charakterisiert, daß man ihnen reelle Zahlenwerte zuschreibt. Solche Begriffe überwiegen in den theoretischen Naturwissenschaften. Metrische Begriffe sind z. B. die Länge, die Zeit, die Masse und die elektrische Stromstärke.

In wachsendem Maße gewinnen metrische Begriffe jedoch auch Anwendung in der Psychologie, in den Gesellschaftswissenschaften und insbesondere in der Ökonomie. So werden in der Wirtschaft Kennzeichen und Eigenschaften von verschiedenartigen Elementen eines Wirtschaftssystems durch entsprechende Kennziffern dargestellt.

2.2. Ebenen der Präzisierung von wissenschaftlichen Begriffen

Bei der Bildung und Überprüfung von Theorien und Hypothesen ist eine der wichtigsten Aufgaben des Wissenschaftlers die Klärung und die Modifikation von Begriffen sowie die Einführung neuer Begriffe in das System der Wissenschaften in der Wechselwirkung von Theorie und Praxis. Dies ist notwendig, um den wissenschaftlichen Erkenntnisprozeß voranzutreiben, da die Begriffe der natürlichen Sprache mehrdeutig und unscharf sind. Bei der Begriffsbildung kann oftmals an Ausdrücke angeknüpft werden, die in der Umgangssprache existieren, wie z. B. Lebewesen, Ebene, Zahl, Kreis, Aussage.[29] In diesen Fällen müssen die Bedeutungen dieser Ausdrücke präzisiert werden, um damit zu exakten Aussagen zu gelangen. Außerdem muß der Wissenschaftler oft neue Begriffe einführen, die im vorwissenschaftlichen Denken noch nicht anzutreffen sind.

Der Prozeß der Begriffsexplikation führt zu den anfangs eingeführten Begriffsarten, die auf den Verfahren der Klassifikation, der Topologisierung und der Metrisierung beruhen, und ermöglicht die Entwicklung einer für das wissenschaftliche Erkennen notwendigen Wissenschaftssprache. Sie ist eingebettet in die Umgangssprache, und es bestehen zwischen beiden enge Wechselwirkungen, aber auch wesentliche Unterschiede. Die Wechselwirkungen beruhen darauf, daß bestimmte Begriffe von der einen in die andere übergehen und umgekehrt.

Im Gegensatz zur Wissenschaftssprache enthält aber die Umgangssprache Mehrdeutigkeiten und Unschärfen auf der Zeichen- und der Bedeutungsebene. Dies ist ein Vorteil, da sie für alle Bereiche des gesellschaftlichen Lebens verwendet wird. So ist die natürliche Sprache als optimal für die Vielfalt ihrer Funktionen aufzufassen.[30] Durch diese Variabilität ermöglicht sie vor allem auch den Fort-

[29] G. Klaus: Semiotik und Erkenntnis, a. a. O.

[30] Y. Bar-Hillel: Wesen und Bedeutung der Informationstheorie, in: Informationen über Information — Probleme der Kybernetik, Hrsg.: H. v. Ditfurth, Hamburg 1969, S. 15.

schritt im wissenschaftlichen Erkennen. Die mit den Wörtern der natürlichen Sprache verbundenen Begriffe sind in der Umgangssprache variabel in ihren Bedeutungen. Fast alle Ausdrücke sind mehrdeutig, d. h., sie haben in verschiededenen Zusammenhängen verschiedene Bedeutungen, die wesentlich vom Wissen und den Vorstellungen der jeweilig kommunizierenden Personen abhängen. Diese Bedeutungen sind vage, d. h., man bezeichnet Gegenstände, bei denen nicht zu entscheiden ist, ob der betreffende Ausdruck darauf angewendet werden kann oder nicht. Meistens werden sie auch inkonsistent gebraucht, d. h., zwischen den Nutzern der Sprache besteht keine vollkommene Übereinstimmung. Man kann sogar annehmen, daß dieses zu verschiedenen Zeitpunkten auf ein und dieselbe Person zutrifft.[31] Aber nur, wenn alle Wörter einer Sprache präzise angebbare Bedeutungen besitzen, kann man wirklich sagen, ob zwei Ausdrücke dieselbe Bedeutung haben oder nicht. Die meisten Wörter unserer Umgangssprache erfüllen diese Voraussetzung nicht.

Erst in wissenschaftlichen Systemen mit präzisen Bedeutungsregeln werden diese Ungenauigkeiten überwunden. In einer Wissenschaftssprache werden die Bedeutungen der Begriffe präzisiert und im Verhältnis zur Umgangssprache eingeengt (Semantikreduktion). Jedoch können durch diese Einengung auch Verständigungsschwierigkeiten bei der interdisziplinären wissenschaftlichen Zusammenarbeit auftreten, wenn der gleiche umgangssprachliche Begriff in den verschiedenen Wissenschaftsdisziplinen unterschiedliche Bedeutungen erhalten hat, wie z. B. der Begriff „Wert“ in der Politischen Ökonomie und in der Mathematik. Den Prozeß der Herausbildung einer Wissenschaftssprache kann man so beschreiben, daß die Umgangssprache mit sich herausbildenden wissenschaftlichen Termini angereichert wird. Eine solche Wissenschaftssprache kann durch Spezifizierung der existierenden Begriffe, z. B. durch Definitionen für diese Wissenschaft, in eine Fachsprache der jeweiligen Wissenschaft überführt werden. Damit nimmt die Exaktheit des wissenschaftlichen Denkens und die Sicherheit der Kommunikation zwischen den Wissenschaftlern zu, wodurch Fehldeutungen und Fehlentscheidungen stark eingeschränkt werden.

Eine weitere Präzisierung der Begriffe in einer Wissenschaftsdisziplin kann erreicht werden, wenn bestimmte Teilgebiete einem Formalisierungsprozeß unterworfen werden können. Wir erhalten eine formalisierte Wissenschaftssprache bzw. ein Kalkül. Hier liegt eine umkehrbar eindeutige Zuordnung zwischen Begriffen und den sie repräsentierenden Zeichen und Worten vor. Jede formalisierte Sprache ist an eine Fachsprache und damit an die natürliche Sprache gebunden.[32]

Dieser Präzisierungsprozeß der Begriffe, der von der Umgangssprache über die Wissenschaftssprache zur Kalkülsprache geht, ist nur durch eine Reduktion der Semantik möglich. Die zum Beispiel in einer Kalkülsprache verwendeten Begriffe

[31] G. Frey: Semantische Probleme der Informationstheorie und Kybernetik, a. a. O., S. 48.
[32] G. Klaus: Spezielle Erkenntnistheorie, Berlin 1965, S. 15.

sind ihrer in der Umgangssprache vorhandenen Unklarheiten und begrifflichen Unschärfen entkleidet und logisch exakt definiert. Dadurch hat der Begriff in einer Kalkülsprache eine enger begrenzte Bedeutungsbreite als bei seiner Verwendung in der Wissenschaftssprache oder in der Umgangssprache. Er ist nur noch auf festgelegte Objektbereiche bezogen und kann nicht ohne weiteres in anderen Kalkül- oder Fachsprachen verwendet werden. Dieser Präzisierungsprozeß zeigt, daß sowohl die Fachsprache als auch die Kalkülsprache auf der Grundlage der Umgangssprache entstehen und nicht umgekehrt. Die dabei bereits erwähnte notwendige Bedeutungsreduktion und -festlegung gestattet es, bei der Verwendung dieser Begriffe besser und sicherer zu kommunizieren. Für den Einsatz der automatisierten Informationsverarbeitung ist es wesentlich, daß alle gedanklichen Operationen in einer formalen Sprache ausgedrückt werden können, d. h. automatisierbar sind.[33] Die auf Grund der Variabilität eines Begriffes der Umgangssprache möglichen Mißverständnisse kann der Mensch häufig aus dem Kontext heraus und oft auf der Grundlage der der Umgangssprache eigenen Redundanz korrigieren, aber der strukturverarbeitende Automat kann das nicht. Die Bedeutungsreduktion eines Begriffes von der Umgangssprache zur Kalkülsprache hin führt zur Fixierung der Bedeutung und, wie etwa in formalen Sprachen, z. B. ALGOL, zur Abbildung auf Strukturen, die von der EDV verarbeitet werden können. Eine isomorphe Abbildung semantischer auf syntaktische Informationsverarbeitungsprozesse ist daher nicht möglich. In den Wissenschaftssprachen existieren Begriffe, die verschieden leistungsfähige Unterscheidungsmöglichkeiten gestatten. Die klassifikatorischen, komparativen und metrischen Begriffe haben in den oben angeführten Wissenschaftssprachen spezielle Funktionen, die nicht durch die analogen Begriffe in den beiden anderen Sprachen ersetzt werden können, so ist z. B. die Interpretation von Meßwerten in einer formalisierten Wissenschaftssprache sehr wohl von der in einer Fachsprache zu unterscheiden. Die Leistungsfähigkeit und Exaktheit einer Sprache hängt in entscheidendem Maße von ihrem Begriffssystem ab, mit dessen Hilfe Informationen dargestellt werden. Auf dieser Grundlage lassen sich wesentliche Differenzierungen der Informationen vornehmen. So kann man in Hinblick auf den Formalisierungsgrad differenzieren zwischen formalisierbaren und nichtformalisierbaren Informationen. Wenn wir hier also Informationen als Aussagen (Widerspiegelung von Sachverhalten) betrachten, so erhalten wir damit nichtformalisierbare Aussagen (Deskriptionen) und formalisierbare Aussagen (Daten).

In der natürlichen Sprache, die durch wissenschaftliche Terme angereichert ist (nichtformalisierte Wissenschaftssprache), liegen im wesentlichen Deskriptionen (nichtformalisierte Informationen) vor.

Wir haben es hier vor allem mit semantischer Informationsverarbeitung zu tun. In einer Fachsprache treten Deskriptionen und Daten (formalisierte Informationen) auf, die Verarbeitung ist hierbei semantisch-syntaktisch gemischt. Die Be-

[33] G. Klaus: Semiotik und Erkenntnistheorie, a. a. O., S. 42.

ziehungen zwischen den Begriffen und den sie darstellenden Worten, die verarbeitet werden, sind, im Gegensatz zur nichtformalisierten Wissenschaftssprache, eindeutig. Beim Übergang zur formalisierten Wissenschaftssprache (Kalkül) haben wir es mit Daten und Algorithmen zu tun. Die Verarbeitung der Daten erfolgt syntaktisch (vgl. Abb. 1).

		Arten der Information und Verfahren ihrer Verarbeitung		
		Abbildung von Begriff auf Worte	Deskriptionen, Daten und methodische Regeln	Daten und Algorithmen
Arten der Wissenschaftssprache	Natürliche Sprache, angereichert durch wissenschaftliche Terme	mehrdeutig (doppeldeutig)	nichtformalisierte Wissenschaftssprache (semantisch)	X
	Fachsprache (wissenschaftliche Terminologie)	eindeutig durch Definitionen	teilweise formalisierte Wissenschaftssprache (semantisch-syntaktisch gemischt)	
	Kalküle (formalisierte Wissenschaftssprache)	eindeutig durch Definitionen	X	vollständig formalisierte Sprache (syntaktisch)

Abb. 1: Ebenen der Wissenschaftssprachen nach dem Grad ihrer Formalisierung

2.3. Verwendung wissenschaftlicher Begriffe in verschiedenen Ebenen ihrer Präzisierung

Im weiteren soll der Zusammenhang zwischen den Arten von Wissenschaftssprachen und den Begriffsarten erläutert werden.

Informationen, die in einer formalisierten Wissenschaftssprache darstellbar sind, werden als Daten bezeichnet. Daten können, wie wir herausarbeiten wollen, auf der Grundlage der klassifikatorischen, komparativen und metrischen Begriffe in Fakten, Bewertungen und Meßwerte eingeteilt werden. Sie sind somit Elemente einer formalisierten Wissenschaftssprache und können syntaktisch verarbeitet werden. Die Ergebnisse der Verarbeitung sind im jeweiligen Bezugssystem zu interpretieren. So sind die *Fakten* nur im Klassifizierungssystem durch den Wissenschaftler zu erklären. Bei den *Bewertungen* erfolgt die Interpretation durch den Wissenschaftler in einem Topologisierungssystem. Die *Meßwerte* können im Metrisierungssystem sowohl durch einen Wissenschaftler als auch automatisch (z. B. bei Steuerungs- und Regelungsprozessen) interpretiert werden, sofern die Größengleichungen im Metrisierungssystem bekannt sind. Solche formalisierte

Wissenschaftssprache ist in eine Fachsprache eingebettet, da nur mit dieser das jeweilige gesamte Wissenschaftsgebiet beschrieben werden kann. So kann z. B. selbst die Mathematik, als am stärksten formalisierte Wissenschaftsdisziplin, nur auf bestimmten Teilgebieten formalisiert dargestellt werden.

Können Daten nicht über Algorithmen erklärt werden, so finden sie ihre Beschreibung in der Fachsprache. Die hier auftretenden Informationsverarbeitungsprozesse sind semantisch-syntaktisch gemischt, und die klassifikatorischen, komparativen und metrischen Begriffe ergeben ebenfalls verschiedene Elemente, die in den Fachwissenschaften benutzt werden.

So dienen *Festlegungen* unter Verwendung von Fakten zur Beschreibung von wissenschaftlichen Ergebnissen in einer Wissenschaftssprache bzw. Wissenschaftsdisziplin. Folgerungen ermöglichen auf der Grundlage von Bewertungen vergleichende und ordnende Beschreibungen in einer Wissenschaftsdisziplin.

Als wichtigstes Element in einer Fachsprache existieren die auf metrischen Begriffen beruhenden *Bestimmungen*. Es sind Meßwerte, für die sich die funktionellen Abhängigkeiten der durch die experimentelle Methode oder durch Beobachtung untersuchten Gegenstände noch nicht in einem Bezugssystem vollständig in Größengleichungen darstellen lassen. Die Einbeziehung der Meßwerte in eine Wissenschaftsdisziplin erfolgt durch Erklärung mit Deskriptionen, an die diese Meßwerte gebunden sind, z. B. bei medizinischen Untersuchungen, durch die zwar Meßwerte erfaßt werden (Blutdruck u. a.), aber keine Größengleichungen für bestimmte Zusammenhänge existieren. Die Elemente einer formalisierten Wissenschaftssprache können eine Voraussetzung für die wissenschaftliche Interpretation sein.

In der natürlichen Sprache, die mit wissenschaftlichen Termen angereichert ist, ergeben sich auf der Grundlage der klassifikatorischen, der komparativen und der metrischen Begriffe *Unterscheidungen*, *Vergleichungen* und *Abschätzungen*. Durch diese verschiedenen Beschreibungen wird die Vielfalt der objektiven Gegebenheiten erfaßt, aber auch deren Mehrdeutigkeiten sind darin enthalten. So liefern Unterscheidungen die Unterschiede von Gegenständen und von deren Eigenschaften im Alltag. Die Unterscheidungen sind in den subjektiven Bezug der kommunizierenden Personen einbezogen. Eine stärkere Unterscheidung kann in der natürlichen Sprache, die mit wissenschaftlichen Termen angereichert ist, durch die Vergleichungen erfolgen. Sie dienen in einer beliebigen Reihenfolge zum Vergleich von Gegenständen und ihren Eigenschaften in den beschreibenden Systemen. Aus der Fachsprache sind die metrischen Begriffe auch in die natürliche Sprache eingegangen. So werden Abschätzungen zur Angabe von allgemeinen metrischen Gegebenheiten verwendet. In der natürlichen Sprache werden also Abschätzungen vorgenommen, die auf der subjektiven Erkenntnis der einzelnen Personen beruhen.

Im vorwissenschaftlichen Denken gibt es solche Begriffe nur sehr selten. Sie sind fast immer erst im Verlauf der Entwicklung der betreffenden Wissenschaftsdisziplin eingeführt worden, finden dann jedoch Anwendung im Rahmen des alltäglichen Denkens, wie z. B. der Begriff der Temperatur als quantitatives Explikat des vorwissenschaftlichen Begriffs der Wärme oder des vorwissenschaftlichen komparativen Begriffs „wärmer". Seiner Einführung ging die Erfindung des Thermometers voraus. Während man sich ursprünglich selbst in der Wissenschaft auf den Vergleich von Wärmeempfindungen stützen mußte, stützt man sich heute auch in der Umgangssprache auf Meßwerte, die man an der Skala eines Thermometers ablesen kann.

So hat die Verwendung von metrischen Begriffen eine Reihe von Vorteilen, denn sie ermöglichen eine genauere und differenziertere Beschreibung und Erklärung der Erscheinungen als die klassifikatorischen und komparativen Begriffe (vgl. Abb. 2).

<table>
<tr><td colspan="4"></td><td colspan="3">Begriffe, die verschieden leistungsfähige Unterscheidungsmöglichkeiten gestatten</td></tr>
<tr><td colspan="4"></td><td>klassifikatorische Begriffe</td><td>komparative (topologische) Begriffe</td><td>metrische Begriffe</td></tr>
<tr><td rowspan="3">Ebenen der Wissenschaftssprache</td><td rowspan="3">natürliche Sprache, angereichert mit wissenschaftlichen Termen</td><td colspan="2"></td><td>Unterscheidungen
liefern Unterschiede von Gegenständen und ihren Eigenschaften im Alltag in beliebigen beschreibenden Systemen</td><td>Vergleichungen
dienen zum Vergleich in einer beliebigen Reihenfolge von Gegenständen und ihrer Eigenschaften im Alltag in beschreibenden Systemen</td><td>Abschätzungen
werden im alltäglichen Gebrauch zur Angabe metrischen Gegebenheiten verwendet</td></tr>
<tr><td rowspan="2">Fachsprache (wissenschaftliche Terminologie)</td><td></td><td>Festlegungen
dienen unter Verwendung von Fakten zur Beschreibung von wissenschaftlichen Ergebnissen in einer Wissenschaft bzw. Wissenschaftsdisziplin</td><td>Folgerungen
dienen unter Verwendung von Bewertungen zu vergleichenden und ordnenden Beschreibungen in einer Wissenschaft bzw. Wissenschaftsdisziplin</td><td>Bestimmungen
sind Meßwerte mit nicht notwendig vorhandenen Größengleichungen zur Interpretation in einer Wissenschaft bzw. Wissenschaftsdisziplin</td></tr>
<tr><td>formalisierte Wissenschaftssprache (Kalkül)</td><td>Fakten
Interpretation nur im Klassifizierungssystem durch einen Wissenschaftler</td><td>Bewertungen
Interpretation nur im Topologisierungssystem durch einen Wissenschaftler möglich</td><td>Meßwerte
Interpretation im Metrisierungssystem durch Wissenschaftler und auch automatisch (Regelung) möglich, da Größengleichungen bekannt sind</td></tr>
</table>

Abb. 2: Verwendung von klassifikatorischen, komparativen und metrischen Begriffen der verschiedenen Ebenen der Wissenschaftssprache

3. Ein Beispiel für die Erfassung verschiedener Arten von Informationen beim Diagnostizieren

Bei wissenschaftlichen Untersuchungen, z. B. in der Forschung und bei der Diagnose, ergeben sich verschiedene Arten von Aussagen, zu denen die Sachverhaltaussagen gehören. Diese sind besonders deshalb wichtig, weil in ihnen die Widerspiegelung von Sachverhalten direkt und unmittelbar erfolgt. Wir beziehen uns deshalb bei der weiteren Differenzierung der Information auf die Sachverhaltsaussagen. Damit ist Informationsverarbeitung im wesentlichen als Aussagentransformation und -verknüpfung zu verstehen, in deren Rahmen intensionale und extensionale Formen unterschieden werden können.

Die eine Aussage charakterisierenden Semantikelemente sind der Gegenstand der Aussage und ihr Inhalt, der bei den Sachverhalts-Informationen z. B. die Eigenschaft und ihren Zustand beschreibt. Sachverhaltsaussagen können also durch folgende Elemente der Information charakterisiert werden, die erst in ihrer Einheit die Semantik der Information konstituieren: den Gegenstand der Aussage, die Eigenschaft des Gegenstandes und den Zustand der Eigenschaft des Gegenstandes. Sie existieren als Mengen von Gegenständen, Mengen von Eigenschaften und Mengen von Zuständen der Eigenschaften. Auf der Grundlage von unterschiedlichen Beziehungen zwischen den Mengen lassen sich zwei Arten von Informationen unterscheiden: Daten und Deskriptionen.[34] Diese lassen sich noch weiter differenzieren, und zwar die Daten in Meßwerte, Bewertungen und Fakten und die Deskriptionen in Einschätzungen, Kennzeichnungen und Schilderungen.

Im folgenden Beispiel soll diese Differenzierung beim Diagnostizieren dargestellt werden (vgl. Abb. 4).

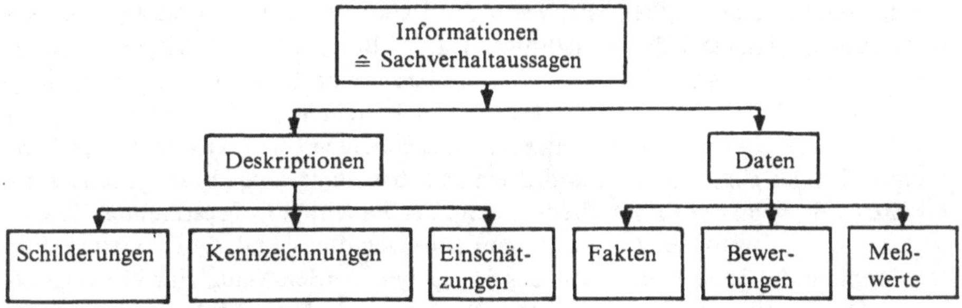

Abb. 3: Differenzierung der Informationen

[34] K. Fuchs-Kittowski, E. Mühlenberg: Die Unterscheidung von semantischer und syntaktischer Informationsverarbeitung als Grundlage für die Gestaltung von EDV-Anwendungssystemen, in: Sonderheft der Wissenschaftlichen Zeitschrift der Humboldt-Universität zu Berlin Math.-Nat. R. XXV (1976) 2, S. 259—267; K. Fuchs-Kittowski, R. Tschirschwitz, B. Wenzlaff: Zum Gegenstand der Automatisierung körperlicher und geistiger menschlicher Tätigkeiten, a. a. O.

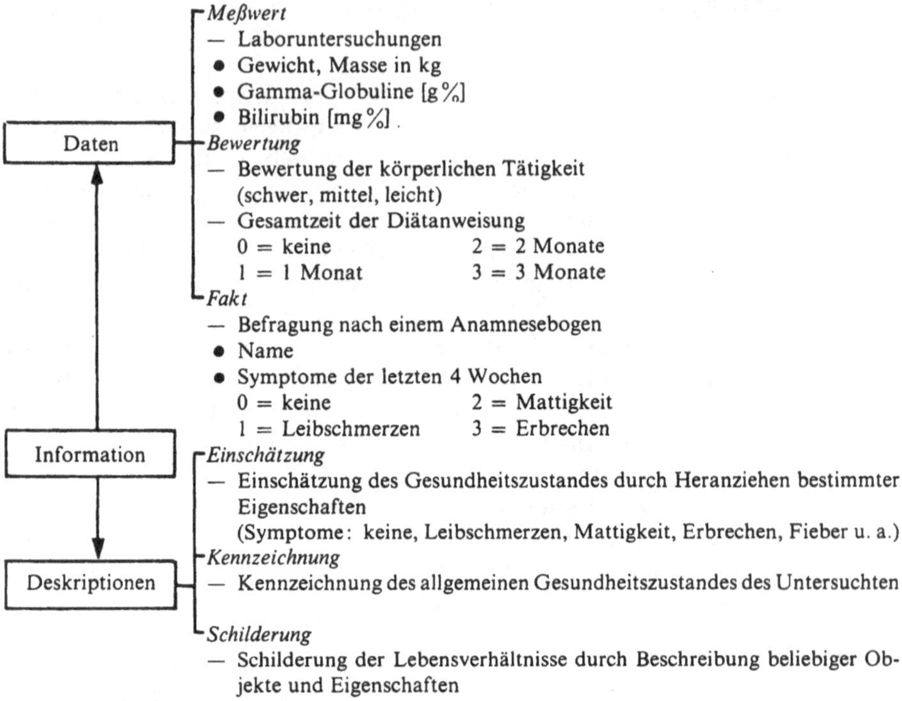

Abb. 4: Beispiel für die Erfassung verschiedener Arten von Informationen bei der ärztlichen Diagnose

Eine Schilderung erhalten wir, wenn der Patient z. B. Wohnverhältnisse, Arbeitsbedingungen, familiäre Verhältnisse u. a. (= Beschreibung beliebiger Objekte, Eigenschaften, Zustände der Eigenschaften) beschreibt. Eine Kennzeichnung liegt vor, wenn z. B. der Gesundheitszustand des Patienten (= bestimmtes Objekt) durch Angabe von im Körper auftretenden Schmerzen (= intensionale Beschreibung beliebiger Eigenschaften und Zustände) bestimmt wird. Eine Einschätzung erhalten wir, wenn der Gesundheitszustand des Patienten (= bestimmtes Objekt) anhand von Symptomen (= bestimmte Eigenschaften) und durch intensionale Bestimmung des jeweiligen Zustandes angegeben werden kann. Für alle angegebenen Datenarten lassen sich für die Objekte (z. B. Patienten), für zugehörige Eigenschaften (z. B. Masse in kg) und für die jeweiligen Zustände der Eigenschaften (z. B. reelle Zahl als Meßgröße) Bereiche bilden, in denen im Bezugssystem extensionale Beziehungen bestehen. Diese Bereiche bezeichnen wir als Extensionalitätsbereiche (vgl. Abb. 5).

Im Gegensatz dazu bestehen bei den Deskriptionen zwischen dem Gegenstand, seiner betrachteten Eigenschaft und dem Zustand der Eigenschaft intensionale

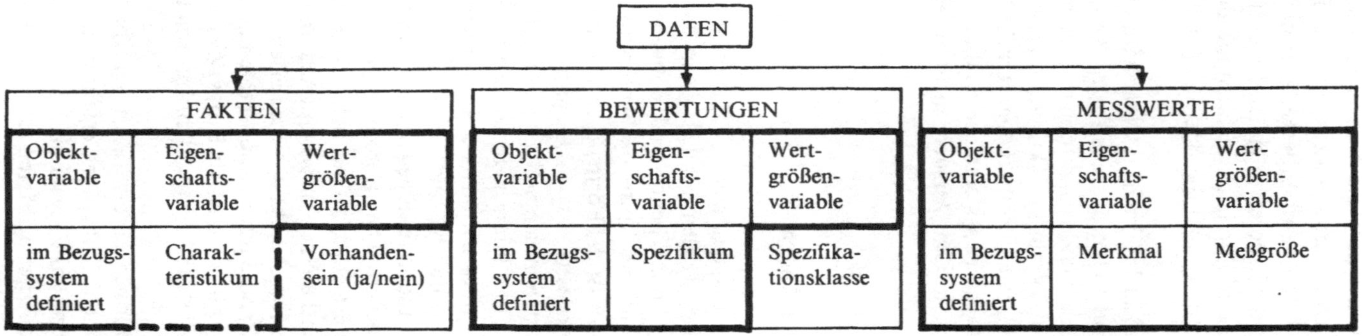

Abb. 5: Datenarten

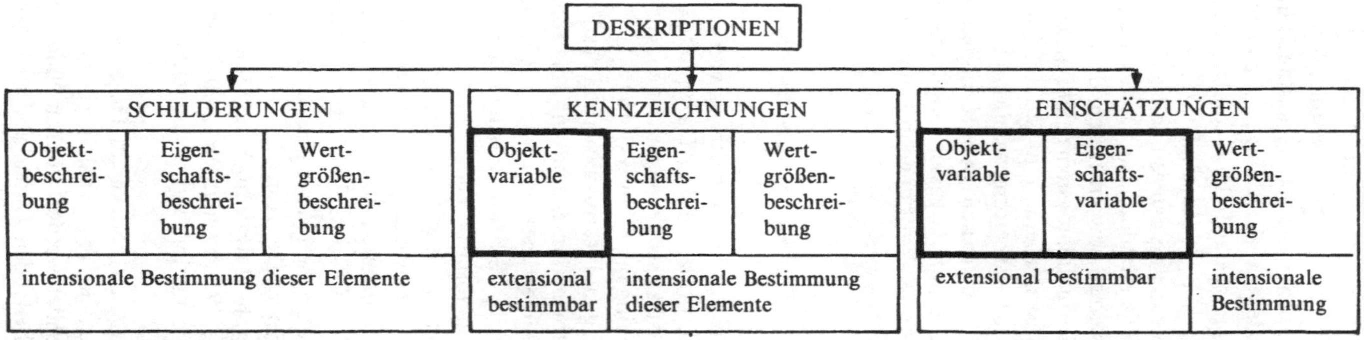

Abb. 6: Deskriptionsarten

Beziehungen. Diese Beziehungen können nicht vollständig auf Extensionalitätsbereiche abgebildet werden (vgl. Abb. 6). Bei den Deskriptionen existieren nur die Elemente, die die Gegenstände und ihre Eigenschaften repräsentieren, aber nicht eindeutige Beziehungen zueinander. Bei den Daten existieren in einem Extensionalitätsbereich die Elemente, die die Gegenstände und ihre Eigenschaften mit den zugehörigen Zuständen repräsentieren, genau bestimmt und die Beziehungen zueinander als extensionale Relationen.

Die Abbildungen 5 und 6 machen deutlich, daß in Informationsverarbeitungssystemen sowohl Daten als auch Deskriptionen auftreten. Daraus folgt, daß die Informationssysteme eine Mischung von semantischer und syntaktischer Informationsverarbeitung darstellen. Da der Einsatz der EDV auf syntaktische Informationsverarbeitung beschränkt ist, d. h., nur formalisierte Informationen verarbeitet werden können, ist es besonders wichtig, die Aussagen zu systematisieren und teilweise auf Extensionalitätsbereiche abzubilden, d. h. den Versuch zu unternehmen, Deskriptionen in Daten umzuwandeln.

4. Skalierungsverfahren zur Gewinnung von Daten

Aus der Differenzierung von Informationen in Deskriptionen und Daten folgt, daß prinzipiell nur Daten automatisiert verarbeitet werden können, wenn dafür entsprechende Algorithmen vorliegen, d. h., die hinreichende und notwendige Bedingung für den Einsatz der EDVA als ein mögliches Mittel der Automatisierung und Rationalisierung des Forschungsprozesses ist die Formalisierbarkeit der Informationen und Informationsverarbeitungsprozesse, was u. E. bisher nicht genügend beachtet wurde. Die Deskriptionen können maschinell nicht verarbeitet werden. Sie sind jedoch mittels EDVA speicherbar und können zur Unterstützung semantischer Verarbeitung, ebenfalls durch die Information und Dokumentation automatisiert, bereitgestellt werden. Die Information und Dokumentation hat zur Aufgabe, die entweder experimentell oder theoretisch gewonnenen und in Dokumenten beschriebenen Erkenntnisse wissenschaftlicher Forschungen durch Klassifikation (Thesauren) überschaubar und beherrschbar zu machen. Weiterhin soll sie die Nutzer über die in den Dokumenten enthaltenen Informationen unterrichten. Der Aufbau von Informations- und Faktenrecherchesystemen erleichtert durch Aktivierung bereits vorhandener Erkenntnisse die Informationsbeziehungen des Wissenschaftlers zum Wissensstand seiner Zeit, was letztlich das Ziel der Information und Dokumentation als eines Gebietes der angewandten Informatik ist.

Daten können im Gegensatz zu den Deskriptionen automatisiert verarbeitet werden. Wir erhalten sie, wenn auf Informationen Skalierungsverfahren angewendet werden können. Die Skalierungsverfahren zur Gewinnung der zu verarbeitenden Daten sind (vgl. Abb. 7): die Klassifizierung, deren Ergebnis Fakten, die Topologisierung, deren Ergebnis Bewertungen und die Metrisierung, deren Ergebnis Meßwerte sind.[35]

Bei der Anwendung der Skalierung als Methode zur Gewinnung von Daten handelt es sich um eine Abbildung, bei der durch die definierten Mengen der Objekte und ihrer Eigenschaften den Zuständen der Eigenschaften von empirisch bestimmten Gegenständen durch eine umkehrbare eindeutige Abbildung Konstanten zugeordnet werden. Diese Konstanten sollen den jeweiligen Zustand der Eigenschaft real widerspiegeln. Sie können z. B. Buchstaben bei Fakten, natürliche Zahlen bei Bewertungen und reelle Zahlen bei Meßwerten sein.

Offensichtlich unterstützt die Anwendung von Skalierungsverfahren den Prozeß, Gesetzmäßigkeiten in einem von einer Wissenschaftsdisziplin untersuchten Teilbereich der objektiven Realität zu ermitteln.[36] Schwierigkeiten bei dieser Anwendung beruhen darauf, daß die Abbildung der Sachverhalte, die mitunter sehr kompliziert sind, in einer Skala nicht genügend genau ist. Bei der Anwendung von Skalierungsverfahren kann man verschiedene Skalentypen nutzen. Man unterscheidet im wesentlichen vier Typen von Skalen: Nominal-, Ordinal- (topologische), Intervall- und Verhältnis(Proportional-)skalen (siehe Abb. 7 und 8).[37] Die Anwendung von Skalierungsverfahren ergibt drei Datenarten:

Skalierung	spezielle Skalierungs-verfahren	Skalentyp	Abbildung der Eigenschaft liegt vor als	mögliche Abbildung des Zustandes durch	Datenart
Nicht-metrisch	Klassifizierung	nominal	Charakteristikum	Vorhandensein (ja/nein)	Fakt
	Topologisierung	ordinal	Spezifikum	Spezifikations-klasse	Bewertung
metrisch	Metrisierung	Intervall bzw. proportional	Merkmal	Meßgröße	Meßwert

Abb. 7: Zusammenhang zwischen Verfahren zur Umwandlung von Deskriptionen in Daten

[35] K. Fuchs-Kittowski, H. Kaiser, R. Tschirschwitz, B. Wenzlaff: Informatik und Automatisierung I, a. a. O., S. 134f.

[36] K. Berka: Die Quantifizierung bei der Formulierung und Bearbeitung in der Forschung, in diesem Band, S. 169—187; W. Friedrich: Methoden der marxistisch-leninistischen Sozialforschung, Berlin 1970; W. Gutjahr: Die Messung psychischer Eigenschaften, Berlin 1971; F. Sixtl: Meßmethoden der Psychologie, Weinheim 1967.

[37] H. Metzler: Messen und Bewerten — erkenntnistheoretisch betrachtet, in: Deutsche Zeitschrift für Philosophie 23 (1975), S. 546—547; K. Berka: Die Quantifizierung bei der Problemformulierung und Problembearbeitung in der Forschung, a. a. O., S. 169—187.

Fakten, Bewertungen und Meßwerte. So werden bei diesen unterschiedlichen Datenarten die drei Elemente der Information extensional auf definierte Bereiche abgebildet, wobei intensionale Momente im Bezugssystem die unterschiedlichen Arten bedingen.

Fakten erhalten wir, wenn für sie ein Extensionalitätsbereich aller drei Variablen existiert, eine Klasseneinteilung der Eigenschaftsvariablen vorgenommen werden kann und feste Kriterien festgelegt werden können, die es ermöglichen, vorliegende Eigenschaften der definierten Objekte so abzubilden, daß sie einer bestimmten Klasse zugeordnet werden können. Das Ergebnis des Abbildungsprozesses der Eigenschaft eines Gegenstandes nennen wir Charakteristikum. Die konkrete Wertgrößenvariable ergibt sich aus dem Vorhandensein (über eine binäre Entscheidung) des abzubildenden Zustandes der Eigenschaft. Es können nur so viele Fakten existieren, wie Klasseneinteilungen mit den Charakteristika festgelegt werden.

Bewertungen erhalten wir, wenn für sie ein Extensionalitätsbereich aller drei Variablen existiert, wenn eine Klasseneinteilung existiert, die eine Differenzierung der Eigenschaft nach ihrem Inhalt darstellt und logisch vollständig ist; wenn eine Ordnung der Klassen existiert und wenn Entscheidungskriterien angegeben werden, in welche Klasse innerhalb der Ordnung der Zustand der jeweiligen Eigenschaft einzuordnen ist.

Die Abbildung der Eigenschaft liegt somit in einer Form vor, die wir Spezifikum nennen wollen. Die Belegung der Wertgrößenvariablen erfolgt über die Einordnung in die durch die Spezifika vorgegebene Ordnung. Die jeweilige Spezifikationsklasse ergibt die mögliche konkrete Unterscheidung des Zustandes der abgebildeten Eigenschaft.

Meßwerte erhalten wir, wenn für alle drei Variablen ein Extensionalitätsbereich existiert und die Eigenschaftsvariablen durch Meßverfahren und die Dimension festgelegt werden. Die Verfahren müssen eindeutig und jederzeit reproduzierbar sein. Das Ergebnis der Abbildung der Eigenschaft eines Gegenstandes bezeichnen wir als Merkmal. Die Wertgrößenvariable wird durch eine Meßgröße (Zahlenwert) belegt. Durch die Messung wird sie als rationale Zahl erfaßt, die mit einem Meßfehler behaftet ist. Für theoretische Betrachtungen ist sie als reelle Zahl zu behandeln. Die Differenzierung der Daten in nichtmetrische (Fakten bzw. Bewertungen) und metrische (Meßwerte) gibt die Möglichkeit, sie hinsichtlich ihrer Verarbeitung zu unterscheiden (vgl. Abb. 8).

Damit kommen wir u. E. zu folgenden zwei wichtigen Schlußfolgerungen für den Einsatz von EDVA:

1. Daten, die durch nichtmetrische Verfahren, d. h. durch klassifikatorische oder topologische Verfahren gewonnen werden, können nicht automatisch — ohne Zwischenschaltung des Menschen —, sondern nur manuell bzw. mechanisiert erfaßt, geprüft und nach dem Übertragen auf maschinenlesbare Datenträger in die EDVA eingegeben werden (offline). Dann jedoch können sie automatisch nach vorgegebenen Algorithmen transformiert und die Ergebnisdaten ausgegeben werden.

Spezielle Skalierungsverfahren	Skalentyp	empirische Unterscheidung der Eigenschaften der Gegenstände durch	mathematische Relationen	zulässige Transformationen	Beispiele für Statistiken	Grad der Ausprägung der Genauigkeit der abgebildeten Eigenschaft
Klassifizierung	nominal	Ungleichartigkeit, Gleichartigkeit $A \neq B$ $A \neq C$	ungleich, gleich $x_A \neq x_B$ $x_A = x_C$	Umbenennung, Permutation	Frequenzstatistik, Vierfelderkoeffizient	klein ↓
Topologisierung	ordinal	zusätzlich: Ordnung (Reihenfolge) $A < B < C$	größer, kleiner $x_A < x_B < x_C$	streng monoton wachsende Funktion	Medien, Rang-Ordnungs-Korrelation	
Metrisierung	Intervall	zusätzlich: Existenz einer empirischen bestimmbaren Distanz (Festlegung von Abständen)	Bestimmung von Einheiten (gleichen Intervallen) $x_A - x_B = x_C - x_A$ Möglichkeit der Festlegung eines relativen Nullpunktes	positive lineare Transformation	arithmetisches Mittel, Produkt-Moment-Korrelation	
	proportional	zusätzlich: Festlegung von Proportionen	Bestimmung von gleichen Proportionen $\frac{x_A}{x_B} = \frac{x_B}{x_C}$ Festlegung und Existenz eines absoluten Nullpunktes	Ähnlichkeitstransformation	geometrischer Mittelwert, Prozentvariation	groß

Abb. 8: Skalierungsverfahren mit zugehörigen empirischen Unterscheidungen und mathematischen Relationen

Die automatisierte Informationsverarbeitung konzentriert sich bei der Verarbeitung von Fakten und Bewertungen auf folgende Zielstellungen: Bereitstellung von Fakten und Bewertungen zu Eigenschaften von definierten Objekten; Gruppierung von Objekten nach gleichen Zuständen von betrachteten Eigenschaften; Ermittlung von Korrelationen zwischen den Zuständen verschiedener Eigenschaften; Prüfung der Gültigkeit und Zuverlässigkeit eines Verfahrens.

Die Interpretation der Ergebnisse kann nicht wie bei den Meßwerten, wenn das Bildungsgesetz bekannt ist, automatisch vorgenommen, sondern muß durch den Forscher durchgeführt werden, um logisch falsche Interpretationen auszuschließen. Die Auswertung ist also semantischer Natur, denn die formale Anwendung der mathematischen Verfahren auf Fakten und Bewertungen kann zu katastrophalen Fehlern führen. Als Scherz wird z. B. oftmals angeführt, daß der Korrelationskoeffizient zwischen der Anzahl der Geburten und der Zahl der nistenden Störche einen signifikanten Zusammenhang vorspiegeln kann.

Mittels der automatisierten Informationsverarbeitung kann also durch die Analyse der Fakten und Bewertungen eines Objektes keine umfassende Aussage über das Objekt abgeleitet werden. Ein Beispiel hierfür ist die Beurteilung des Gesamtverhaltens eines Schülers nur auf Grund seiner in Zensuren abgebildeten Leistungen. Diese Situation liegt auch dann vor, wenn Meßwerte und Bewertungen in die Auswertung für die Lösung eines Problems gemischt eingehen.

2. Die automatische Erfassung, Verarbeitung und Auswertung der Information ist nur möglich, wenn sie als Meßwert vorliegt (on-line).

Dies gilt z. B. für die automatische Messung bestimmter Bioströme zur automatisierten EKG-Auswertung, wenn die auf diese Meßwerte angewendeten Verfahren Algorithmen sind. Für die Gewinnung der Meßwerte gilt aber gerade, daß bereits die Meß- und Analysegeräte im allgemeinen einen Algorithmus für die Erfassung der Meßwerte festlegen, da sie nach einem eindeutigen, allgemeingültigen und beliebig oft wiederholbaren Abbildungsverfahren gewonnen werden. Dieses Abbildungsverfahren liegt auch dem Konstruktionsprinzip des Erfassungsgerätes zugrunde. Das automatische Erfassen der Meßwerte setzt voraus, daß das zu untersuchende Objekt mit entsprechenden meß- und regelungstechnischen Ausrüstungen versehen ist. Die Meßwerte liegen häufig als analoge Werte vor, so daß sie erst noch, bevor sie in der EDVA digital verarbeitet werden können — wenn nicht gerade ein Analogrechner oder Hybridrechner verwendet wird —, in digitale Werte durch einen Analog-Digital-Umsetzer umgewandelt werden müssen. Die Erfassung und Speicherung der Meßwerte kann durch festinstallierte Vorrichtungen am Meßgerät oder durch transportable Meßwerterfassungsanlagen oder durch Prozeßrechner bzw. Mikrorechner digital oder analog erfolgen. In den beiden ersten Fällen müssen die auf Lochband bzw. Magnetband zwischengespeicherten Meßwerte zur weiteren Auswertung der EDVA manuell zugeführt werden. Der Einsatz von Prozeßrechnern bzw. von Mikrorechnern erlaubt eine direkte Erfassung der Meßwerte an ihrem Entstehungsort, die sofortige Übertragung in den Rechner und die quasi gleichzeitige Verarbeitung der Meßwerte und die eventuelle Steuerung des Versuchsablaufes, um diesen in die vom Experimentator gewünschte Richtung zu lenken.

Eine entscheidende Voraussetzung für eine effektive Unterstützung der experimentellen Forschungsarbeit durch den Einsatz von EDVA ist die automatische Meßwerterfassung und -verarbeitung.[38] Der Einsatz von Prozeßrechnern bzw. von speziellen Mikrorechnern ergibt eine Reihe von Rationalisierungsmöglichkeiten für den Forschungsprozeß,[39] z. B. für die Steuerung von Prozessen, die durch manuelle Steuerung nicht mehr zuverlässig verlaufen.[40]

Hierzu schreibt K. Fiedler: „Als letzte Etappe dieser Entwicklung muß der Einsatz von Prozeßrechnern angesehen werden, der zu einer ständigen optimalen Prozeßgestaltung führt. Diese Entwicklung ist weitgehend von den Beiträgen der Mathematik zur Meßwerterfassung und -verdichtung, zur Mittelwertbildung, Momentberechnung und statistischen Kenngrößen abhängig. Das durch den Prozeßrechner erfaßte System ist oft von sehr komplizierter Struktur.“[41]

Solche Schlußfolgerungen mögen, nachdem sie in der hier dargestellten Form abgeleitet sind, einfach und plausibel erscheinen (vgl. Abb. 9). Sie werden auch von den Praktikern der EDV beachtet. Jedoch werden sie nicht in ausreichen-

	Datenerfassung	Datenverarbeitung	Auswertung
metrische Daten (Meßwerte)	automatisch (manuell, mechanisiert)	automatisch (Echtzeitverarbeitung möglich)	syntaktisch, direkte Prozeßeinwirkung möglich
nichtmetrische Daten (Fakten, Bewertungen)	manuell, mechanisiert	automatisch	syntaktisch-semantisch gemischt, keine direkte Prozeßeinwirkung möglich

Abb. 9: Zusammenhang zwischen Datenarten und Datenverarbeitung

[38] K. Fuchs-Kittowski, R. Tschirschwitz, B. Wenzlaff: Zum Gegenstand der Automatisierung körperlicher und geistiger menschlicher Tätigkeiten, in: messen — steuern — regeln, 8/1974; K. Fuchs-Kittowski, H. Kaiser, R. Tschirschwitz, B. Wenzlaff: Informatik und Automatisierung I, Berlin 1976; A. N. Čerkasin: Biologisches Forschungszentrum an der Akademie der Wissenschaften der UdSSR in Puščinev, in Übersetzungen und Referaten zu Wissenschaftspolitik, Wissenschaftsorganisation und Wissenschaftsentwicklung, Akademie der Wissenschaften der DDR, Wissenschaftliches Informationszentrum, 2/1975, S. 32ff.; C. Penescu, C. M. Catenuau: Der technische Fortschritt und sein Einfluß auf Biologie und Medizin, in: Wissenschaftliche Welt, 2/1974.

[39] H. W. Meier: Informationsverarbeitung als Forschungsaufgabe und Dienstleistung, in: Spektrum, 4/1975; J. M. Baziewicz, J. Potrz: Laborautomatisierung im Hochschulwesen, in: Rechentechnik/Datenverarbeitung, 7/1974.

[40] E. Adams, S. Collatz, D. Falkenberg, G. Flach, K. Fuchs, R. Kästner, P. Liewers, R. Rockstroh, K. Wetzel: Aufgaben des Physikers bei der Beherrschung von Kernreaktoren für Energieerzeugungszwecke, in: Kernenergie, 10/1970, S. 310.

[41] K. Fiedler: Beiträge für den wissenschaftlichen Verlauf in der Chemie, in: Spektrum, 4/1975.

dem Maße in den theoretischen Konzeptionen und EDV-Anwendungskonzeptionen für den Aufbau gesellschaftlicher Informationssysteme berücksichtigt. In den gesellschaftlichen Informationssystemen ist aber gerade die Mischung von semantischer und syntaktischer Informationsverarbeitung zu beachten, was natürlich auch für den Forschungsprozeß gilt. Hieraus folgt, daß die Informationsverarbeitungsprozesse in der Forschung in unterschiedlichem Maße durch den Einsatz der EDV rationalisiert werden können. Informationsverarbeitungsprozesse syntaktischen Charakters können durch den Einsatz der EDV unterstützt werden, aber überall dort, wo nichtmetrische Daten erfaßt, verarbeitet und ausgewertet werden sollen, ist nur eine automatisierte Unterstützung und keine Vollautomatisierung möglich, d. h., der Mensch bleibt in entscheidendem Maße an diesen Prozessen beteiligt.[42] Dort, wo nur metrische Daten auftreten, ist eine vollautomatische Erfassung, Verarbeitung und Auswertung der Meßwerte prinzipiell möglich, was insbesondere zur Steuerung und Regelung von experimentellen Forschungsprozessen genutzt wird. Informationsverarbeitungsprozesse, die im wesentlichen semantischen Charakter besitzen, können durch Informationsrecherchesysteme rationalisiert werden, d. h., die Informationsträger können automatisiert bereitgestellt werden.

Das bedeutet, daß der Mensch aus dem unmittelbaren Arbeitsprozeß heraustritt und sich unmittelbarer und direkter in die Komplexität des gesamtgesellschaftlichen Reproduktionsprozesses einordnet. Aber auch auf dieser Stufe, da der Mensch weitestgehend durch den Automaten ersetzt wird, erfolgt die Zwecksetzung und Wertfestlegung des Forschungsprozesses weiterhin durch den Menschen. Gerade durch die dargestellte Tatsache, daß sich semantische Informationsverarbeitung nicht auf die syntaktische reduzieren läßt, wird deutlich, daß sich der Mensch durch die Physik und den technischen Automaten weder vollständig erklären noch vollständig ersetzen läßt.

5. Anwendung der Differenzierung von Informationen beim Einsatz der automatisierten Informationsverarbeitung in der experimentellen Forschung

Da die menschliche Leistung — wie herausgearbeitet wurde — durch den technischen Automaten nicht vollständig ersetzt werden kann, ist es notwendig, speziell auch für den Forschungsprozeß zu prüfen, wie die Vorzüge und Leistungsfähigkeit spezifisch menschlicher (semantischer) Informationsverarbeitung mit der Leistungsfähigkeit strukturverarbeitender Automaten verbunden werden können. Aus diesem Grund wird von uns das methodische Vorgehen bei der Lösung von Forschungsproblemen unter informationellem Aspekt untersucht, um in den ein-

[42] K. Fuchs-Kittowski: Probleme des Determinismus und der Kybernetik in der molekularen Biologie, Jena 1976.

zelnen Phasen des methodischen Vorgehens Einsatzmöglichkeiten der EDVA als Voraussetzung eines projektierten Zusammenwirkens menschlicher und maschineller Informationsverarbeitungsprozesse zu bestimmen.

Die von uns betrachteten methodischen Vorgehensweisen in der Forschung sind, erstens, die Überprüfung von Hypothesen über gesetzmäßige Zusammenhänge mittels Experiment; zweitens, die Anwendung der Simulation als Spezialfall der Modellierungsmethode, wobei durch Variation der in das Modell eingearbeiteten Größen (Eingangs-, Ausgangs- und innere Größen) und Parameter das Verhalten des simulierten Objekts erklärt und vorausgesagt wird, um auf Grund der Ergebnisse möglichst optimale Entscheidungen treffen zu können, sowie, drittens, die Bildung von Hypothesen zur Erklärung verschiedenartiger Daten, zwischen denen ein oder mehrere gesetzmäßige Zusammenhänge vermutet werden.

5.1. Hypothesenüberprüfung mittels Experiment

Ist der Wahrheitswert der Aussage bzw. der Folgerungen aus einer Hypothese nicht durch reine Beobachtung oder Simulation bestimmbar, so besteht die Notwendigkeit, Experimente durchzuführen. Im Experiment — als einer Anfrage an die Natur oder die Gesellschaft — werden vom Experimentator bewußte systematische Einwirkungen auf Prozesse der objektiven Realität unter bestimmten Bedingungen organisiert, so daß Veränderungen des untersuchten Objekts beobachtet und gedanklich herausgearbeitet werden können. Das Experiment ist folglich gekennzeichnet durch: vom Experimentator bewußt gesetzte oder ausgewählte natürliche bzw. gesellschaftliche Bedingungen (Setzung der Bedingungen); vom Experimentator durchgeführte Variierung der Bedingungen (Bedingungsveränderung); die Kontrolle der Veränderungen durch den Experimentator (Bedingungskontrolle) und die Beobachtung einiger Ereignisse (Beobachtung) durch den Experimentator.[43] Es ist notwendig, zwischen Experiment und experimenteller Methode zu unterscheiden, da die experimentelle Methode umfassender ist und das Experiment einschließt.[44] Für unsere Untersuchung macht es sich erforderlich, die einzelnen Phasen der experimentellen Methode unter dem Aspekt der Einsatzmöglichkeit der EDVA etwas stärker zu untergliedern.

Die experimentelle Methode umfaßt:

1. *Vorbereitung des Experiments.* Zu dieser Phase gehören folgende Arbeitsetappen: Ableitung von Folgerungen aus der Hypothese, Gewinnung der experimentellen Fragestellung und Planung des Experiments im weiteren (Netzpläne, Auswahl und Anordnung der Versuchsanlage) und im engeren Sinne (räumliche und zeitliche Anordnung, Art der geplanten Versuchsauswertung).

[43] H. Parthey: Die empirische Basis naturwissenschaftlicher Erkenntnis, in: Wege des Erkennens, Hrsg.: H. Laitko, R. Bellmann, Berlin 1969, S. 84.

[44] H. Parthey, D. Wahl: Die experimentelle Methode in Natur- und Gesellschaftswissenschaften, Berlin 1966.

2. *Durchführung des Experiments.*

3. *Interpretation der experimentell gewonnenen* und durch Anwendung mathematisch-statistischer Analyseverfahren u. a. bereits von der EDVA ausgewerteten *Ergebnisse.*

Die Durchführung der Experimente ist das charakteristische Merkmal der experimentellen Methode; sie ist zwar ein wichtiger Schritt, aber nicht der einzige. Die Effektivität der experimentellen Methode wird durch die Einheit aller drei Schritte gesichert, wenn diese auch im einzelnen durch verschiedene Forscherkollektive ausgeführt werden können. Mit der hier vorgenommenen Differenzierung der experimentellen Methode besteht die Möglichkeit, anzugeben, in welchen Phasen eine Rationalisierung der experimentellen Forschungsprozesse durch Einsatz der EDVA sinnvoll erscheint (vgl. Abb. 10).

Zu 1: Die Ableitung der Folgerungen aus der Hypothese und die Gewinnung der experimentellen Fragestellungen ist ein schöpferischer Prozeß, da in dieser Etappe durch den Forscher das Problem zwecks besserer Überschaubarkeit in Teilprobleme zerlegt wird, Folgerungen gezogen und die mittels Experiment zu überprüfenden Folgerungen ausgewählt und zusammengestellt werden. Der Sachverhalt, der aus den Folgerungen resultiert, muß in Form von Bedingungsaussagen formuliert werden. Um diese Bedingungsaussagen in die experimentelle Fragestellung zu überführen, ist ein Bereich der objektiven Realität anzugeben, in dem alle störenden Nebeneinflüsse für den Sachverhalt dieser Bedingungsaussagen ausgeschaltet, vermindert oder kontrolliert werden können. Es sind weiterhin die für die Untersuchung einer Erscheinung notwendigen Merkmale festzulegen, und es sind Entscheidungen darüber zu treffen, welche Störeinflüsse unberücksichtigt bleiben und welche Merkmale noch nicht untersucht werden können, da entsprechende Methoden und technische Voraussetzungen (Geräte) nicht vorhanden oder nicht entwickelt sind. Alle diese Entscheidungen können nur getroffen werden, wenn die bisherigen Erkenntnisse der experimentellen und theoretischen Forschung berücksichtigt werden. Bedingt durch den hohen Anteil an semantischer Informationsverarbeitung kann dieser Prozeß bis zur Ableitung der experimentellen Fragestellung durch die Information und Dokumentation, z. B. durch eine Literaturrecherche, unterstützt werden. Die Aufgabenstellung als Resultat diese Etappe wird in der Fachsprache der betreffenden Wissenschaftsdisziplin niedergelegt und enthält auch Deskriptionen. In größerem Umfang werden jedoch Daten bei der Festlegung von Parametergrenzen, Meßgrößen und deren Toleranzen usw. auftreten. Bei der Planung des Experiments unterscheiden wir die Planung im weiteren Sinne, die sich auf den Einsatz der finanziellen, personellen und materiellen Mittel, die Auswahl und Anordnung der Versuchsapparatur, die Koordinierung der einzelnen Arbeitsschritte erxtreckt, und die Planung im engeren Sinne, worunter der Aufbau einer Versuchsanlage, d. h. die Festlegung des Versuchsumfangs, die räumliche und zeitliche Anordnung der Versuchsreihen und die Festlegung der Stufen der Bedingungsvarianten zu verstehen ist. Bei der Versuchsplanung i. e. S. ist die Art der Auswertung zu berück-

Arbeitsphasen	automatisierte Informationsverarbeitung	
	Datenverarbeitung	Information und Dokumentation
1. Aufstellen der Hypothese		Literaturrecherche
2. Anwendung der experimentellen Methode		
2.1. Vorbereitung des Experiments		
— Ableitung der Folgerungen		Literaturrecherche
— Gewinnung der experimentellen Fragestellung (Bewertung der Folgerungsmenge)		dto.
— Planung des Experiments		
— im weiteren Sinne (Netzpläne, Auswahl und Anordnung der Versuchsanlage)	Koordinierung mittels Netzplänen	Literaturrecherche über ähnliche Experimente und nutzbare Labortechnik
— im engeren Sinne (räumliche und zeitliche Anordnung, Art der geplanten Auswertung)	Aufbau einer Versuchsanlage mittels statistischer Methoden (Versuchsplanung)	Recherchen über Algorithmen
2.2. Durchführung des Experiments	Datenerfassung, statistische Methoden zur Vorverdichtung der Daten, Steuerung physikalischer Geräte	Information und Dokumentation der Methoden und Programme für die automatisierte Informationsverarbeitung
2.3. Interpretation der Ergebnisse, Datenauswertung	Anwendung mathematischer und statistischer Analyseprogramme	dto.
	Faktenrecherche	Literaturrecherche

Abb. 10: Einsatzmöglichkeiten der automatisierten Informationsverarbeitung im experimentellen Forschungsprozeß

sichtigen, weil die Festlegung der zu prüfenden Faktoren und die Wahl der Versuchsanlage die Voraussetzung für das mathematische Modell bilden. Grundlagen für die Anwendung dieser Methoden sind experimentell und theoretisch gewonnene Daten und statistische Verfahren.[45] Für beide Gebiete der Versuchsplanung ist der Einsatz der Datenverarbeitung geeignet, weil in beiden semantisch-syntaktisch gemischte Informationsverarbeitungsprozesse auftreten, wobei

[45] V. V. Nalimov: Theorie des Experiments, Berlin 1974.

es sich als lohnenswert und notwendig erwiesen hat, die syntaktischen Informationsverarbeitungsprozesse durch die EDVA abarbeiten zu lassen. Der Erfolg der Anwendung der automatisierten Informationsverarbeitung in der Versuchsplanung i. e. S. wird u. a. von W. Schirmer und L. Zülicke folgendermaßen dargestellt: „In einem bestimmten Fall der Planung von Forschungsarbeiten am Zentralinstitut für physikalische Chemie der AdW wurden durch Anwendung solcher Methoden (der Versuchsplanung i. e. S. — d. V.) statt 625 Versuche nur 30 Versuche benötigt; damit konnte eine wesentliche Verkürzung des Forschungszyklus' erreicht werden."[46] Der Einsatz der EDVA ist hier vor allem deshalb möglich, weil auf die Daten Algorithmen anwendbar sind. Diese Algorithmen wurden in einer Verfahrensbibliothek „Versuchsplanung und -auswertung" zusammengefaßt.[47]

Zu der Problematik der Verwendung von Versuchsplänen i. e. S. sei hier nur noch auf folgende weiterführende Literatur hingewiesen.[48]

Zu 2: Bei der Durchführung der Experimente können erhebliche Teile der Arbeiten durch die automatisierte Informationsverarbeitung unterstützt werden, wenn die Daten als Meßwerte vorliegen. Die Meßwerterfassung, Meßwertverdichtung und Meßwertverarbeitung kann durch die EDVA übernommen werden, wobei eine direkte (on-line) Kopplung der EDVA mit den Meßgeräten möglich ist. Zu diesem Zweck besitzen die hierfür eingesetzten Prozeßrechner einen speziellen Ein- und Ausgabeteil, der die Verbindung zwischen dem Prozeßrechner und der Meßtechnik, die an das zu untersuchende System angeschlossen ist, herstellt. Da diese Automaten über ein Echtzeitverarbeitungssystem verfügen, können sie das Experiment überwachen und die physikalischen Geräte steuern.

Der Einsatz der Prozeßrechentechnik im Experiment ist eine zwangsläufige Folge des Einsatzes immer komplizierterer und kostenaufwendigerer Vorrichtungen und Instrumente, wie z. B. Pilotanlagen, Windkanäle, Synchronphasotrone, Kernreaktoren, Raumkapseln usw. Als besonders erfolgreich hat sich der Einsatz der Prozeßrechentechnik in den Fällen erwiesen, in denen schnellebige Prozeßdaten, z. B. Meßwerte eines Massenspektrometers, zu erfassen und auszuwerten sind, und in denen die zugrunde liegende Meßwerterfassung einige stabile Standardbedingungen zeigt, wie feststehende Apparaturen, zeitliche Regelmäßigkeit der Messungen, Massencharakter der Meßwerte, selten wechselnde Algorithmen für die Meßwerterfassung und Meßwertvorverarbeitung.[49]

[46] W. Schirmer, L. Zülicke: Konzeptionen und Erfahrungen bei der theoretischen Fundierung der naturwissenschaftlichen Forschung, insbesondere der Chemie, in: Leitung und Forschung — Probleme und Ergebnisse, Studien und Forschungsberichte der Akademie der Wissenschaften der DDR, Institut für Wissenschaftstheorie und -organisation, Berlin 1973.

[47] K. Busch: Methodologische Untersuchungen zum Aufbau der Verfahrensbibliothek, Versuchsplanung und -auswertung, Dissertation, Rostock 1973.

[48] Lindner: Planen und Auswerten von Versuchen, Basel 1969; Autorenkollektiv: Biometrische Versuchsplanung, Berlin 1972.

[49] K. Zeidler: Kleinrechnereinsatz in der Labor-Gaschromatographie, in: Rechentechnik/Datenverarbeitung, 3. Beiheft 1975, S. 58.

In der Tat wird bei der Entwicklung von Geräten der Automatisierungstechnik für Laboratorien gerade davon ausgegangen, daß jede Laborarbeit und jeder Forschungsprozeß in elementare Standardoperationen zerlegt werden kann, die sich in einer bestimmten Reihenfolge ausführen lassen. A. N. Čerkasin kommt zu der Schlußfolgerung: „Sind daher genügend solche automatischen Einrichtungen, die entsprechende Standardoperationen ausführen können, vorhanden und lassen sich diese in einer bestimmten Reihenfolge steuern, kann ein beträchtlicher Teil der Forschungsarbeiten automatisiert werden."[50] Eine automatische Meßwerterfassung und Meßwertverarbeitung ist auf jeden Fall dann sinnvoll, wenn eine große Anzahl von Meßwerten innerhalb kurzer Zeit anfällt; ebenso jedoch, wenn eine hohe Meßgenauigkeit erreicht werden soll, wenn die Weiterverarbeitung der Daten mit Hilfe von Automaten erfolgt[51] oder wenn eine Überwachung des Experiments durch einen Automaten oder eventuell eine automatische Steuerung der physikalischen Geräte notwendig ist.

Die reine Abarbeitung der Versuchsanlage, wie sie durch die Versuchsplanung i. e. S. erstellt wurde, läuft nach einem vorgegebenen Algorithmus und ist somit automatisierbar.

Bei einer sequentiellen Durchführung des Experimentes werden die in einem Versuch erhaltenen Resultate stets in dem nächsten Versuch genutzt, so daß ein Wechsel zwischen syntaktischen (die reine Abarbeitung) und semantischen Informationsverarbeitungsprozessen stattfindet (Treffen von Entscheidungen, Auswertung des Ergebnisses usw.).

Der Einsatz der Prozeßrechentechnik als Teil der Datenverarbeitung und der der Information und Dokumentation ist folglich im Experiment sinnvoll.

Zu 3: Bei der Interpretation der experimentell gewonnenen Daten treten sowohl semantische als auch syntaktische Informationsverarbeitungsprozesse auf. Voraussetzung für die Interpretation ist sehr häufig die Anwendung mathematisch-statistischer Verfahren (z. B. Varianzanalyse, Regressionsanalyse usw.). Die Bedeutung von Zirkel, Meßlineal und Rechenschieber versagt im allgemeinen und würde auch enorm viel Zeit kosten. Aus diesen Gründen wird dieser formalisierbare Anteil der Interpretationsarbeit, die Auswertung, dem Automaten überlassen.

Wie notwendig es geworden ist, zur Unterstützung der Auswertung die automatisierte Informationsverarbeitung einzusetzen, soll das folgende Zitat verdeutlichen: „In der analytischen Chemie bedient man sich heute in zunehmendem Maße physikalischer Methoden. Die modernen Geräte liefern in sehr kurzer Zeit eine große Anzahl von Meßwerten. Die Meßwerte fallen dabei im Normalfall als Registrierstreifen an und müßten mit Hilfe eines Lineals oder Koordinatensystems manuell ausgemessen werden. Diese rein technischen Arbeiten, die man

[50] A. N. Čerkasin: Biologisches Forschungszentrum an der Akademie der Wissenschaften der UdSSR in Puščinev, a. a. O., S. 39.

[51] S. Tesch: Hochenergetische Kernphysik, Teil II, in: Wissenschaft und Fortschritt, 6/1975.

unter dem Begriff ‚Auswerten' zusammenfassen kann, beanspruchen ein Vielfaches der Meßzeit. Verhältnisse von Meßzeit/Auswertezeit bis 1:80 sind da keine Seltenheit."[52]

Die Auswertung der Daten beansprucht bei bestimmten Experimenten, z. B. bei Blasenkammerversuchen, wesentlich mehr Zeit als die Vorbereitung und Durchführung von Experimenten. Es wird eingeschätzt, daß diese Diskrepanz sich verschärft, obwohl die EDVA bereits bei der Konzipierung der Experimente berücksichtigt wird.[53] Die Auswertung mit Hilfe der automatisierten Informationsverarbeitung bringt eine Reihe von Vorteilen, z. B. die Beschleunigung der Auswertegeschwindigkeit, die Reduzierung der Anzahl von Rechenfehlern, den Wegfall zeitraubender schematischer Arbeiten — der Forscher erhält mehr Zeit für schöpferische Arbeiten —, die Speicherung der experimentellen Ergebnisse für weitere Auswertungen und eine umfassendere Auswertung.

Die eigentliche Interpretation der experimentell gewonnenen Daten und der bei der Auswertung erzielten Ergebnisse ist ein schöpferischer Prozeß, der durch den Wissenschaftler bewältigt werden muß und durch die Information und Dokumentation in Form von Informations- und Faktenrecherchesystemen unterstützt werden kann. Bei der Interpretation der Daten und Ergebnisse erfolgt die Rückkopplung zur Hypothese, indem die festgestellten mit den hypothetischen Aussagen verglichen werden. Das führt zur Bestätigung bzw. Modifikation oder Ablehnung der Hypothese. Diese Arbeit ist semantischer Natur, da die in einer Wissenschaftssprache formulierten Folgerungen aus der Hypothese mit den Daten und Ergebnissen der Auswertung des Experimentes verglichen werden müssen.

Bei der Untersuchung der Phasen des experimentellen Forschungsprozesses hinsichtlich des Einsatzes der automatisierten Informationsverarbeitung zeigte es sich, daß die semantische Informationsverarbeitung in den Phasen „Aufstellen der Hypothesen", „Ableiten der Folgerungen" und „Deutung der Ergebnisse" bestimmend ist.

Bei der Anwendung der experimentellen Methode treten an den verschiedensten Stellen semantisch-syntaktisch gemischte Informationsverarbeitungsprozesse in unterschiedlichem Verhältnis auf. Es kommen bei der Gewinnung der experimentellen Fragestellung semantische Informationsverarbeitungsprozesse vor. Bei der Planung der Experimente sind sowohl semantische als auch syntaktische Informationsverarbeitungsprozesse vorhanden, bei der Durchführung und Auswertung der Experimente herrschen syntaktische Informationsverarbeitungsprozesse vor, wohingegen bei der Interpretation der Ergebnisse semantische Informationsverarbeitungsprozesse entscheidend sind. Aus dem unterschiedlichen Grad des Auftretens semantischer und syntaktischer Informationsverarbeitungsprozesse ergeben sich die Möglichkeiten und Grenzen des Einsatzes

[52] W. Engel, H. Barsch, H. Titze: Der Einsatz von Elektronenrechnern in der Analysenmeßtechnik, in: Wissenschaft und Fortschritt, 8/9/1973.
[53] Spuren des Mikrokosmos, in: Wissenschaft und Fortschritt, 9/1974, S. 394ff.

der automatisierten Informationsverarbeitung. Semantische Informationsverarbeitungsprozesse können hauptsächlich durch die Methoden der Information und Dokumentation, nämlich durch Bereitstellung der Deskriptionsträger unterstützt werden, während dies bei syntaktischen Informationsverarbeitungsprozessen durch entsprechende automatisierte Informationsverarbeitungssysteme geschieht. Eine mögliche Integration in den experimentellen Forschungsprozeß ist in der Abb. 11 dargestellt.

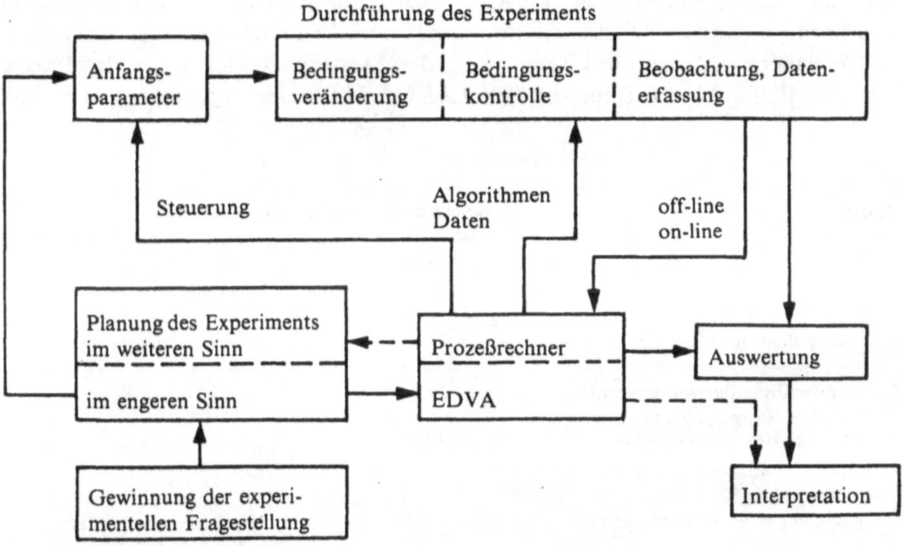

Abb. 11: Mögliche Integration der automatisierten Informationsverarbeitung in den experimentellen Forschungsprozessen

5.2. Hypothesenüberprüfung durch Simulation

Grundlage für die Anwendung von Simulationsverfahren ist die Kenntnis einiger Merkmale, die durch Beobachtung oder Experiment gewonnen wurden, die Vermutung über andere Merkmale und die Annahme eines Zusammenhangs zwischen diesen Merkmalen.

An dieser Stelle kann auf die gesamte Problematik „Simulation" nicht ausführlich eingegangen werden. Das erfolgt nur, insoweit es für unsere Zwecke notwendig erscheint. Aus diesem Grunde ist es ausreichend, sich dahingehend zu verständigen, daß wir unter Simulation die Nachbildung spezieller Prozeßabläufe und Eigenschaften der Versuchsstrecke durch andere materielle Objekte, speziell durch Rechnerprogramme, verstehen, wobei auf der Grundlage bestimmter Analogien adäquate Eigenschaften und Prozeßabläufe realisiert werden. Diese Methode findet besonders in technischen, medizinischen, ökonomischen und biologischen Wissenschaften Anwendung. Das zu studierende Objekt muß, bevor es simuliert werden kann, in ein mathematisches Modell transformiert werden, das die wesentlichen Zusammenhänge enthält und von unwesentlichen abstrahiert. Da zwischen den speziellen Prozeßabläufen und Eigenschaften des Prozesses und den Modellen Homomorphie- bzw. Isomorphiebeziehungen bestehen, können die Ergebnisse der Simulation auf die untersuchten Prozesse „zurückprojiziert" werden. Die Simulation hilft bei der Erarbeitung von Modellvorstellungen und bringt diese sukzessive in immer bessere Übereinstimmung mit der objektiven Realität, dabei wird die Annäherung durch die Überprüfung der Modellvorstellungen in der Praxis erreicht. Bis ein Modell eines realen Objektes oder eines Prozesses auf einem

Arbeitsphasen	automatisierte Informationsverarbeitung	
	Datenverarbeitung	Information und Dokumentation
1. Aufstellen der Hypothesen		Literaturrecherche
2. Anwendung der Modellierung		
2.1. Vorbereitung der Simulation		
— Ableitung der Folgerungen und Formulierung der Aufgabenstellung		Literaturrecherche dto.
— Bildung des abstrakten Systems		Literaturrecherche über ähnliche Systeme
— Aufstellen des mathematisch-logischen Modells	Unterstützung durch Sprachen und Grobrechnungen	
— Entwicklung des Rechenschemas	Unterstützung durch Sprache, Compiler, Testhilfen usw.	Recherche über Algorithmen und Rechenprogramme
2.2. Durchführung der Simulation	Abarbeitung des Rechenschemas	Information und Dokumentation der Methoden und Programme
2.3. Interpretation der Ergebnisse		
— Datenauswertung	mathematische und statistische Analyseverfahren	Faktenrecherche
— Interpretation		Literaturrecherche Faktenrecherche

Abb. 12: Einsatzmöglichkeiten der automatisierten Informationsverarbeitung bei der Simulation

Automaten durchgerechnet werden kann, sind eine Reihe von Arbeiten zu erledigen. Dazu gehören (vgl. Abb. 12):

1. *Vorbereitung der Simulation.* Zu dieser Phase gehören solche wesentlichen Etappen wie Ableitung der Folgerungen, Formulierung der Aufgabenstellung, Bildung des abstrakten Systems, Aufstellen des mathematisch-logischen Modells und Darstellung auf Automaten.
2. *Durchführung der Simulation.*
3. *Interpretation der Ergebnisse.*

Zu 1: Die Ableitung der Folgerungen und die Formulierung der Aufgabenstellung sind schöpferische Prozesse, da das zu simulierende System vom Forscher in Untersysteme zerlegt wird und die zwischen diesen herrschenden Beziehungen zu beschreiben sind. Gleiches trifft auf die Bildung des abstrakten Systems zu, in dem nur die für die Lösung der Aufgabe entscheidenden Zusammenhänge berücksichtigt werden. Das zu simulierende System wird mittels Blockschaltbilder dargestellt. Für diese drei Etappen trifft gleichermaßen zu, daß eine große Anzahl von Deskriptionen und eine relativ kleine Anzahl von Daten auftritt. Da keine Algorithmen zur Verarbeitung der auftretenden Daten angegeben werden können, werden diese Etappen durch semantische Informationsverarbeitungsprozesse bestimmt. Eine Unterstützung dieser Arbeitsetappen ist von seiten der Information und Dokumentation durch Bereitstellung von Deskriptionsträgern möglich.

In der Etappe des Aufstellens des mathematisch-logischen Modells treten sowohl syntaktische als auch semantische Informationsverarbeitungsprozesse auf, so daß sowohl die Datenverarbeitung als auch die Information und Dokumentation zur Rationalisierung dieses Arbeitsprozesses beitragen können. Die Entwicklung des Rechenschemas als Darstellung des mathematisch-logischen Modells auf dem Automaten ist dadurch gekennzeichnet, daß sowohl semantische als auch syntaktische Informationsverarbeitungsprozesse auftreten. Zur Unterstützung der Entwicklung des Rechenschemas wurden spezielle Übersetzungsprogramme für die problemorientierte Sprache, in der die Algorithmen formuliert sind, geschaffen. Der Einsatz der EDVA hat sich in dieser Etappe bewährt und macht die mathematische Modellierung in vielen Fällen erst möglich.

Zu 2: Bei der Durchführung der Simulation wird das Modell mit den Daten, die man aus Experimenten gewonnen und die man vermutet hat, durchgerechnet. Da in dieser Phase sowohl Algorithmen als auch Daten verwendet werden, ist der Einsatz der EDV möglich. Eine wesentliche Unterstützung liefert hierbei die Mensch-Maschine-Kommunikation, z. B. kann nach der Ergebnisausgabe sofort durch den Menschen auf Parameterwerte Einfluß genommen werden. Es wird ein Experimentieren mit dem Modell ermöglicht.

Zu 3: Bei der Interpretation der Ergebnisse kommen sowohl semantische als auch syntaktische Informationsprozesse vor. Voraussetzung für die Interpretation der durch die Simulation gewonnenen Daten ist häufig — wie bei der experimentellen Methode — die Anwendung mathematisch-statistischer Verfahren. Dieser formalisierbare Anteil der Interpretationsarbeiten, die Auswertung, kann gleichfalls dem Automaten übertragen werden. Beim Vergleich der aufbereiteten Ergebnisse mit denen des Experiments zur Feststellung der Güte der Lösung und bei Überprüfung des Modells treten im wesentlichen semantische Informationsverarbeitungsprozesse auf. Diese Etappen können durch die Information und Dokumentation durch die Bereitstellung von Informations- und Faktenrecherchesystemen unterstützt werden. In der Phase der Simulation wird also das mathematisch-logische Modell und das darauf aufbauende Rechenmodell aus seiner statischen Form durch den Menschen oder den strukturverarbeitenden Automaten (EDVA) in eine dynamische überführt.

Da der strukturverarbeitende Automat nur Daten und Algorithmen verarbeiten kann, muß das Modell als sprachliches Schema einer formalisierten Sprache in Form von Algorithmen aufgestellt sein und müssen die Informationen als Daten vorliegen.

5.3. Bildung von Hypothesen

Bei der Bildung von Hypothesen wird eine Menge erklärter bzw. nur teilweise erklärter Daten auf einen oder mehrere gesetzmäßige Zusammenhänge zwischen den Merkmalen untersucht. Die vorhandenen Meßwerte sind nur phänomenologisch ableitbar und werden unter festgelegten bzw. unterschiedlichen Bedingungen, z. B. unter Verwendung automatisierter Meßverfahren, gewonnen. Das Ziel besteht darin, eine gesetzmäßige Beziehung zwischen diesen Merkmalen zu finden. Aus diesem Grunde werden die Daten nach jeweils anderen Regeln verknüpft. Anwendung finden hier Korrelationen zwischen den Daten und/oder hypothetisches Konstruieren von Zusammenhängen durch Analogieübertragung. Dabei ist der Einsatz der automatisierten Informationsverarbeitung vor allem deshalb von Nutzen, weil die schnelle Aktivierung der gespeicherten Daten möglich ist. Die Aufgabe, neue Zusammenhänge zu erforschen, erfordert auch die Bereitstellung der Daten nach speziellen Aspekten. Dieses ist bei umfangreichen Datenmengen manuell nicht durchführbar. Beim Einsatz der automatisierten Informationsverarbeitung besteht die Möglichkeit, dem Forscher alle bisher gewonnenen und gespeicherten Daten zur Verfügung zu stellen, so daß die Anzahl der Versuche zur Gewinnung weiterer Daten eingeschränkt werden kann.[54]

5.4. Zusammenhang zwischen Experiment und Modellierung

In der Abbildung 13 sind entsprechend der in Abschnitt 5.1. und 5.2. vorgenommenen Unterteilung der wissenschaftlichen Arbeit beim Experiment und bei

[54] K. Lemgo, R. Tschirschwitz: Variable Mehrfachstrukturierung großer Datenmengen — ein Erfordernis der EDV-Anwendung im Problembearbeitungs- und -lösungsprozeß, in: Wissenschaftliche Zeitschrift der Humboldt-Universität zu Berlin, Sonderheft 1976 Math.-Nat. R. XXV (1976) 2, S. 267—276.

der Modellierung die einzelnen Phasen und Etappen gegenübergestellt.[55] Es zeigt sich, daß bei sich entsprechenden Phasen und Etappen jeweils gleiche Bedingungen für den Einsatz der automatisierten Informationsverarbeitung vorliegen (vgl. auch Abb. 10 und 12). Beide Methoden beeinflussen einander. Einerseits können Ergebnisse der Modellierung neue Experimente stimulieren — z. B. ist eine sich selbst erhaltende Schicht, die unter bestimmten Bedingungen in einem Plasmafaden auftritt, durch Modellierung vorausgesagt und 6 Jahre später experimentell nachgewiesen worden —[56] und andererseits können Ergebnisse oder Experimente neue Modellierungsarbeiten bzw. neue Simulationsrechnungen begründen.[57] Aus der Abb. 13 ist ersichtlich, daß im Experiment Parameterwerte gemessen und bei der Simulation theoretische Relationen aufgestellt werden. Beide Ergebnisformen werden miteinander verglichen, um eine bessere Interpretation des Modells hinsichtlich der Übereinstimmung mit dem Experiment bzw. der objektiven Realität zu ermöglichen. Der Grad der Übereinstimmung zeigt an, ob es notwendig ist, neue Analogien zwischen Experiment und mathematisch-logischem Modell zu suchen. Hat sich das Modell als hinreichend wahr erwiesen, d. h., besteht eine hinreichende Übereinstimmung mit der objektiven Realität, dann kann es zur Steuerung von Prozessen und zur Vorhersage des Verhaltens des Objekts eingesetzt werden. Die Nachnutzung dieses Modells im Sinne der häufigen Anwendung der Theorie kann dann so lange erfolgen, wie diese Theorie gilt. Für die Unterstützung der Modellmethoden wurden umfangreiche Programmpakete für den Automaten entwickelt (mathematische Statistik, numerische Mathematik, Simulationsprogrammpaket), die von den Forschern mit der Zeit als normale Arbeitsmittel akzeptiert und genutzt wurden. Die automatisierte Informationsverarbeitung wird folglich bei der Lösung eines Problems mit eingeplant und einbezogen.

A. N. Čerkasin schreibt: „Hauptaufgabe der Abteilung für angewandte Mathematik und Elektronik ist die Ausarbeitung mathematischer Modelle von biologischen Systemen sowie die Entwicklung maschineller Methoden und technischer Mittel, mit denen nachgeprüft werden kann, ob Modell und Experiment übereinstimmen, und die sich zur gezielten Untersuchung der Eigenschaften biologischer Strukturen verwenden lassen." Und weiter heißt es: „Damit wurde das Fundament für ein neues Gebiet, die ‚maschinelle Biologie', gelegt, zu dem die Schaffung von Systemen gehört, die die bei einem biologischen Experiment gewonnenen Daten automatisch erfassen und bearbeiten."[58]

[55] K. Fuchs-Kittowski, J. G. Reich: Zur Darstellung von Regulationsprozessen des Zellstoffwechsels auf elektronischen Rechenanlagen, in: Rechentechnik/Datenverarbeitung, 1. Beiheft 1970.

[56] A. A. Samarski: Moderne numerische Methoden zur Lösung von Aufgaben der mathematischen Physik, in: Wissenschaftliche Zeitschrift der Technischen Hochschule „Otto von Guericke", Magdeburg, 1/1973, S. 21—24.

[57] H. Hörz: Experiment — Modell — Theorie, in: Deutsche Zeitschrift für Philosophie, 23 (1975) 7, S. 883ff.

[58] A. N. Čerkasin: Biologisches Forschungszentrum . . ., a. a. O., S. 15.

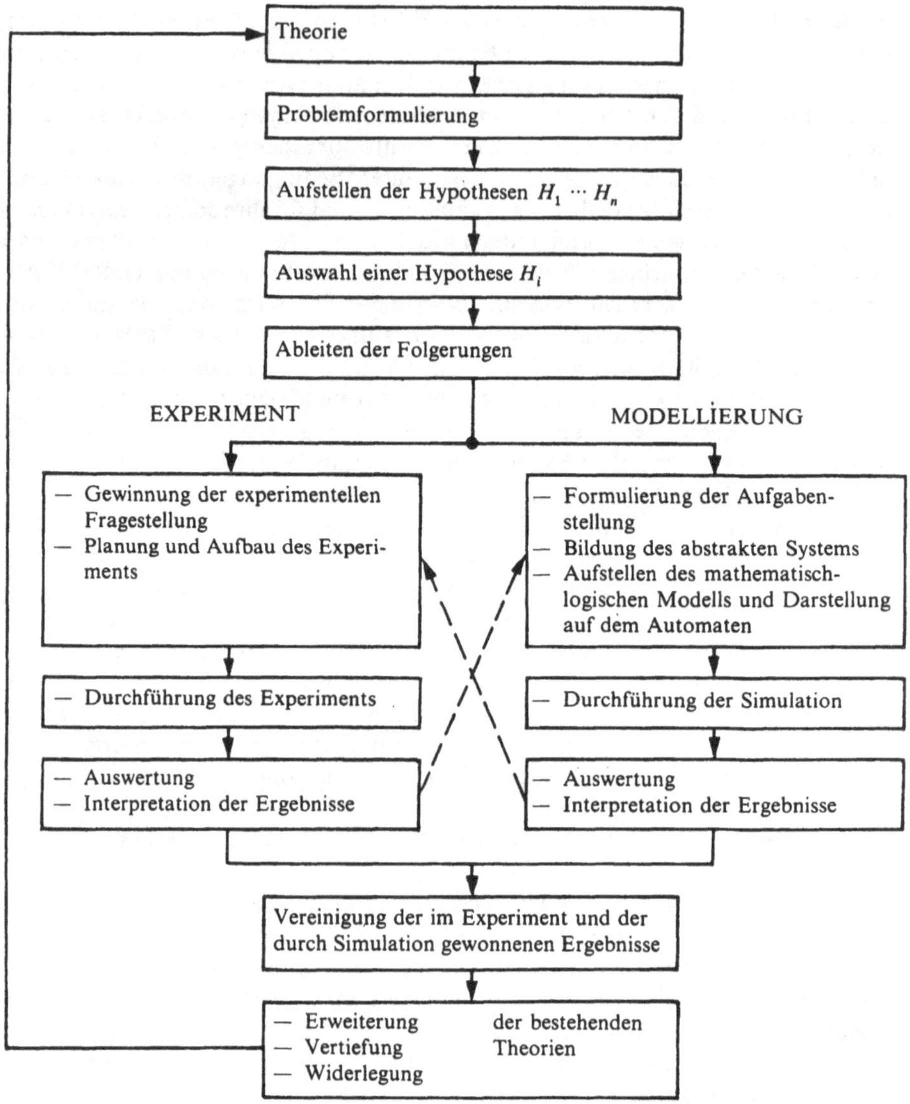

Abb. 13: Zusammenhang zwischen Experiment und Modellierung

Es ist also notwendig, ein System von analytischen und synthetischen Methoden aufzubauen, denn der Weg der Erkenntnis geht vom Ganzen über die Analyse seiner Teile wieder zur Synthese, da es nicht uneingeschränkt möglich ist, aus der Summe der Einzelerscheinungen auf das Gesamtverhalten zu schließen. In jeder Phase der Untersuchung ist das Ergebnis synthetisch in den Gesamtzusammenhang zu stellen. S. M. Rapoport schreibt: „Darüber hinaus ergeben sich aber Möglichkeiten, in Modellsystemen wesentliche Teile der Ganzheit zu rekonstruieren."[59]

Insbesondere die Möglichkeit des Automateneinsatzes zur Darstellung abstrakter Modelle erfordert den Aufbau mathematischer Simulationsmodelle bzw. Simulationssysteme.

Wir hoffen, daß mit der hier vorgenommenen Unterscheidung wissenschaftlicher Begriffe, dem sich daran anschließenden weiterführenden Gedanken der Unterscheidung verschiedener Arten der Information, den sich daraus ergebenden Schlußfolgerungen für den Einsatz der automatisierten Informationsverarbeitung im Forschungsprozeß und durch die dargestellte Verflechtung analytischer und synthetischer Methoden bzw. experimenteller und Modellmethode, die hier nur umrissen werden konnte, deutlich geworden ist, welche enge und fruchtbare Verflechtung zwischen Wissenschaftstheorie und -organisation einerseits und Informatik andererseits besteht. Diese Verflechtung scheint uns wissenschaftspolitisch und wissenschaftsorganisatorisch wie auch für die Entwicklung einer allgemeinen Theorie über die Wissenschaft von besonderer Bedeutung. Da wissenschaftliche Arbeit nicht auf die Formveränderung von Naturstoffen, sondern auf die Gewinnung von neuen Informationen über die Gesetzmäßigkeiten der objektiven Realität abzielt, haben nicht nur die Prozesse der Leitung, sondern insbesondere auch die Leistungsprozesse in der Wissenschaft weitgehend informationellen Charakter, so daß über die Rationalisierung und Automatisierung dieser Informationsprozesse eine Intensivierung der Forschung erwartet werden kann. Wissenschaftliche Arbeit wird in einer Situation unvollkommener Information vollzogen, sie ist daher wesentlich ein Problemlösungsprozeß, verbunden mit Such- und Lernprozessen, und daher schöpferische Tätigkeit. Sie ist als Problembearbeitungs- und -lösungsprozeß ein nicht durchgängig automatisierbarer Informationsverarbeitungsprozeß. Daher haben gerade hier die theoretische, philosophische und methodologische Grundproblematik der Informatik, die Frage nach dem Verhältnis zwischen Automat und gesellschaftlicher Umwelt, zwischen syntaktischer und semantischer Informationsverarbeitung sowie die Probleme der Integration maschineller Operationen in dieses System spezifischer gesellschaftlicher Tätigkeiten, die auf die Produktion, Reproduktion, Vermittlung und Anwendung von systematischen, historischen und methodologischen Erkenntnissen gerichtet sind, ganz besonderes Gewicht.

Die Diskussion führte uns von dem für die Wissenschaftswissenschaft besonders wichtigen integrierenden allgemeinen Gesichtspunkt der Untersuchung der Wissenschaft als Informationssystem zu den Problemen der Informatik, der Wissenschaft, die sich speziell mit den Problemen der Struktur und Organisation semantischer und syntaktischer Informationsverarbeitungsprozesse und Informa-

[59] S. M. Rapoport: Medizinische Biochemie, Berlin 1973, S. 201.

tionssysteme — unter besonderer Berücksichtigung der Möglichkeiten zur Nutzung des Automaten in einer effektiven Mensch-Maschine-Kombination — beschäftigt.

Hier handelt es sich offensichtlich nicht nur um eine allgemeine Wechselbeziehung, wie sie zwischen Wissenschaftstheorie und Einzelwissenschaften immer bestehen muß, sondern es zeigt sich u. E. deutlich, daß bestimmte Erkenntnisse aus der Theorie über die Wissenschaft und über das rationale Handeln, die u. a. Systeme von Aussagen, linguistische Gebilde einer Objektsprache und deren semantische Entsprechungen zum Gegenstand haben, für die Entwicklung theoretischer Grundlagen der sich herausbildenden jungen Wissenschaft Informatik fruchtbar gemacht werden können. Umgekehrt kann die Informatik durch die Klärung theoretischer, organisatorischer und technischer Bedingungen für die Automatisierung von Informationsverarbeitungsprozessen und insbesondere durch die Untersuchung der Besonderheiten von semantischen und syntaktischen Informationsverarbeitungsprozessen eine Reihe von Gesichtspunkten für das Verständnis der Wissenschaft als informationelles System und zur Lösung konkreter Probleme der Wissenschaftsorganisation liefern.

So kann sich die Wissenschaftstheorie, aufbauend auf den verschiedenen Theorien der einzelnen wissenschaftlichen Disziplinen, die die Wissenschaft selbst zum Gegenstand haben (wie z. B. Wissenschaftsökonomie, Wissenschaftsinformatik, Wissenschaftsrecht u. a.), und aufbauend insbesondere auf den theoretischen Ergebnissen von Untersuchungen über die Wissenschaft unter allgemeinen, integrierenden Gesichtspunkten (wie Wissenschaft als erkennendes, soziales, historisches und informationelles System), zu einer allgemeinen Theorie über die Wissenschaft, zu einer allgemeinen theoretischen Grundlage der Wissenschaftsorganisation entwickeln.

Karel Berka

Die Quantifizierung bei der Formulierung und Bearbeitung von Forschungsproblemen

Die Anwendung mathematischer Verfahren in der Formulierung von Problemen und bei der Bearbeitung von Forschungsergebnissen, die heute fast alle Wissenschaften durchdringt, rückt eine Reihe methodologisch und philosophisch umstrittener Fragen in den Vordergrund. Was sollen wir unter dem Begriff der Quantifizierung verstehen? Können wir jede Zuordnung von Zahlen zu empirischen Variablen als Quantifizierung betrachten? Welche Arten dieses Verfahrens sind für die Gewinnung quantitativer Daten maßgebend? Unter welchen Bedingungen können wir in einer methodologisch begründeten und operationell realisierbaren Art und Weise von einer Quantifizierung im eigentlichen Sinne des Wortes sprechen?

Es ist das Ziel unseres Beitrages, einige grundlegende Aspekte dieses komplexen Problems zu besprechen, die sich besonders auf den Zusammenhang von Metrisierung und Messung sowie eine Abgrenzung dieser Verfahren beziehen.

Den Ausgangspunkt unserer Erörterung bildet der historisch vorhandene Prozeß der Herausbildung quantitativer Begriffe, der methodologisch durch den Übergang von klassifikatorischen zu komparativen und metrischen Begriffen erfaßt wird. Dieser objektiv bedingte Prozeß bedeutet weder eine Reduktion von Qualitäten auf Quantitäten, wie dies fälschlich von manchen Vertretern des Neopositivismus und Operationalismus behauptet wird, noch eine willkürliche Festsetzung durch bloße Zuordnung von Ziffern, wie es im Falle der außerphysikalischen Meßtheorie oft gedeutet wird.

1. Der Begriff der Quantifizierung

Ausgehend von der Auffassung von N. R. Campbell[1] hat S. S. Stevens[2] das Messen als eine Zuordnung von Ziffern zu Objekten nach Regeln definiert, ohne

[1] N. R. Campbell: Physics: The Elements, Cambridge 1920, Neudruck: Foundations of Science, The Philosophy of Theory and Experiment, New York 1957.

[2] S. S. Stevens: On the theory of scales of measurement, Science 103 (1946), S. 677—680, abgedruckt in: A. Danto und S. Morgenbesser (Hrsg.): Philosophy of Science, Cleveland—New York 1960, S. 141—149.

jedoch zu beachten, daß diese Definition des Messens im weitesten Sinne des Wortes der physikalisch orientierten Konzeption Campbells grundsätzlich widerspricht. Entsprechend Campbells nominalistischem Standpunkt in der Philosophie der Mathematik, der gegen den Frege-Russellschen Zahlbegriff gerichtet ist, wird eine Ziffer stets als Name einer Zahl — einer unbenannten physikalischen Größe — gedeutet, also wesentlich in demselben Sinne, wie wir gewöhnlich Zahlen als mathematische Entitäten betrachten. Stevens dagegen interpretiert den Terminus „Ziffer" in zwei verschiedenen Bedeutungen: einmal als Name einer Zahl und zum anderen als ein rein arbiträres Symbol.

Im zweiten Falle haben die Ziffern lediglich die Funktion einer einfachen Benennung bzw. Bezeichnung, die wir natürlich auch mit Hilfe von Wörtern, Buchstaben etc. ausführen können. Es werden dabei zwei Arten dieser nominalen Zuordnung unterschieden: Numerierung von Gegenständen zwecks Identifizierung von Individuen und Numerierung von Klassen, wobei jedem Element dieser Klassen die gleiche Ziffer zugeordnet wird. Eine solche Benennung, z. B. von Straßen, Häusern, Reisepässen etc., hat natürlich ihre Vorteile: sie ist übersichtlich und ermöglicht eine leichtere Orientierung sowie eine beliebige Erweiterung der Anzahl dieser spezifischen Namen. Ihr Nachteil besteht darin, daß man dabei leicht vergessen kann, daß zwischen diesen Bezeichnungen kein numerischer Zusammenhang besteht und daß sie sich auf keine objektiv existierenden quantitativen Aspekte von Objekten beziehen.

Wenn wir unter dem Begriff der Quantifizierung die Herausbildung metrischer Begriffe oder die Gewinnung von quantitativen Daten verstehen, können wir diese Numerierung nur als *Pseudo-Quantifizierung* betrachten.

Durch diese Festsetzung wird zunächst der Meßbegriff auf solche Fälle der numerischen Zuordnung eingeschränkt, bei denen die Ziffern verschiedene Zahlenarten bezeichnen, wie sie in den sprachlich formulierten Zahlausdrücken der Meßergebnisse vorkommen. Aber auch dann müssen die Zahlen noch nicht notwendigerweise eine quantitative Bestimmung angeben. Wenn sie lediglich eine Anordnung kennzeichnen, also als Ordinalzahlen benutzt werden, handelt es sich nur um eine numerische Rangordnung, die angibt, ob eine Eigenschaft einem Gegenstand in einem größeren oder kleineren Grade als einem anderen zukommt oder nicht. Durch eine solche Anwendung von Zahlen läßt sich aber nicht feststellen, in welchem Ausmaß diese Eigenschaft dem gemessenen Objekt zukommt. Da wir in diesem Falle keine quantitativen Daten erhalten und der betreffende Begriff nur als komparativer Begriff zu betrachten ist, scheint es angemessen zu sein, von einer *Quasi-Quantifizierung* zu sprechen.

Daraus folgt zugleich eine weitere Beschränkung des Meßbegriffs auf Instanzen des sogenannten quantitativen Messens, das nicht nur die topologischen, sondern auch die metrischen Bedingungen erfüllen muß.

Unsere Unterscheidung von Pseudo-Quantifizierung, Quasi-Quantifizierung und Quantifizierung, die wir anhand dreier Deutungsmöglichkeiten des Begriffs der numerischen Zuordnung empirischer Variablen erläutert haben und die in einen parallelen Zusammenhang zu den konzeptuellen Verfahren der Klassifizierung, Topologisierung und Metrisierung gebracht werden können, ist primär durch objektiv existierende Zusammenhänge zwischen qualitativen und quantitativen Aspekten von Gegenständen, Erscheinungen und Prozessen der realen Welt bedingt.

Der Begriff der Quantifizierung beschränkt sich nicht auf den Meßbegriff, er beinhaltet auch den Begriff des Zählens.

Das *Zählen* betrachten wir als ein selbständiges, vom Messen verschiedenes empirisch-mathematisches Verfahren, das es uns ermöglicht, die Anzahl der Elemente einer empirischen Menge von individuellen Objekten festzustellen. Das Zählen unterscheidet sich vom Messen durch eine Reihe spezifischer Merkmale. Das Zählen impliziert nur eine Abbildung in die Menge der nicht-negativen ganzen Zahlen. Das Messen ist verbunden entweder mit einer Abbildung auf die Menge der rationalen Zahlen, falls man die experimentell ermittelten Meßwerte von Größen in Betracht zieht, oder mit einer Abbildung auf die Menge der reellen Zahlen, wenn man auch die Rechnungen bei der Bearbeitung der empirisch erreichbaren Meßwerte einbezieht. Das Messen setzt eine Ordnungsrelation voraus, beim Zählen ist es irrelevant, in welcher Anordnung die Elemente der betreffenden empirischen Menge gezählt werden. Die Meßwerte von Größen sind benannte Zahlen,[3] die Zählwerte werden durch unbenannte Zahlen ausgedrückt. Durch Messungen quantifizieren wir homogene Eigenschaften von Objekten, durch Zählen stellen wir die Anzahl von Elementen oft qualitativ sehr heterogener Mengen fest. Für jede meßbare Größe muß stets eine spezifische Maßeinheit angegeben werden, die Zähleinheit ist für alle zählbaren Mengen stets dieselbe. Aus diesem Grunde hat es auch kaum einen Sinn, von einer Zählskala zu sprechen. Neben diesen Unterschieden besteht zwischen beiden Verfahren ein wesentlicher Zusammenhang. Sekundär läßt sich das Messen auch als Zählen deuten, nämlich als Zählen der Anzahl von Maßeinheiten.

Das Zählen als das historisch ursprünglichere Verfahren der Quantifizierung ist an und für sich operationell und methodologisch unproblematisch. Seine Durchführung setzt nur die Identifizierung der gezählten Objekte und ihre Individualisierung voraus. Da die Angabe der Anzahl der in einer Menge enthaltenen Objekte im Grunde genommen eine rein quantitative Bestimmung darstellt, muß jede qualitative Schlußfolgerung aus dem erzielten Ergebnis stets durch weitere inhaltliche Überlegungen ergänzt werden.

Die Anwendbarkeit des Zählens bei der Problembearbeitung in der Forschung ist praktisch unbegrenzt. Ob dies auch im Einklang mit der Formulierung von Forschungsproblemen steht, läßt sich vom Standpunkt der Quantifizierung selbst nicht feststellen, da für das Zählen neben den bereits angeführten Vorbedingungen als einzig notwendige theoretische Voraussetzung anzunehmen ist, daß die zählbaren Objekte Elemente von Mengen sind. Diese Bedingung läßt sich leicht

[3] Wir betrachten auch dimensionslose Größen als benannte Größen.

durch Bildung von Äquivalenzklassen erfüllen. Aus diesem Grunde ist es zum Zählen, das wir als ein empirisch-mathematisches Verfahren charakterisiert haben, auch nicht erforderlich, ein entsprechendes konzeptuelles oder theoretisches Verfahren vorauszusetzen.

2. Der Zusammenhang von Messung und Metrisierung in bezug auf die Formulierung und Bearbeitung von Forschungsproblemen

Hinsichtlich der wichtigsten Art der Quantifizierung, nämlich des Messens, müssen wir besonders in bezug auf die Problemformulierung zwischen dem empirisch-mathematischen Verfahren des Messens und dem konzeptuellen Verfahren der Metrisierung unterscheiden. Bei der Untersuchung dieser Problematik können wir folgende Fragen stellen: Ist die Metrisierung ein selbständiges konzeptuelles Verfahren oder nur eine theoretische Grundlage des Messens? Kann man ohne praktisch durchgeführte oder operationell durchführbare Messung von einer Metrisierung im eigentlichen Sinne des Wortes sprechen? Beziehen sich beide Verfahren auf denselben Gegenstandsbereich oder nicht? Wie immer man solche und ähnliche Fragen beantwortet, stets ist eine enge Beziehung zwischen diesen beiden Verfahren gegeben. Nach unserer Ansicht ist die Metrisierung die theoretische Grundlage des Messens und das Messen die entsprechende empirisch-mathematische Verifikationsinstanz dieser theoretischen Prozedur. Von beiden Verfahren wird dabei angenommen, daß sie eine gemeinsame Struktur haben, die durch dieselben formalen Mittel dargestellt werden kann. Der Gegenstandsbereich beider Verfahren bezieht sich auf quantitative Aspekte von real existierenden Objekten, Erscheinungen und Prozessen, die stets qualitativ charakterisiert sind. Der Wert der Metrisierung beruht letzten Endes auf den praktischen Ergebnissen, d. h. auf den numerischen Werten mit relevanter empirischer Interpretation, die eben durch verschiedene Meßverfahren erreicht werden. Die Messung als Verifikation der Metrisierung steht demnach in einer analogen Beziehung wie die Problembearbeitung zur Problemformulierung.

Bei der Problemformulierung, hauptsächlich in komplizierteren, wissenschaftlich interessanten Situationen, wird die Eingrenzung des Gegenstandsbereiches explizit oft nicht vorhanden sein. Aus diesem Grunde muß das Problem so umformuliert werden, daß klar wird, erstens, welche Begriffsklassen den Kern des Problems bilden, und zweitens, ob man sie als metrische Begriffe auffassen kann. Durch diese Transformation, die sinngemäß der ursprünglichen Formulierung entsprechen muß, wird die Grundlage für die Entscheidung gegeben, ob das gestellte Problem in ein Meßproblem umformuliert werden kann. Nur unter diesen Umständen ist es dann möglich, zu untersuchen, ob die Bedingungen der Metrisierung erfüllt sind. Für die Problemformulierung genügt es, die theoretischen und methodologischen Aspekte der Metrisierung als konzeptuelle Basis des Messens in Erwägung zu ziehen.

Erst bei der Problembearbeitung, die man als eine Verifikation der Problemformulierung betrachten kann, zeigt sich die Bedeutung des Messens. Ohne praktisch durchführbare Messungen, die zu empirisch signifikanten, operationell realisierbaren und statistisch relevanten Meßergebnissen führen, wäre eine Metrisierung der Problemformulierung mindestens fragwürdig. Eine Metrisierung der Problemformulierung, die sich nur als ein mathematisches Modellieren versteht, kann vom rein mathematischen Standpunkt aus interessant sein, aber unter Umständen vom Standpunkt der konkreten empirischen Wissenschaft weniger von Belang sein.

Aus rein methodologischer Sicht können — im Unterschied zur konkreten experimentellen Überprüfung — spezifische Probleme der Meßtechnik außer acht gelassen werden. Metrisierung und Messung sind auch in der Problemformulierung und Problembearbeitung nur ein Instrument, das ohne entsprechende theoretische Begründung und ohne eine Möglichkeit, numerische Gesetze zu formulieren, nicht zu praktisch anwendbaren Resultaten führen kann.

2.1. Grundprobleme der Metrisierung

Aus der ziemlich allgemein anerkannten Definition des Messens als einer homomorphen bzw. isomorphen Abbildung eines empirischen Relationssystems in ein numerisches Relationssystem ergeben sich zwei Grundprobleme der Metrisierung: das Repräsentationsproblem und das Eindeutigkeitsproblem.

Das empirische Relationssystem (*ERS*):

$$ERS = \langle \mathfrak{M}, \mathfrak{R} \rangle ,$$

wird allgemein durch eine nichtleere Menge $\mathfrak{M}$ empirischer Objekte und eine nichtleere Menge $\mathfrak{R}$ n-stelliger empirischer Relationen ($n = 1, 2, 3, ...$) charakterisiert, wobei die Menge $\mathfrak{R}$ auch empirische Funktionen und Operationen enthält. Das numerische Relationssystem (*NRS*):

$$NRS = \langle \mathfrak{N}, \mathfrak{S} \rangle ,$$

wird analog durch eine nichtleere Menge $\mathfrak{N}$ numerischer Objekte und eine nichtleere Menge $\mathfrak{S}$ n-stelliger numerischer Relationen ($n = 1, 2, 3 ...$) charakterisiert, wobei die Menge $\mathfrak{S}$ auch numerische Funktionen und Operationen enthält.

Das *Repräsentationsproblem* besteht dann in der Feststellung einer homomorphen (bzw. isomorphen) Abbildung Φ des betreffenden *ERS* in ein bestimmtes *NRS*, bei der den Elementen aus $\mathfrak{M}$ und $\mathfrak{R}$ Elemente aus $\mathfrak{N}$ und $\mathfrak{S}$ zugeordnet werden und demnach signifikante Aussagen über *NRS* relevanten Aussagen über *ERS* entsprechen. Bei der positiven Lösung des Repräsentationsproblems handelt es sich nicht bloß um die Herstellung eines Homomorphismus Φ zwischen beiden Relationssystemen auf Grund ihrer rein strukturellen Eigenschaften. Um aus den numerischen Aussagen empirisch anwendbare Rückschlüsse ziehen zu können, müssen die numerischen Relationen im betreffenden *ERS* empirisch realisierbar sein.

Das *Eindeutigkeitsproblem* besteht in der Feststellung der zulässigen Transformationen

$$\Phi \to \Phi' ,$$

unter welchen die homomorphe bzw. isomorphe Abbildung des *ERS* in denselben *NRS* gewährleistet wird. Das Eindeutigkeitsproblem bezieht sich auf die Eindeutigkeit der zugeordneten numerischen Aussagen. Dabei muß zunächst beachtet werden, ob eine numerische Aussage über eine empirische Variable überhaupt semantisch sinnvoll ist. Falls diese Bedingung erfüllt ist, muß nachgeprüft werden, welche Bedeutung die Zahlenwerte haben, d. h., ob sie quantitative Bestimmungen im eigentlichen Sinne des Wortes angeben oder nicht. Aus diesem Grunde wird bei jeder Metrisierung das Eindeutigkeitsproblem durch Transformationen bestimmt, bei denen die Zahlenwerte, d. h. die Skalenwerte, invariant bleiben. Da die Invarianz bezüglich zulässiger Transformationen zugleich ein wesentliches Kriterium für eine Unterscheidung von Skalentypen ist, wird dieses zweite grundlegende Problem der Metrisierung meistens erst im Zusammenhang mit der Skalentheorie behandelt.

2.2. Allgemeine Kriterien der Metrisierung

Da die Metrisierung methodologisch mit dem Übergang von qualitativen und komparativen Begriffen zu metrischen im Zusammenhang steht, wird sie in zwei Etappen realisiert: als Topologisierung und als Metrisierung im eigentlichen Sinne des Wortes.

Die Topologisierung, die wir als eine notwendige Vorbedingung der Metrisierung betrachten, ist methodologisch mit der Herausbildung von komparativen Begriffen und konzeptuell mit der Entwicklung von ordinalen (topologischen) Skalen verbunden. Da man nicht zu jedem komparativen Begriff einen metrischen Begriff konstituieren kann, ist sie zugleich ein eigenständiges Verfahren, das die theoretische Grundlage der numerischen Rangordnung und somit der Quasi-Quantifizierung bildet.

Die Bedingungen, denen jede Topologisierung genügen muß, werden in axiomatischer Weise formuliert. Hinsichtlich ihrer Struktur ist die Topologisierung durch einen Kalkül bedingt, der mit dem Kalkül des schwachen Ordnens isomorph ist. In der üblichen Symbolisierung und Interpretation können wir die Axiome dieses Kalküls wie folgt formulieren:

SO 1 $(x)(y)(x \neq y \to x < y \vee y < x) \wedge (x < y \vee y < x \to x \neq y)$,
SO 2 $(x)(y)(x < y \to y \nless x)$,
SO 3 $(x)(y)(z)(x < y \wedge y < z \to x < z)$,
SO 4 $(x)(y)(x = y \to y = x)$,
SO 5 $(x)(y)(z)(x = y \wedge y = z \to x = z)$.

Aus diesen Axiomen ergibt sich, daß der Kalkül für die als primitiv aufgefaßten arithmetischen Begriffe „<“ und „=“ folgende Eigenschaften festlegt: Transitivität und Asymmetrie der Relation „<“, Transitivität und Symmetrie der Relationen „=“ und die Konnexivität ihrer Konjunktion.

Die Metrisierung wird dann axiomatisch durch den beschränkten Additions-Kalkül charakterisiert, d. h. durch den Kalkül der Arithmetik, beschränkt auf positive reelle Zahlen[4]:

BA 1 $(x)(y)[x < y \rightarrow y \nless x]$,

BA 2 $(x)(y)[x < y \rightarrow (\exists z)(x < z \wedge z < y)]$,

BA 3 $(K)(L)\{(x)(y)[(x \in K \wedge y \in L) \rightarrow x < y] \rightarrow$
$\rightarrow (\exists z)(x)(y)[(x \in K \wedge y \in L \wedge x \neq z \wedge y \neq x) \rightarrow$
$\rightarrow (x < z \wedge z < y)]\}$,

BA 4 $(x)(y)(z)[x \in (y + z) = (x + z) + y]$,

BA 5 $(x)(y)[y < x \rightarrow (\exists z)(x = y + z)]$,

BA 6 $(\exists K)(1 \in K)$,

BA 7 $1 < 1 + 1$,

BA 8 $(x)(y)(z)[x = y \rightarrow x < y + z]$.

In diesem Kalkül werden zusätzlich gewisse Eigenschaften des arithmetischen Grundbegriffs „+“ dargelegt.

In beiden Fällen wird die axiomatische Charakterisierung dieser Verfahren durch weitere Bedingungen ergänzt, die man zusammenfassend im Rahmen der Skalentheorie behandeln kann.

3. Skalentheorie

Die Skalentheorie beinhaltet die Entwicklung und Anwendung von Skalen sowie eine Unterscheidung von konzeptuellen und materialen Skalen und insbesondere eine Typisierung bzw. eine Klassifikation von Skalen.

3.1. Entwicklung und Anwendung von Skalen

Der allgemeine Skalenbegriff, wie er im Zusammenhang mit verschiedenen Klassifikationssystemen herausgearbeitet wurde, die auf C. H. Coombs[5], W. S. Torgeson[6], J. Pfanzagl[7], S. S. Stevens[8] und andere Autoren zurückzuführen sind,

[4] Vgl. A. Tarski: Einführung in die mathematische Logik und Methodologie der Mathematik, Wien 1937.

[5] C. H. Coombs: The Theory and Method of Social Measurement, in: L. Festinger und O. Katz (Hrsg.): Research Methods in the Social Science, New York 1952, S. 471—535.

[6] W. S. Torgeson: Theory and Method of Scaling, New York 1958.

[7] J. Pfanzagl: Die axiomatischen Grundlagen einer allgemeinen Theorie des Messens, Würzburg 1959.

[8] S. S. Stevens: On the theory of scales of measurement, a. a. O.

beinhaltet eine empirische und eine numerische (resp. quasi-numerische oder sogar pseudo-numerische) Charakteristik. Die empirische umfaßt operationell realisierbare Operationen, die bei der Klassifizierung, Topologisierung und Metrisierung angewendet werden. Die mathematische bezieht sich auf formale Eigenschaften von Skalen, auf ihre Struktur und auf statistische Mittel, die bei der Bearbeitung von Daten und ihrer Umwandlung in Skalenwerte benutzt werden. Zwischen dem empirischen und dem numerischen Aspekt dieser Verfahren bestehen notwendige Korrelationen, die durch Zuordnungsregeln ausgedrückt werden. Von diesen Aspekten, die zugleich als Kriterien einer systematischen Darlegung von Skalentypen dienen, sind unmittelbar von Bedeutung das Kriterium der empirischen Operationen und das der mathematischen Struktur. Das Kriterium der angewandten Statistik hat eher einen praktischen Wert.

Die Herausbildung und Anwendung von Skalen, die oft als *Skalierung* bezeichnet wird, besteht aus der Festlegung und Benutzung von Verfahren und Methoden, die in einer operationellen Weise den Übergang von rein qualitativen Daten zu quasi-quantitativen und quantitativen Daten ermöglichen. Daraus ergibt sich die Konstruktion von Skalen mit quasi-numerischen oder numerischen Skalenwerten. Skalen, deren Skalenwerte Kardinalzahlen sind, somit als Bestandteil einer Quantifizierung aufzufassen sind, betrachten wir als *metrische Skalen*. Ihre Skalenwerte drücken die Größe der benannten Größen aus. Skalen, deren Skalenwerte durch Ziffern oder Ordinalzahlen bezeichnet werden, fassen wir als *nichtmetrische* Skalen auf. Solche Skalen geben entweder eine numerische Benennung oder eine relative Anordnung an und sind demzufolge als Instanzen von Pseudo-Quantifizierung oder Quasi-Quantifizierung zu betrachten.

Nichtmetrische Skalen sind mit der Anwendung von Fraktionierung, Paarvergleich, Gleichteilung, Sortiermethoden, Rating, verschiedenen Bewertungs- und Schätzmethoden und anderen Skalierungsmethoden, wie sie in der Psychologie und anderen Gesellschaftswissenschaften erarbeitet wurden, verbunden. Sie werden benutzt entweder bei der Auswahl von qualitativen bzw. komparativen Daten oder bei der Analyse von solchen Daten, die bereits auf anderem Wege erworben wurden. Nichtmetrische Skalen und die mit ihnen verbundenen Skalierungsverfahren beziehen sich auf die sogenannten nicht-extensiven Größen. Dagegen sind die *metrischen Skalen* sowie die ihnen entsprechenden Skalierungsverfahren mit den sogenannten extensiven Größen verbunden.

Die übliche Einteilung von Größen in *extensive* und *nicht-extensive* darf in keinem Falle dichotomisch aufgefaßt werden. Sie ist auch nicht hinreichend für die Unterscheidung von Quantifizierung und Quasi-Quantifizierung. In beiden Fällen gibt es nicht nur Übergänge, sondern auch Instanzen von Größen, die man nicht eindeutig in diese oder in jene Untermenge eingliedern kann.

Wenn man von der Pseudo-Quantifizierung absieht, kann man entsprechend der Quasi-Quantifizierung und Quantifizierung bzw. der Unterscheidung von nichtmetrischen und metrischen Skalen auf der ersten Klassifikationsstufe eher von *nichtmetrischen* und *metrischen* Größen sprechen. Für metrische Größen kann man eine Maßeinheit angeben, für nichtmetrische Größen ist das nicht möglich. Dieser Unterschied ist objektiv dadurch bedingt, daß einige Größen metrische, andere dagegen nur komparative Begriffe sind.

Die metrischen Größen kann man auf Grund des Kriteriums der empirischen Additivität in eine Reihe von Unterklassen einteilen.

Metrische Größen, die dieses Kriterium ohne jede Einschränkung erfüllen, z. B. die Länge, werden wir als *strikt-extensive* Größen bezeichnen. Metrische Größen, die nur unter bestimmten Bedingungen (z. B. das Volumen von Stoffen unter der Voraussetzung, daß sie chemisch gleichartig sind) oder nur approximativ (z. B. die relative Geschwindigkeit) oder nur bei gewissen Meßoperationen (z. B. der elektrische Widerstand) additiv sind, wollen wir als *extensive* Größen kennzeichnen. Metrische Größen, die man nur mittelbar als additiv betrachten kann, d. h. nur unter gewissen theoretischen Voraussetzungen (z. B. die Temperatur), werden wir *quasi-extensive* Größen nennen.

3.2. Konzeptuelle und materiale Skalen

Der Skalenbegriff wird im Zusammenhang mit den bis zur Metrisierung und Messung führenden theoretischen und operationellen Verfahren nicht nur als Ergebnis einer Skalierung interpretiert, sondern auch als ein Meßinstrument. In dieser Begriffsbestimmung bleibt der Unterschied zwischen der materialen Form einer Skala und ihrer praktischen Anwendung einerseits und ihrer konzeptuellen Form und theoretischen Funktion andererseits unberücksichtigt. Um diese Diskrepanz zu beseitigen, unterscheiden wir, nach M. Bunge[9], zwei verschiedene „Skalenarten" — konzeptuelle und materiale Skalen; d. h. Skalen im abstrakten Sinne und Skalen als technischer Teil eines Meßinstruments.

Eine *konzeptuelle Skala* ist durch zwei Merkmale determiniert: erstens durch ein geordnetes Intervall quasi-numerischer oder numerischer Werte der skalierten Eigenschaften oder Größen, und zweitens durch ihre Interpretation im Rahmen einer Theorie auf der Basis ihrer objektiven Charakteristika. Durch das zweite Merkmal unterscheidet sich eine konzeptuelle Skala von einer rein quasi-numerischen oder numerischen Skala, die für wesentlich verschiedene Eigenschaften oder Größen dieselbe sein kann. Eine konzeptuelle Skala gibt demnach nicht nur eine Anordnung von Zahlen wieder, sondern eine interpretierte Verteilung von Skalenwerten.

Eine *materiale Skala*, meistens das in bestimmte Intervalle eingeteilte Feld, auf dem sich ein Zeiger bewegt, ist nur ein Bestandteil eines Meßinstruments, das die Zuordnung von quasi-numerischen oder numerischen Werten zu den skalierten Objekten ermöglicht.

Zwischen einer materialen und einer konzeptuellen Skala gibt es keine ein-

[9] M. Bunge: Scientific Research Bd. I. II, Berlin—Heidelberg—New York 1967.

deutige Beziehung. Ein und dieselbe Größe kann z. B. mit verschiedenen Meßinstrumenten gemessen werden, von denen einige zur Gewinnung derselben Skalenwerte führen, einige jedoch gerade darum konstruiert wurden, um Skalenwerte zu gewinnen, die nur durch Anwendung verschiedener Meßinstrumente und Meßmethoden erreichbar sind.

3.3. Skalentypen

Den wesentlichsten Teil der Skalentheorie bildet eine Skalenhierarchie, bei der jeder „stärkere" Skalentyp, d. h. jede Skala, für die mehrere empirische Operationen erfüllt werden müssen und deren Struktur durch stärkere Bedingungen festgelegt ist, jeden „schwächeren" voraussetzt. Anknüpfend an die Auffassung von Stevens[10], die in mehr oder weniger modifizierter Weise von den meisten Methodologen akzeptiert wird, werden in der Skalenklassifikation verschiedene Skalentypen unterschieden.

Den elementarsten Skalentyp — die sogenannte *Nominalskala* — „repräsentiert eine ganz uneingeschränkte Zuordnung von Ziffern"[11]. Die Nominalskalen, die im Falle von Numerierung, Benennung, Klassifizierung oder Kategorisierung verschiedener Objekte und deren Eigenschaften angewendet werden, sind in bezug auf das empirische Kriterium der Skalentheorie durch die Operation „Bestimmung der Gleichheit" determiniert. Die entsprechende Zuordnungsregel, nämlich „ordne niemals dieselbe Ziffer verschiedenen Klassen oder verschiedene Ziffern derselben Klasse zu"[12], können wir formal wie folgt darstellen:

R 1 $a \doteq b \Leftrightarrow N(a) = N(b)$,

R 2 $a \not\doteq b \Leftrightarrow N(a) \neq N(b)$,

wobei a, b beliebige empirische Objekte, $N(a)$, $N(b)$ Skalenwerte, $\doteq$, $\not\doteq$ empirische Operationen und $=$, $\neq$ ihre entsprechenden mathematischen Operationen sind.

Mit Hilfe der Skalenwerte nominaler Skalen, die man im gegebenen Falle notwendigerweise nur als Ziffern und nicht als Zahlen betrachten kann, ist lediglich feststellbar, ob zwei Objekte Elemente einer Klasse sind oder nicht. Die empirische Operation der Gleichheitsbestimmung wird allgemein eine empirisch realisierbare Äquivalenzrelation sein und analog die mit ihr verbundene Operation der Ungleichheitsbestimmung eine empirisch realisierbare Verschiedenheitsrelation.

Die mathematische Struktur dieses Skalentyps ist durch die Permutationsgruppe

$$x' = f(x)$$

determiniert, wobei x, x' beliebige Ziffern sind und $f(x)$ eine in beiden Richtungen eindeutige Substitution ausdrückt. Dieser Skalentyp ist deswegen bezüglich

[10] S. S. Stevens: On the theory of scales of measurement, a. a. O.
[11] Ebenda, S. 144.
[12] Ebenda, S. 145.

jeder Veränderung der gegebenen Zuordnung mit Hilfe von Ziffern, bei der die Identität von Klassen erhalten bleibt, invariant.

Die Nominalskalen als der schwächste Skalentyp werden von vielen Autoren, die sonst Stevens' Konzeption grundsätzlich übernehmen, mit Recht aus dem Bereich des Messens, also auch aus dem der Quantifizierung, ausgeschaltet und nur als notwendige Vorbedingung dieses Verfahrens betrachtet. Im Grunde sind die Nominalskalen nur Instanzen einer Kategorisierung bzw. Klassifizierung, wobei es gleichgültig ist, ob die Benennung mit Hilfe von Wörtern, Buchstaben oder Ziffern erfolgt.

Der zweite Skalentyp, der als die natürlichste Erweiterung der Nominalskalen aufgefaßt wird, sind die *Ordinalskalen* (die topologischen Skalen). Dieser Skalentyp, der die Einführung von komparativen Begriffen ermöglicht, setzt eine empirische Anordnung von Objekten bezüglich einer gegebenen Eigenschaft voraus. Die Skalenwerte widerspiegeln eine Rangordnung, eine Ordnung von Elementen einer Klasse in bezug zu binären Relationen, die über Elemente dieser Klasse definiert sind. Dieser Skalentyp repräsentiert bereits die weitere Vorbedingung der Metrisierung — die Topologisierung.

Die betreffenden empirischen Operationen sind die Gleichheitsbestimmung der Nominalskala und die Bestimmung der Relation „mehr oder weniger". Die entsprechenden Zuordnungsregeln umfassen dann in Ergänzung zu den Regeln *R* 1—*R* 2:

R 3 $\quad a \lessdot b \Leftrightarrow N(a) < N(b)$,

R 4 $\quad a \gtrdot b \Leftrightarrow N(a) > N(b)$,

wobei $\lessdot$, $\gtrdot$ empirische und $<$, $>$ mathematische Operationen darstellen.

Da die Bestimmung der Relation „mehr oder weniger" als eine Instanz der schwachen Ordnung aufzufassen ist, genügt für die Herstellung einer Ordinalskala, am empirischen Kriterium gemessen, die Feststellung von zwei empirisch realisierbaren Relationen, einer transitiven und symmetrischen Relation und einer transitiven und asymmetrischen Relation, wobei ihre Konjunktion in der gegebenen Klasse von Objekten konnex ist.

Die mathematische Struktur der Ordinalskalen ist durch eine isotonische Gruppe

$$x' = f(x)$$

charakterisiert, wobei $f(x)$ eine beliebige monoton wachsende Funktion ist, d. h. jede Funktion f, für die gilt, daß

$$(x)(y)(x > y \Rightarrow f(x) > f(y)) .$$

Die Skalenform einer Ordinalskala ist hinsichtlich jeder monotonen Transformation invariant.

Nach diesen beiden „schwächeren" Skalentypen folgt die *Intervallskala*. Für diesen Skalentyp, der ermöglicht, die Größen von Intervallen zwischen Daten festzustellen, ist es erforderlich, zwei Konstanten zu bestimmen. Eine dieser Konstanten wird als arbiträre Skalennull, als künstlicher Skalenanfangspunkt gedeutet; die zweite in einer engeren Interpretation als Maßeinheit, in einer breiteren Auffassung als Distanz (Differenz) zweier Skalenwerte. Diese Bedingungen sollen — im Unterschied zu den Nominal- und Ordinalskalen — für diesen Skalentyp die Anwendung aller arithmetischen Operationen gewährleisten. Die arithmetischen Operationen beziehen sich jedoch nur auf Differenzen von Skalenwerten und müssen nicht in jedem Falle empirisch interpretierbar und operationell realisierbar sein.

Man unterscheidet *uniforme* und *nicht-uniforme* Intervallskalen. Im ersten Falle ist die Existenz einer Distanz-Funktion durch die gemeinsame und konstante Maßeinheit gesichert.

Uniforme Intervallskalen mit konstanten Distanzen zwischen je zwei nebenstehenden Skalenwerten

$$x_0 \quad x_1 \quad x_2 \quad x_3 \quad x_4 \quad x_5 \quad x_6 \quad x_7 \quad x_8 \quad x_9 \quad x_{10}$$

sind durch folgende zwei Bedingungen determiniert:

$$\text{(i)} \quad D(x_0, x_1) = D(x_1, x_2) = D(x_2, x_3) \cdots = D(x_m, x_{m+1}),$$
$$\text{(ii)} \quad D(x_i, x_{i+1}) = U,$$

wobei U die Maßeinheit oder ein genau festgelegter Teil von ihr ist und $D(x)$ eine Distanzfunktion. Aus diesen Gründen ist für solche uniformen Intervallskalen eine ergänzende Distanzfunktion überflüssig.

Wenn es sich jedoch um nicht-uniforme Intervallskalen handelt

$$y_0 \qquad y_1 \quad y_2 \qquad y_3 \quad y_4,$$

für die mangels einer konstanten Maßeinheit allgemein gilt, daß

$$D(y_j, y_k) \gtreqless D(y_k, y_l),$$

ist eine Distanzfunktion sowie ihre empirische Interpretation und arithmetische Darlegung von größter Bedeutung. In diesem Falle ist jedoch die Distanzfunktion nur approximativ realisierbar. Da die Distanzfunktion als Ersatz der Maßeinheit eingeführt wurde, ist eine nicht-uniforme Intervallskala im Grunde genommen nur eine nicht-metrische Skala.

Zu den fundamentalen empirischen Operationen, die die beiden vorhergehenden Skalentypen determinieren, tritt für Intervallskalen zusätzlich die Operation „der Bestimmung der Gleichheit bzw. Verschiedenheit von Intervallen oder Differenzen" hinzu:

R 5 $\quad |a - b| \doteq |c - d| \Leftrightarrow |N(a) - N(b)| = |N(c) - N(d)|,$

R 6 $\quad |a - b| \not\doteq |c - d| \Leftrightarrow |N(a) - N(b)| \neq |N(c) - N(d)|.$

Die numerische Zuordnung mit Hilfe einer Intervallskala ist also so festgelegt, daß die Differenz zwischen Paaren von Skalenwerten der Distanz zwischen den entsprechenden Eigenschaften von paarweise geordneten empirischen Objekten entspricht.

Vom Standpunkt der mathematischen Gruppenstruktur gesehen, ist dieser Skalentyp durch eine allgemeine lineare Gruppe

$$x' = \alpha x + \beta \alpha > 0$$

bestimmt, wobei α als Maßeinheit und β als Skalennull zu deuten ist. Eine Intervallskala ist demnach in bezug auf jede positive lineare Transformation invariant.

Eine Intervallskala — natürlich nur eine uniforme — geht leicht in eine *Verhältnisskala* über, wenn es gelingt, bei der Bestimmung der Differenzen die additive Konstante zu beseitigen. Von den Intervallskalen unterscheidet sich aus dieser Sicht eine Verhältnisskala lediglich dadurch, daß ihr Anfangspunkt nicht willkürlich gewählt wird, sondern in einer objektiven Weise durch die Eigenschaften der gemessenen Größen determiniert ist. Eine Verhältnisskala ist demnach eine uniforme Intervallskala mit einer zusätzlichen Charakteristik: Ihr Anfangspunkt ist eine „absolute", „natürliche" Null.

Numerische Zuordnungen mit Hilfe einer Verhältnisskala bleiben mit jeder Veränderung der Maßeinheit in ihrer Bedeutung invariant. Dagegen hat jede Veränderung des Skalenanfangs einen Einfluß auf die Interpretation der Verhältnisse. Eine Umwandlung des Nullpunktes oder seine willkürliche Festlegung verletzt die Gültigkeit der numerischen Zuordnung, und die Verhältnisskala geht in eine Intervallskala über.

Die grundlegende empirische Operation, die für diesen Skalentyp im Unterschied zu allen vorhergehenden charakteristisch ist, ist zuerst die „Bestimmung der Gleichheit bzw. Verschiedenheit der Verhältnisse":

R 7 $\quad a/b = c/d \Leftrightarrow N(a)/N(b) = N(c)/N(d) = n\,,$

R 8 $\quad a/b \neq c/d \Leftrightarrow N(a)/N(b) \neq N(c)/N(d) \neq n\,.$

Diese Operation bezieht sich eher auf Skalenwerte als auf empirische Objekte. Werden den empirischen Objekten a, b die Skalenwerte $n \cdot N(a)$ und $n \cdot N(b)$ zugeordnet, wobei n die Maßeinheit ist, so wird das Verhältnis der Skalenwerte $n' \cdot N(a)/n' \cdot N(b)$ gleich sein, sobald n' ein Vielfaches oder ein Teil der Maßeinheit n ist. Dann kann man offensichtlich auch dem „empirischen Verhältnis" a/b beide numerischen Verhältnisse zuordnen. Die Skalenwerte einer Verhältnisskala sind in bezug auf jede konsistente Veränderung der Maßeinheit invariant.

Da die empirischen Operationen und die entsprechenden Skalenwerte durch rationale Zahlen bzw. auf Grund rechnerischer Extrapolationen auch durch reelle Zahlen ausgedrückt werden können, können auf Skalenwerte solcher Skalen alle arithmetischen Operationen angewendet werden.

Für diesen Skalentyp existiert ferner eine empirisch sinnvolle Interpretation der numerischen Addition:

R 9 $\quad a \doteq (b \circ c) \Leftrightarrow N(a) = N(b) + N(c)\,,$

wobei „ " das empirische Korrelat der numerischen Addition, die sogenannte „Verknüpfungsoperation" darstellt.

Weil die Verhältnisskala durch die absolute Null determiniert ist, ist die additive Konstante b eliminierbar, nämlich $b = 0$. Die mathematische Gruppenstruktur dieses Skalentyps charakterisiert dann die Ähnlichkeitsgruppe

$$x' = \alpha x\,, \qquad\qquad \alpha > 0\,,$$

wobei α die Maßeinheit bezeichnet. Die Skalenform einer Verhältnisskala bleibt also bezüglich jeder Ähnlichkeitstransformation invariant.

Diese Hierarchie von Skalentypen, die noch durch die sogenannte logarithmische Intervallskala ergänzt werden kann, läßt sich anschaulich durch folgende Abbildung darstellen:

Nominalskala
$x' = f(x)$
(Permutationsgruppe)

Ordinalskala
$x' = f(x)$
(isotonische Gruppe)

lineare Intervallskala
$x' = \alpha x + \beta$
(lineare Gruppe)

logarithmische Intervallskala
$x' = kx^n$
(Potenzgruppe)

Verhältnisskala
$x' = \alpha x$
(Ähnlichkeitsgruppe)

Aus dieser Abbildung ist ersichtlich, daß die einzelnen Skalentypen — beginnend mit der „schwächsten", der Nominalskala — durch ihre mathematische Struktur und ihre zulässigen Transformationen, bei denen die Skalenform invariant bleibt, im wesentlichen charakterisiert sind.

Die zulässigen Transformationen, bei denen die Skalenformen der Skalen in dieser Hierarchie invariant bleiben, beschränken zugleich immer mehr die Wahlfreiheit der numerischen Zuordnung und charakterisieren dadurch wesentliche Unterschiede in den numerischen Eigenschaften der Skalenwerte. Die Skalenwerte der Nominalskalen, die wir aus dem Bereich der nichtmetrischen Skalen ausschließen, sind nur Ziffern, numerische Benennungen. Die Skalenwerte der Ordinalskalen, die wir als den eigentlichen Repräsentanten der nichtmetrischen Skalen betrachten, sind Ordinalzahlen, die jedoch nur die relative Anordnung wiedergeben, ohne zugleich auszudrücken, um wievielmal die skalierte Eigenschaft, d. h. die nichtmetrische Größe, größer oder kleiner ist. Sie sind deswegen nur in ihrer gegenseitigen Beziehung interpretierbar. Erst die Skalenwerte der uniformen Intervallskalen und der Verhältnisskalen, die die Funktion von Kardinalzahlen erfüllen, bestimmen auch die Größe der gemessenen Eigenschaften, im ersten Falle relativ zum Nullpunkt der Skala, sobald er von der Zahlennull verschieden ist. Daraus ergibt sich auch der Bezug dieser Skalentypen zur Quantifizierung.

4. Aspekte der Meßbarkeit

Die Metrisierung, sobald sie eine angemessene Interpretation im Rahmen eines konkreten empirischen Bereiches erhalten soll, bedarf einer operationell realisierbaren Deutung der grundlegenden Begriffe. Dabei geht es nicht nur darum, ein mathematisches Modell zu konstruieren oder eine stark idealisierte Begriffskonstruktion anzustreben, sondern um empirisch überprüfbare und praktisch anwendbare Ergebnisse, wie sie nur durch Messungen erreichbar sind. Nur so können die hochgesteckten, jedoch nicht hinreichend begründeten Erwartungen an die Nutzbarkeit der Metrisierung im Falle rein qualitativer Objekte, besonders auf dem Gebiet verschiedener Gesellschaftswissenschaften, erfüllt werden.

Das primäre Kriterium der Meßbarkeit mit Hilfe metrischer Skalen beruht auf der Existenz einer konstanten, objektiv reproduzierbaren Maßeinheit. In diesem Fall werden jedoch oft von Methodologen des behavioralen oder sozialen Messens aus dem konventionellen Charakter der konkreten Wahl der Maßeinheit unberechtigte Schlußfolgerungen gezogen, die auf einer Konfusion zwischen dem, was arbiträr, und dem, was konventionell sein kann, beruhen. Wenn man beliebig Maßeinheiten einführen könnte, ohne sie definieren und empirisch reproduzieren zu müssen, hätten wir auf dem Gebiet des außerphysikalischen Messens überhaupt keine Schwierigkeiten.

Die Existenz einer Maßeinheit ist eine Bestätigung des objektiv quantitativen Charakters des gemessenen Objektes. Keine Umgehung dieser notwendigen Bedingung der Meßbarkeit, z. B. mit Hilfe des Distanzbegriffs, durch Einführung der Mittenbildung, durch regelmäßige, gleich entfernte Abstände, kann diese Sachlage ändern. Wir können den Status eines Objektes nicht willkürlich verändern. Ein unmittelbar oder vermittelt objektiver Charakter der zu messenden Objekte ist aus philosophischer Sicht eine notwendige Voraussetzung der Meßarbeit. Bei qualitativ bestimmten Objekten, die man nicht in einen gesetzmäßigen Zusammenhang mit quantitativen Charakteristika bringen kann, ist es deswegen grundsätzlich ausgeschlossen, von ihrer Meßbarkeit zu sprechen. Daraus ergibt sich auch die Möglichkeit, die zugeordneten numerischen Ausdrücke als Zahlen zu interpretieren.

Außer dieser wesentlichen Bedingung der Meßarbeit wird oft noch die Additivitätsbedingung für metrische Größen gefordert. Diese Bedingung ist jedoch nur als eine zusätzliche Charakteristik strikt-extensiver Größen aufzufassen. Sie muß also nicht unbedingt erfüllt werden, wenn man von Meßbarkeit im wahren Sinne des Wortes sprechen will. Es wurden auch verschiedene Vorschläge vorgelegt, die diese spezifische Bedingung der Metrisierung in einer modifizierten Weise befriedigen würden.

Erstens, die Addition wird durch eine metrische Operation ersetzt, die sich nur auf Abstände zwischen Skalennummern bezieht, oder durch die Operation der Mittenbildung, die eine regelmäßige Teilung des Skalenintervalls ermöglicht. Diese Abschwächung der Additionsbedingung soll zugleich dem Einwand begegnen, daß die Anwendung von Intervallskalen den Bedürfnissen der Metrisierung nicht völlig entspräche.

Zweitens wird die übliche empirische Deutung der Addition als einer Konkatenation durch eine erweiterte Interpretation ersetzt. So kann man z. B. für die Temperatur die Addition von zwei Temperaturgraden — im Unterschied zu der Zusammensetzung zweier Körper der Länge nach — als eine „zeitlich bedingte Verknüpfung" von zwei Temperaturzuständen eines Körpers in zeitlich aufeinander folgenden Momenten auffassen.

Drittens wird eine Einschränkung der Additionsbedingung vorgeschlagen. Die Notwendigkeit einer empirischen Interpretation der Additivität soll dann nur für Größen bestehen, die fundamental gemessen werden. Auch abgeleitete oder assoziativ gemessene Größen können streng quantitativ gemessen werden, sobald sie auf Grund eines theoretischen oder numerischen Gesetzes mit fundamental gemessenen Größen verknüpft sind.

4.1. Primäre und sekundäre Messungen

Die Meßtheorie bietet bei der Lösung des oben angeführten Problems durch die Unterscheidung von fundamentalen, abgeleiteten und assoziativen Messungen theoretisch begründete und methodologisch annehmbare Ergebnisse.

Im Falle eines *fundamentalen Messens* sind die Zuordnungsregeln unmittelbar empirisch interpretierbar und zwar in einer solchen Weise, daß die operationelle Deutung der betreffenden Grundbegriffe „<", „=" und „+" von jeder vorhergehenden Messung unabhängig ist. Fundamental meßbare metrische Größen, z. B. die Länge, bilden dann den Ausgangspunkt — natürlich unter Berücksichtigung theoretischer Überlegungen — des Größensystems in der Physik. Die Operationalisierung ist dabei nicht unbedingt eindeutig, besonders wenn diese Größen in extrem kleinen oder großen Werten gemessen werden. Ihnen entspricht ein ähnliches System von fundamentalen Maßeinheiten, deren Wahl aus theoretischen und praktischen Gründen standardisiert ist.

Mit Hilfe dieser Grundgrößen und deren Grundmaßeinheiten lassen sich auf der Grundlage physikalischer Gesetze alle anderen metrischen Größen und deren Maßeinheiten ableiten. Es handelt sich dann um das *abgeleitete Messen*. So beruht z. B. das Messen der Dichte, das theoretisch als abgeleitetes Messen zu betrachten ist, auf den fundamental meßbaren metrischen Größen „Länge" und „Masse". Praktisch ist es jedoch bei metrischen Größen, die durch den abgeleiteten Meßvorgang gemessen werden, oft auch möglich, sie mit Hilfe von speziell konstruierten Meßinstrumenten fundamental zu messen, so z. B. die Dichte von Flüssigkeiten durch ein Hydrometer.

Für die Anwendbarkeit des Messens außerhalb der Physik spielt das assoziative

Messen[13] bzw. das verknüpfte (conjoint) Messen[14] eine wichtige Rolle. Das *assoziative Messen* beruht auf einer unabhängig gemessenen, fundamentalen oder abgeleiteten Größe, die mit einer anderen extensiven oder intensiven Größe gesetzmäßig assoziiert ist. Auf Grund dieser Korrelation werden dann unter gewissen Voraussetzungen Schlußfolgerungen auf die numerischen Eigenschaften mittelbar nicht meßbarer Größen gezogen. So zum Beispiel wird die Temperatur, betrachtet als eine Funktion der Längenmessung, eines Stoffes, assoziativ gemessen. Durch das assoziative Messen lassen sich dann indirekt auch andere quasi-extensive Größen auf einer Verhältnisskala messen.

Die Anwendungsmöglichkeit des assoziativen Messens bzw. des verknüpften Messens zeigt sich auch in anderen Wissenschaftszweigen. So wurden auf dem Gebiet der Biologie bereits gewisse positive Ergebnisse erreicht.[15]

4.2. Gültigkeit und Zuverlässigkeit von Messungen

Für behaviorale und soziale Messungen, die in den meisten Fällen höchstens zu einer uniformen Intervallskala mit konstanten Distanzen führen, ohne daß man eine objektiv gegebene Maßeinheit zur Verfügung hat, müssen noch zwei weitere Probleme untersucht werden: die Gültigkeit und die Zuverlässigkeit der Meßergebnisse. Diese Aspekte des außerphysikalischen Messens sind einerseits dadurch bedingt, daß die gemessenen Variablen qualitative Begriffe repräsentieren, und andererseits dadurch, daß man in diesem Falle als Meßinstrumente verschiedene Testverfahren benutzt. Dabei ist stets zu beachten, ob das Meßinstrument von den Werten der gemessenen Variable unabhängig ist oder nicht.

Die grundsätzliche Entscheidung, ob ein Meßinstrument in bezug auf den gemessenen metrischen Begriff wirklich unabhängig von den Angaben des Instruments ist, die oft nicht eindeutig getroffen werden kann, führt zur Grundfrage des *Gültigkeitsproblems*: „Messen wir wirklich das, was wir zu messen glauben?", bzw. „Welche Variable wird eigentlich mit Hilfe des gegebenen Tests gemessen?". Die Gültigkeit bezieht sich demnach auf die Herausbildung und Anwendung eines Tests in bezug auf die direkt gemessene Variable und ihren Zusammenhang mit der indirekt untersuchten Eigenschaft.

Man unterscheidet verschiedene Arten der Gültigkeit: die inhaltliche, konstitutive und prädikative. Die inhaltliche bezieht sich auf die Angemessenheit der inhaltlichen Angaben des Tests, nämlich auf die Beurteilung, ob jeder Bestandteil des Tests sich auf die Eigenschaft bezieht, die man messen will. Bei der konstitutiven wird noch zusätzlich eine entsprechende Erklärung gefordert. Die prädika-

[13] Vgl. B. Ellis: Basic Concepts of Measurement, Cambridge 1966.

[14] Vgl. D. Krantz, R. D. Luce, P. Suppes und A. Tversky: Foundations of Measurement, Bd. I, New York—London 1971.

[15] Vgl. W. R. Stahl: Similarity and dimensional methods in biology, Science 137 (1962), S. 205—212.

tive Gültigkeit bezieht sich auf die Anwendbarkeit des Tests für verschiedene zukünftige Untersuchungen, bezogen auf eine andere Auswahl von Versuchspersonen.

Das *Verläßlichkeitsproblem* wurde auf Grund von Erfahrungen mit den verschiedenen Werten von Meßergebnissen formuliert, die von Fall zu Fall variabel sind, konsistent oder inkonsistent, exakt oder unexakt. Die Verläßlichkeit eines Meßinstruments steht demnach im Zusammenhang mit seiner Exaktheit und mit den zufälligen und systematischen Fehlern, die die erhaltenen Meßergebnisse beeinflussen. Sie wird meistens durch die Meßfehler bestimmt, so z. B. durch das Verhältnis des „richtigen" Streuungswerts zur Gesamtvariabilität von Daten, die das benutzte Meßinstrument liefert.

Von diesen zusätzlichen Forderungen, die von größter Bedeutung für außerphysikalische Messungen sind, ist die Gültigkeit eine notwendige Bedingung des Wertes der Meßergebnisse. Wenn man versucht, eine qualitative Eigenschaft mit Hilfe von Indikatoren zu messen, die in keinem wesentlichen Zusammenhang mit ihr stehen, können aus den Meßergebnissen keine angemessenen Schlüsse gezogen werden. Tut man es trotzdem, ist die Anwendung der Meßtechnik eher schädlich als nützlich. Die Verläßlichkeit ist mehr der Ausdruck der Zuverlässigkeit eines bestimmten Meßinstruments und dient deswegen einer Einschätzung von verschiedenen Tests: Eine sehr hohe oder sogar absolute Verläßlichkeit kann aus theoretischen und praktischen Gründen nie erreicht werden, da man, wie allgemein bekannt ist, bei den physikalischen Messungen keine absolut exakten Meßergebnisse erzielen kann.

Die Untersuchung dieser beiden Probleme ist zugleich notwendige Voraussetzung einer sachlichen Einschätzung der Anwendbarkeit von Metrisierung und Messung im Falle rein qualitativer Eigenschaften.

Die Bedeutung der Quantifizierung in der Forschung sowie in allen Bereichen der menschlichen Tätigkeit ist eine Tatsache, die heute niemand leugnen wird. Dem berechtigten Interesse der Forscher, quantitative Methoden zu benutzen, sind aber auch gewisse historische Grenzen gesetzt. Die Bemühung, alles zu quantifizieren, was noch nicht quantifiziert wurde, ohne dabei die objektiven Bedingungen zu beachten, unter denen man mit Recht vom Messen und Zählen sprechen kann, ist eher durch die Idee einer universellen mathematischen Methode im Sinne des objektiven Idealismus der Pythagoreer und Platoniker und durch den subjektiv-idealistischen Reduktionismus und Physikalismus der Neopositivisten und Operationalisten beeinflußt als durch ein der Forschung angemessenes methodisches Vorgehen.

Ein reiner Quantitativismus ist vom Standpunkt der marxistisch-leninistischen Philosophie ebenso einseitig wie der ihm entgegengesetzte reine Qualitativismus und desinterpretiert in der Tat den historisch bedingten Prozeß der Abstraktion und Idealisierung, überschätzt den Charakter theoretischer Begriffe und verabsolutiert die quantitativen Aspekte der objektiv existierenden Gegenstände, Erscheinungen und Prozesse der realen Welt. Der Reduktionismus und der Physikalismus mißachten die inhaltliche und theoretische Bezogenheit von Methoden auf einen bestimmten Wissenschaftsbereich, in dem sie passend entwickelt und benutzt werden. Sie überschätzen die Funktion von Konventionen in der Auswahl von Theorien, Methoden und Begriffen und verletzen die ontologische Grundlage jeder objektiv fundierten Quantifizierung. In beiden Fällen wird die Einheit von Theorie und Praxis, die Dialektik von Qualität und Quantität sowie die historische und gesellschaftliche Bedingtheit des wissenschaftlichen Erkennens ignoriert oder in unangemessener Art und Weise gedeutet.

Die sich daraus ergebenden methodologischen Schwierigkeiten, wie sie besonders bei der Anwendung von quantitativen Methoden in den Gesellschaftswissenschaften zum Vorschein kommen, können keinesfalls durch Konventionen oder nur rein theoretisch mit Hilfe verschiedener Meßmodelle beseitigt werden. Die Heraushebung rein formaler Aspekte der Quantifizierung, die Entwicklung nur der sogenannten mathematischen Theorie des Messens, die Konstruktion von komplizierten Skalierungsverfahren können weder die inhaltlichen noch die methodologischen Probleme der Quantifizierung in verschiedenen, bislang meist nur qualitativ orientierten Wissenschaftsdisziplinen klären. Die Anwendbarkeit quantitativer Methoden hat ihre objektiv und historisch gegebenen Grenzen, die man nicht subjektivistisch interpretieren und willkürlich überschreiten kann. Sie können nur dann zu korrekten, methodologisch fruchtbaren und theoretisch fundierten Ergebnissen führen, wenn alle notwendigen Vorbedingungen ihres Einsatzes erfüllt sind und zugleich beachtet wird, daß sie stets in bezug auf den spezifischen Charakter der betreffenden Wissenschaftsdisziplin modifiziert werden müssen. Quantitative Daten zu erreichen ist kein Selbstzweck. Sie bilden ja nur das Ausgangsmaterial für theoretische Überlegungen, für die Verifizierung oder Falsifizierung von Hypothesen. Aus diesen Gründen können weder Messen noch Zählen, für sich genommen, wesentliche, inhaltlich bezogenen Probleme in verschiedenen Wissenschaften lösen.

Eine nüchterne Einschätzung der Quantifizierung in der Forschung leistet für ihre berechtigte Anwendung mehr als eine euphorische Sicht, in der die Meßbarkeit als grundsätzlich grenzenlos aufgefaßt wird.

Peter Stöber

Zum Erwartungswert von Experimenten

Gegenstand der Untersuchung soll die Abhängigkeit des Erwartungswertes eines Experiments von dem zu lösenden Problem als einer speziellen Art des Zusammenhangs zwischen Problem und Methode sein.

Es wird das Ziel verfolgt, dem experimentell tätigen Wissenschaftler ein Hilfsmittel zu liefern, das ihm gestattet, im vorhinein zu sagen, welchen Wert die von ihm geplanten Experimente haben werden und welche Experimente er durchführen sollte.

Die Arbeit besteht aus drei Teilen. Im ersten Teil wird ein Ausdruck zur Bestimmung des Erwartungswertes von Experimenten entwickelt. Im zweiten Teil werden die Erwartungswerte eines Experiments für zwei Arten von Problemen berechnet, so daß die Abhängigkeit des Erwartungswertes eines Experiments von dem zu lösenden Problem gezeigt werden kann. Schließlich werden im dritten und abschließenden Teil ein Ausdruck zur Bestimmung des Erwartungswertes von Tests in der Medizin abgeleitet sowie eine Strategie zur Befunderhebung angegeben.

Für die Entwicklung des Ausdrucks zur Bestimmung des Erwartungswerts von Experimenten im ersten Teil werden die Aussagenlogik, die Wahrscheinlichkeitstheorie und die Entscheidungstheorie verwendet. Der Ausgangspunkt für die Überlegung in diesem Teil ist das Vorliegen eines zu lösenden Problems. Dabei bleibt unberücksichtigt, woraus sich dieses Problem ergibt, woher es kommt. Sodann wird angenommen, daß eine Menge von Aktionen bekannt ist, deren Durchführung zur Lösung des Problems möglich erscheint. Ob das Problem mittels der Durchführung einer bestimmten Aktion lösbar ist, hängt — wie weiterhin angenommen wird — davon ab, in welchen Zuständen sich bestimmte Objekte des Gegenstandsbereiches, der ein Teil der objektiven Realität ist, befinden.

Es wird vorausgesetzt, daß eine Menge von Hypothesen über die Zustände dieser Objekte sowie eine Wahrscheinlichkeitsverteilung über der Menge von Hypothesen gegeben ist. Diese Wahrscheinlichkeitsverteilung soll auf eindeutige Weise aus den bereits vorhandenen Kenntnissen über den Gegenstandsbereich gewonnen werden können. In dieser Arbeit wird nicht untersucht, wie das geschehen kann.

Eine weitere Annahme ist, daß für alle möglichen Paare von Aktionen und Zuständen bestimmter Objekte des Gegenstandsbereiches eine Größe bekannt ist, die den Wert der Aktion für die Lösung des Problems unter der Bedingung, daß sich die bestimmten Objekte in diesen Zuständen befinden, darstellt. Diese Werte sollen z. B. durch eine Funktion bestimmt werden können.

Infolge eines Experiments sollen sich nun in bestimmter Weise die Kenntnisse über den Gegenstandsbereich und folglich auch die Wahrscheinlichkeit der Hypothesen über die Zustände bestimmter Objekte des Gegenstandsbereiches ändern können. Da für die Bewertung beliebiger Handlungen im vorhinein — für die Bestimmung ihrer Erwartungswerte — lediglich deren mögliche Resultate interessant sind, wird ein Experiment für die Zwecke dieser Untersuchung als die Menge seiner möglichen Resultate definiert.

Um die Abhängigkeit des Erwartungswertes eines Experiments von dem zu lösenden Problem zeigen zu können, werden im zweiten Teil zwei Arten von Problemen angegeben, die bezüglich des Zustandes von Objekten des Gegenstandsbereiches bei einer bestimmten Beschreibungsweise existieren können. Der Gegenstandsbereich wird dabei durch eine Sprache beschrieben, deren primitive Ausdrücke Beschreibungen einer Eigenschaft eines Objektes des Gegenstandsbereiches mittels einstelliger Prädikate sind. Alle übrigen Ausdrücke dieser Sprache werden aus derartigen Eigenschaftsbeschreibungen durch Anwendung der üblichen logischen Operationen gebildet.

Sodann werden die Erwartungswerte eines Experiments für die beiden Arten von Problemen berechnet.

Der dritte Teil stellt eine Interpretation des ersten Teils in der Sprache der Medizin dar.

Es sei nun ein wesentlicher Punkt erwähnt: Bei den betrachteten Problemen handelt es sich nicht um Probleme innerhalb des Rahmens einer wissenschaftlichen Theorie. Die wissenschaftliche Forschung im Rahmen einer Theorie geht von den Grundprinzipien dieser Theorie aus, die in einer bestimmten Sprache — der Sprache der Theorie — formuliert sind, und nicht von der Beschreibung der Objekte des Gegenstandsbereichs durch eine theorieunabhängige Sprache. Aus den Grundprinzipien und einem Modell der Objekte des Gegenstandsbereiches folgen die möglichen Zustandsbeschreibungen der Objekte und auch die Wahrscheinlichkeiten dieser Hypothesen über den Zustand von Objekten.

Diese Problematik wurde vom Autor in [1] behandelt. Aus der Struktur der Theorie folgen auch die Typen von Problemen, die es bezüglich des Zustands von Objekten des Gegenstandsbereiches geben kann.

[1] P. Stöber: Über induktive Logik und die Verteilungsfunktion der statistischen Thermodynamik, Forschungsbericht Nr. 3 zum Thema, Institut für Wissenschaftstheorie und -organisation der AdW der DDR, 1974 (unveröffentlichte Studie).

1. Entwicklung des Ausdrucks zur Bestimmung des Erwartungswertes

Es sei zu Beginn angenommen, daß ein mit P_l bezeichnetes Problem aus einer Menge von Problemen

$$\Pi = \{P_l : l = 1, \dots, q\} \tag{1.1}$$

gelöst werden soll.

Zur Lösung dieses Problems möge die Durchführung einer Menge von durch

$$A_l = \{a_{li} : i = 1, \dots, m\} \tag{1.2}$$

beschriebenen Aktionen möglich erscheinen. Da sich die durch a_{li} beschriebenen Aktionen eindeutig auf P_l beziehen, wäre es an sich möglich, auf die Angabe des zu lösenden Problems im folgenden zu verzichten. Das wird aber nicht getan werden, da dem Leser immer im Bewußtsein bleiben soll, daß es um die Lösung eines bestimmten Problems geht.

Es sei weiter angenommen, daß es vom Zustand der Objekte des Gegenstandsbereiches abhängt, ob das Problem mittels der Durchführung einer bestimmten Aktion gelöst werden kann. Die Menge der Hypothesen über den Zustand der Objekte des Gegenstandsbereiches sei mit

$$H = \{h_j : j = 1, \dots, n\} \tag{1.3}$$

bezeichnet.

(Es sei angemerkt, daß es sich bei den Mengen Π, A_l und H um Mengen von Aussagen aus einer Sprache L handeln möge.)

Der Grad der erreichten Problemlösung — der Wert einer durch a_{li} beschriebenen Aktion für die Lösung des Problems P_l — unter der Bedingung, daß eine Hypothese h_j Beschreibung des Zustandes der Objekte des Gegenstandsbereiches ist, sei mit $W(h_j, a_{li}, P_l)$ bezeichnet.

Es sei angenommen, daß eine Wahrscheinlichkeitsverteilung über der Menge H gegeben ist, die in eindeutiger Weise aus mit K bezeichneten Kenntnissen über den Gegenstandsbereich gewonnen wurde. K ist ebenfalls ein Ausdruck der Sprache L.

Die Wahrscheinlichkeitsverteilung über H möge den Bedingungen

$$p(h_j \wedge h_k/K) = 0\,, \qquad \text{für } j \neq k\,, \tag{1.4}$$

$$p(h_1 \vee \dots \vee h_n/K) = \sum_{j=1}^{n} p(h_j/K) = 1$$

genügen.

Der Erwartungswert einer durch a_{li} beschriebenen Aktion für die Lösung eines Problems P_l ist gegeben durch

$$EW(a_{li}, P_l) = \sum_{j=1}^{n} W(h_j, a_{li}, P_l)\, p(h_j/K)\,. \tag{1.5}$$

(Leser, die in die Entscheidungstheorie eingeführt werden möchten, seien auf R. Jeffrey[2] verwiesen.)

Diejenige Aktion, deren Durchführung den größten Erwartungswert hat, ist durch

$$EW(a_{l\max o}, P_l) = \max_i \sum_{j=1}^{n} W(h_j, a_{li}, P_l)\, p(h_j/K) \tag{1.6}$$

gegeben. Dabei wird angenommen, daß genau eine Aktion den maximalen Erwartungswert hat.

Da die Wahrscheinlichkeiten der Hypothesen auf der Grundlage der Kenntnisse K — der Kenntnisse über den Zustand der Objekte des Gegenstandsbereichs — gebildet wurden, werden sich die Wahrscheinlichkeiten im allgemeinen ändern, wenn sich die Kenntnisse K ändern.

K kann sich z. B. infolge eines Experiments ändern. Ein Experiment sei definiert durch eine Menge von Aussagen über seine möglichen Resultate:

$$e = \{r_k : k = 1, \ldots, s\}\,. \tag{1.7}$$

Es sei angenommen, daß auf der Grundlage von K eine Wahrscheinlichkeitsverteilung e gegeben ist, die den Bedingungen

$$p(r_j \wedge r_k/K = 0\,, \qquad \text{für} \qquad j \neq k\,, \tag{1.8}$$

$$p(r_1 \vee r_2 \vee \ldots \vee r_s/K) = \sum_{K=1}^{s} p(r_k/K) = 1 \tag{1.9}$$

genügen möge.

Die Bedingungen (1.8) und (1.9) bedeuten, daß das Resultat des Experiments durch eine und nur eine Aussage r_k beschrieben wird. Nach Durchführung des Experiments können die Kenntnisse über den Gegenstandsbereich durch genau ein Element der Menge

$$\{K \wedge r_k : k = 1, \ldots, s\} \tag{1.10}$$

beschrieben werden.

Infolge der Änderung der Kenntnisse über den Gegenstandsbereich ändert sich auch die Wahrscheinlichkeitsverteilung über der Menge der Hypothesen.

An dieser Stelle kann die Frage nach dem Erwartungswert eines durch (1.7), (1.8) und (1.9) definierten Experiments gestellt werden.

Zur Beantwortung dieser Frage sei als erstes angenommen, daß das Resultat des Experiments durch die Aussage r_k beschrieben wird.

Dann ist der Erwartungswert einer Aktion bzw. der maximale Erwartungswert — und damit die Aktion mit dem maximalen Erwartungswert — analog (1.5) bzw. (1.6) durch

$$EW(a_{li}, P_l, r_k) = \sum_{j=1}^{n} W(a_{li}, h_j, P_l)\, p(h_j/K \wedge r_k) \tag{1.11}$$

[2] R. Jeffrey: Die Logik der Entscheidung, Oldenburg 1971.

bzw.

$$EW(a_{l\,\max k}, P_l, r_k) = \max_i \sum_{j=1}^{n} W(a_{li}, h_j, P_l)\, p(h_j/K \wedge r_k) \tag{1.12}$$

gegeben. Unter der Bedingung, daß die Hypothese h_j wahr ist, hat die Durchführung der durch $a_{l\,\max k}$ beschriebenen Aktion den Wert

$$W(a_{l\,\max k}, h_j, P_l)\,. \tag{1.13}$$

Unter der gleichen Bedingung hat die Durchführung der durch $a_{l\,\max o}$ beschriebenen Aktion den Wert

$$W(a_{l\,\max o}, h_j, P_l)\,. \tag{1.14}$$

Nach einer Mittelung über die Wahrscheinlichkeiten aller Hypothesen ergibt sich für den Erwartungswert der Aussage r_k für die Lösung des Problems P_l

$$EW(r_k, P_l) = \sum_{j=1}^{n} p(h_j/K \wedge r_k)\,[W(a_{l\,\max k}, h_j, P_l) - W(a_{l\,\max o}, h_j, P_l)]\,. \tag{1.16}$$

Nach einer Mittelung über die Wahrscheinlichkeiten der Aussage r_k wird der Erwartungswert des Experiments zu

$$\begin{aligned} EW(e, P_l) &= \sum_{k=1}^{s} p(r_k/K) \sum_{j=1}^{n} p(h_j/K \wedge r_k) \\ &\quad \times [W(a_{l\,\max k}, h_j, P_l) - W(a_{l\,\max o}, h_j, P_l)] \\ &= \sum_{k=1}^{s} p(r_k/K) \max_i \sum_{j=1}^{n} p(h_j/K \wedge r_k)\, W(a_{li}, h_j, P_l) \\ &\quad - \max_i \sum_{j=1}^{n} p(h_j/K)\, W(a_{li}, h_j, P_l)\,. \end{aligned} \tag{1.17}$$

Wenn die möglichen Resultate des Experiments durch die Hypothesen beschrieben werden oder, anders gesagt, wenn mittels der Durchführung des Experiments entschieden werden kann, welche Hypothese wahr ist, kann der Ausdruck zur Bestimmung des Erwartungswertes auf folgende Weise abgeleitet werden.

Der Wert der Aktion, die durchgeführt würde, wenn bekannt wäre, daß die Hypothese h_j wahr ist, ist durch

$$\max_{a_{li}} W(a_{li}, h_j, P_l) \tag{1.18}$$

gegeben.

Wenn eine Aktion durchgeführt wird, ohne daß bekannt ist, welche Hypothese wahr ist, ist der Wert dieser — unter der Voraussetzung der Wahrheit von h_j — durch

$$W(a_{l\,\max o}, h_j, P_l) \tag{1.19}$$

gegeben.

Nach einer Mittelung über die Wahrscheinlichkeiten der Hypothesen ergibt sich für den Erwartungswert eines Experiments für die Lösung eines Problems P_l

$$EW(e, P_l) = \sum_{j=1}^{n} p(h_j/K) (\max_{a_{li}} W(a_{li}, h_j, P_l) - W(a_{l\,\max o}, h_j, P_l))$$

$$= \sum_{j=1}^{n} p(h_j/K) \max_{a_{li}} W(a_{li}, h_j, P_l)$$

$$- \max_{a_{li}} \sum_{j=1}^{n} p(h_j/K) W(a_{li}, h_j, P_l) . \qquad (1.20)$$

Sofern es möglich ist, für die Lösung eines Problems verschiedene Experimente durchzuführen, kann mittels (1.17) bzw. (1.20) dasjenige mit dem maximalen Erwartungswert bestimmt werden. (1.20) bzw. (1.17) drücken den folgenden Zusammenhang zwischen Experiment und zu lösendem Problem aus:

Da der Erwartungswert eines Experiments von dem zu lösenden Problem abhängt, gibt es — unter der Voraussetzung, daß die Durchführung mehrerer Experimente für die Lösung des Problems möglich ist — ein Experiment, das den maximalen Erwartungswert für das zu lösende Problem aufweist, und gibt es ein Problem aus einer Menge zu lösender Probleme, für das der Erwartungswert eines bestimmten Experimentes maximal ist.

Die Ausdrücke (1.17) bzw. (1.20) wurden bereits 1972 erhalten und in [3] angegeben.

Ähnliche Ergebnisse wie (1.17) erhielt R. Rosenkrantz[4]. Zu einem (1.20) vergleichbaren Resultat kam bereits J. D. Sneed[5]. Es sei erwähnt, daß das durch (1.7) definierte Experiment als eine Informationsquelle aufgefaßt werden kann, deren Ereignisse die durch die Aussagen r_K beschriebenen möglichen Resultate des Experiments sind. Analog dazu kann das Experimentieren als eine Kommunikation mit der Natur aufgefaßt werden. Da der Erwartungswert eines Experiments nach (1.17) bzw. (1.20) davon abhängig ist, welches das zu lösende Problem ist — wobei man die Lösung dieses Problems als ein Ziel auffassen kann —, kann dieser als ein pragmatischer Informationswert interpretiert werden.

[3] P. Stöber: Zum Informationswert von Experimenten I, Forschungsbericht Nr. 1 zum Thema, Institut für Wissenschaftstheorie und -organisation der AdW der DDR, 1973 (unveröffentlichte Studie).

[4] R. Rosenkrantz: Experimentation as Communication with Nature, in: Information and Interference, hrsg. von P. Suppes und J. Hintikka, Dordrecht 1970.

[5] J. D. Sneed: Entropy, Information and Decision, Dordrecht 1967.

2. Die Abhängigkeit des Erwartungswertes eines Experiments von der Art des zu lösenden Problems

In diesem zweiten Abschnitt wird der Gegenstandsbereich durch eine Sprache L_1 beschrieben.[6] Das geschieht, um nach einer Angabe der Typen von Problemen und deren Beschreibung die Menge der Aktionen zu deren Lösung (1.2) angeben zu können, die Menge der hypothetischen Zustandsbeschreibungen der Objekte des Gegenstandsbereichs (1.3) bestimmen zu können, ein Experiment durch die Angabe der Menge der Aussagen, die die möglichen Resultate des Experiments beschreiben, innerhalb von L_1 definieren zu können, die Kenntnisse über den Zustand der Objekte des Gegenstandsbereichs K in Termen von L_1 angeben zu können und um die Wechselbeziehungen zwischen zu lösendem Problem und dem Erwartungswert eines Experiments zu seiner Lösung untersuchen zu können.

Es sei ein Gegenstandsbereich angenommen, der endlich oder unendlich viele Objekte, die mit O_j bezeichnet seien, enthalten möge.

Die Sprache L_1 möge g einstellige Prädikate E_k sowie die durch die üblichen logischen Operationen erhältlichen Verknüpfungen dieser Prädikate enthalten. Eine solche Sprache gestattet, Eigenschaften von Objekten auszudrücken. Mittels der g einstelligen Prädikate lassen sich 2^g Arten von Objekten unterscheiden. Diese 2^g Beschreibungsmöglichkeiten lassen sich auch als die Beschreibungen der möglichen Zustände Z_i der Objekte des Gegenstandsbereiches auffassen.

Eine Aussage über den Zustand eines Objektes hat also die Form

$$Z_i \underset{\text{Def}}{=} (\pm)\, E_1(x) \wedge (\pm)\, E_2(x) \wedge \dots \wedge (\pm)\, E_g(x)\,, \qquad i = 1, 2, \dots, 2^g\,, \tag{2.1}$$

wobei x eine Objektvariable ist.

Ein Objekt ist folglich von einer anderen Art, wenn es sich in einem anderen Zustand befindet.

Mittels der Zustandsbeschreibungen (2.1) lassen sich Aussagen über die Zustände aller Objekte des Gegenstandsbereiches bilden, die die Form

$$ZG_w \underset{\text{Def}}{=} \left[(Ex)\, Z_{i_1}(x) \wedge (Ex)\, Z_{i_2}(x) \wedge \dots \wedge (Ex)\, Z_{i_w}(x)\right]$$
$$\wedge\ (x)\left\{Z_{i_1}(x) \vee Z_{i_2}(x) \vee \dots \vee Z_{i_w}(x)\right\} \tag{2.2}$$

haben. In Worten ausgedrückt, lautet ein Ausdruck (2.2): „In jedem der mit $Z_{i_1}, Z_{i_2}, \dots, Z_{i_w}$ bezeichneten Zustände befindet sich mindestens ein Objekt, und

[6] Die Beschreibung erfolgt aufbauend auf dem Beitrag des Autors zu K. Berka, A. Gorziza, E. Lang, H. Parthey, G. Kobbel und W. Wächter: Struktur von Forschungsproblemen in der experimentellen Forschung, Studie, Institut für Wissenschaftstheorie und -organisation der AdW der DDR, 1973 (unveröffentlichte Studie); P. Stöber: Zum Informationswert von Experimenten II, Forschungsbericht Nr. 2 zum Thema, Institut für Wissenschaftstheorie und -organisation der AdW der DDR, 1974 (unveröffentlichte Studie).

jedes der Objekte des Gegenstandsbereiches befindet sich in einem dieser Zustände."

Die Zustandsbeschreibungen (2.1) der Objekte entsprechen den Hintikkaschen attributiven Konstituenten Ct_i und die Beschreibungen des Gegenstandsbereiches (2.2) den Konstituenten C_w.[7] Es gilt, daß

$$\{Z_{i_1}, Z_{i_2}, \dots, Z_{i_w}\} \subseteq \{Z_1, Z_2, \dots, Z_{2^g}\} . \tag{2.3}$$

Die Anzahl der Beschreibungen des Gegenstandsbereiches, die die Existenz von genau w Arten von Objekten behaupten, ist

$$\binom{2^g}{w} . \tag{2.4}$$

Es sei bekannt, in welchen Zuständen sich n Objekte befinden. Diese Kenntnis wird durch den Ausdruck

$$K \underset{\text{Def}}{=} Z_{i_1}(O_1) \wedge Z_{i_2}(O_2) \wedge \dots \wedge Z_{i_n}(O_n) \tag{2.5}$$

beschrieben. Die n Objekte mögen sich auf c Zustände verteilen.

Daraus folgt, daß nur die Beschreibungen des Gegenstandsbereiches (2.2) mit K verträglich sind, die behaupten, daß mindestens diese c Zustände besetzt sind. Die Menge der Beschreibungen des Gegenstandsbereiches, die mit K verträglich sind, ist

$$\{ZG_{c+w} : w = 0, 1, \dots, 2^g - c\} . \tag{2.7}$$

Die Anzahl der Beschreibungen des Gegenstandsbereiches, die behaupten, daß genau $c + w$ Zustände besetzt sind, ist

$$\binom{2^g - c}{w} . \tag{2.8}$$

Da der Zustand eines Objektes innerhalb der Sprache L_1 durch die einstelligen Prädikate E_k beschrieben wird, besteht ein Experiment hier in einem Verfahren, das durchgeführt wird, um festzustellen, ob ein bestimmtes Objekt eine mit E_k bezeichnete Eigenschaft besitzt. Wenn der Zustand von n Objekten bekannt ist, wird folglich das $(n + 1)$-te Objekt in einem Experiment auf das Vorliegen der mit E_k bezeichneten Eigenschaft hin untersucht. Die Menge der Beschreibungen der möglichen Resultate eines Experimentes e_k ist folglich

$$e_k = \{E_k(O_{n+1}), - E_k(O_{n+1})\} , \qquad k = 1, \dots, g . \tag{2.9}$$

Wenn es sich bei der mit E_k bezeichneten Eigenschaft um eine Größe handelt, deren Meßwerte ein kontinuierliches Intervall überstreichen, ist ein Grenzwert so festzulegen, daß, wenn dieser Wert überschritten wird, die Eigenschaft vorliegt.

[7] J. Hintikka: On semantic information, in: Information and Inference, hrsg. von P. Suppes und J. Hintikka, Dordrecht 1970.

Folgende Typen von Fragen — die unterschiedliche Typen von Problemen repräsentieren — können bezüglich eines durch L_1 beschriebenen Gegenstandsbereiches gestellt werden:

F_1: In welchem Zustand befindet sich das Objekt O_{n+1}, oder, äquivalent dazu, welches Z_i ist Beschreibung von O_{n+1}, oder, äquivalent dazu, von welcher Art ist das Objekt O_{n+1}?

F_2: In welchen Zuständen befinden sich die Objekte des Gegenstandsbereichs, oder, äquivalent dazu, welches ZG_w ist Beschreibung des Gegenstandsbereiches, oder, äquivalent dazu, welche Arten von Objekten gibt es?

Die Frage F_1 kann im einfachsten Falle die Frage danach sein, ob O_{n+1} eine durch E_k bezeichnete Eigenschaft besitzt. Die Frage F_1 repräsentiert das mit P_1 bezeichnete Problem, eine Beschreibung des Objektes O_{n+1} zu geben, die Frage F_2 das mit P_2 bezeichnete Problem, eine Beschreibung des Gegenstandsbereiches zu geben.

Als nächstes soll nun der Ausdruck zur Bestimmung des Erwartungswertes eines Experimentes (2.9) für das Problem P_1, ausgehend von dem allgemeinen Ausdruck (1.17), entwickelt werden. Dazu werden noch

a) die Menge der möglich erscheinenden Aktionen zur Lösung des Problems P_1 (siehe 1.2),
b) die Menge der Hypothesen über den Zustand des Objektes O_{n+1} (siehe 1.3), auf a) und b) aufbauend,
c) die Funktion $W(h_j, a_{1_i}, P_1)$,
d) die Wahrscheinlichkeiten der Hypothesen über den Zustand des Objektes O_{n+1} (nach b) und
e) die Wahrscheinlichkeiten der Beschreibungen der möglichen Resultate des Experimentes (2.9)

benötigt.

Zu a)

Mögliche Aktionen zur Lösung des Problems P_1 können durch

$$a_{1_i} \underset{\text{Def}}{=} \text{Beschreiben des Objektes } O_{n+1} \text{ durch } Z_i(O_{n+1}), \qquad i = 1, \dots, 2^g, \tag{2.10}$$

beschrieben werden.

Zu b)

Die Menge der Hypothesen über den Zustand des Objektes O_{n+1} ist die Menge der Zustandsbeschreibungen (2.1), d. h.

$$H = \{Z_i(O_{n+1}) : i = 1, \dots, 2^g\} . \tag{2.11}$$

Zu c)

$W(a_{1_i}, Z_j(O_{n+1}), P_1)$ bestimmt den Wert der Durchführung einer durch a_{1_i} (2.10) beschriebenen Aktion — also Zustandsbeschreibung des Objektes O_{n+1} durch $Z_i(O_{n+1})$ — für die Lösung des Problems P_1 unter der Bedingung, daß sich das Objekt O_{n+1} in dem mit Z_j bezeichneten Zustand befindet.

Zur Bestimmung des Wertes soll hier die aus der Literatur bekannte inf-Funktion verwendet werden. Die Eigenschaften der inf-Funktion wurden von J. Hintikka[8] ausführlich diskutiert. Sie wurde den anderen bekannten Funktionen (z. B. der cont-Funktion) wegen der Analogie zur Shannonschen Informationstheorie vorgezogen. Man kann also den Wert als einen Informationswert interpretieren.

Der Autor ist sich bewußt, daß die Wahl der inf-Funktion zur Bestimmung des Wertes problematisch ist. Hier sei dazu nur gesagt, daß es sein könnte, daß zur Bestimmung des Wertes nicht für alle Gegenstandsbereiche die gleiche Funktion (hier die inf-Funktion) verwendet werden kann. Außerdem ist es möglich, daß die Funktion keine Funktion von Wahrscheinlichkeiten sein kann. Mit der inf-Funktion erhält man

$$W(a_{1_i}, Z_j(O_{n+1}), P_1)$$
$$= \begin{cases} \inf(Z_i(O_{n+1})) = -\,ldp\,(Z_i(O_{n+1})/K) & \text{für} \quad i = j \\ -\inf(Z_j(O_{n+1})) = ldp\,(Z_j(O_{n+1})/K) & \text{für} \quad i \neq j\,. \end{cases} \tag{2.13}$$

Das Minuszeichen in (2.13) für $i \neq j$ rührt daher, daß der Wert einer Beschreibung durch $Z_j(O_{n+1})$ verlorenginge, würde der Zustand von O_{n+1} durch $Z_i(O_{n+1})$ beschrieben, während O_{n+1} jedoch in einem Zustand wäre, der durch $Z_j(O_{n+1})$ zu beschreiben ist. Es gilt

$$W(a_{1_i}, Z_j(O_{n+1}), P_1) = -\,W(a_{1_j}, Z_j(O_{n+1}), P_1) \qquad \text{für} \quad i \neq j\,. \tag{2.14}$$

Zu d) und e)

Auf eine Bestimmung der Wahrscheinlichkeiten der möglichen Zustandsbeschreibungen der Objekte, der Wahrscheinlichkeiten der möglichen Beschreibungen des Gegenstandsbereiches und der Wahrscheinlichkeiten der Beschreibungen der möglichen Resultate eines Experiments (2.9) soll hier nicht näher eingegangen werden. Es sei hier nur erwähnt, daß von der Induktiven Logik — der Theorie der logischen Wahrscheinlichkeiten — Ausdrücke für die Bestimmung aller drei Wahrscheinlichkeiten angegeben werden (siehe z. B. R. Carnap[9] und J. Hintikka[10]). Auf die mit diesen Ausdrücken verbundene Problematik ist der Autor in (1)[1] eingegangen.

Ausgehend von (1.17) erhält man für den Erwartungswert eines Experiments (2.9) für die Lösung des Problems P_1

[8] J. Hintikka: The varieties of information and scientific explanation, in: Logic, Methodology and Philosophy of Science III, hrsg. von B. van Rootselaar und J. F. Staal, Amsterdam 1968.

[9] R. Carnap: Logical Foundations of Probability, Chicago 1950; R. Carnap: The Continuum of Inductive Methods, Chicago 1952.

[10] J. Hintikka: A Two-Dimensional Continuum of Inductive Methods, in: Aspects of Inductive Logic, hrsg. von J. Hintikka und P. Suppes, Amsterdam 1966.

$$
\begin{aligned}
&EW(e_k, P_1) \\
&= p(E_k(O_{n+1})/K) \max_{a_{1_i}} \sum_{j=1}^{2^g} p(Z_j(O_{n+1})/K \wedge E_k(O_{n+1}))W(a_{1_i}, Z_j(O_{n+1}), P_1) \\
&\quad + p(-E_k(O_{n+1})/K) \max_{a_1} \sum_{j=1}^{2^g} p(Z(O_{n+1})/K \wedge - E_k(O_{n+1})) \\
&\quad \times W(a_{1_i}, Z_j(O_{n+1}), P_1) - \max_{a_{1_i}} \sum_{j=1}^{2^g} p(Z_j(O_{n+1})/K)\, W(a_{1_i}, Z_j(O_{n+1}), P_1)\,.
\end{aligned}
\tag{2.15}
$$

Mit (2.14) und

$$
p(E_k(O_{n+1})/K)\, p(Z_j(O_{n+1})/K \wedge E_k(O_{n+1})) = p(E_k(O_{n+1}) \wedge Z_j(O_{n+1})/K)
\tag{2.16}
$$

bzw.

$$
\begin{aligned}
&p(-E_k(O_{n+1})/K)\, p(Z_j(O_{n+1})/K \wedge - E_k(O_{n+1})) \\
&= p(-E_k(O_{n+1}) \wedge Z_j(O_{n+1})/K
\end{aligned}
$$

wird daraus

$$
\begin{aligned}
EW(e_k, P_1) = {} & \max_{a_{1i}} \Big[p(E_k(O_{n+1}) \wedge Z_i(O_{n+1})/K)\, W(a_{1i}, Z_i(O_{n+1}), P_1) \\
& - \sum_{j=1 (j \neq i)}^{2^g} p(E_k(O_{n+1}) \wedge Z_j(O_{n+1})/K)\, W(a_{1j}, Z_j(O_{n+1}), P_1) \Big] \\
& + \max_{a_{1i}} \Big[p(-E_k(O_{n+1}) \wedge Z_i(O_{n+1})/K)\, W(a_{1i}, Z_i(O_{n+1}), P_1) \\
& - \sum_{j=1 (j \neq i}^{2^g} p(-E_k(O_{n+1}) \wedge Z_j(O_{n+1})/K) W(a_{1j}, Z_j(O_{n+1}), P_1) \Big] \\
& - \max_{a_{1i}} \Big[p(Z_i(O_{n+1})/K)\, W(a_{1i}, Z_i(O_{n+1}), P_1) \\
& - \sum_{j=1 (j \neq i)}^{2^g} p(Z_j(O_{n+1})/K)\, W(a_{1j}, Z_j(O_{n+1}), P_1) \Big].
\end{aligned}
\tag{2.17}
$$

Da

$$
\begin{aligned}
&\max_{a_{1i}} \Big[p(E_k(O_{n+1}) \wedge Z_i(O_{n+1})/K)\, W(a_{1i}, Z_i(O_{n+1}), P_1) \\
&\quad - \sum_{j=1 (j \neq i)}^{2^g} p(E_k(O_{n+1}) \wedge Z_j(O_{n+1})/K)\, W(a_{1j}, Z_j(O_{n+1}), P_1) \Big] \\
&= 2 \max_{a_{1i}} p(E_k(O_{n+1}) \wedge Z_i(O_{n+1})/K)\, W(a_{1i}, Z_i(O_{n+1}), P_1) \\
&\quad - \sum_{j=1}^{2^g} p(E_k(O_{n+1}) \wedge Z_j(O_{n+1})/K)\, W(a_{1j}, Z_j(O_{n+1}), P_1)
\end{aligned}
\tag{2.18}
$$

(das Entsprechende gilt für den zweiten bzw. dritten zu maximierenden Ausdruck in der eckigen Klammer von (2.17)) und da

$$\sum_{j=1}^{2^g} p(E_k(O_{n+1}) \wedge Z_j(O_{n+1}/K)\, W(a_{1j}, Z_j(O_{n+1}), P_1)$$
$$+ \sum_{j=1}^{2^g} p(-E_k(O_{n+1}) \wedge Z_j(O_{n+1})/K)\, W(a_{1j}, Z_j(O_{n+1}), P_1)$$
$$= \sum_{j=1}^{2^g} p(Z_j(O_{n+1})/K)\, W(a_{1j}, Z_j(O_{n+1}), P_1)\,, \qquad (2.19)$$

wird (2.17) zu

$$EW(e_k, P_1) =$$
$$2\,[\max_{a_{1i}} p(E_k(O_{n+1}) \wedge Z_i(O_{n+1})/K)\, W(a_{1i}, Z_i(O_{n+1}), P_1)$$
$$+ \max_{a_{1i}} p(-E_k(O_{n+1}) \wedge Z_i(O_{n+1})/K)\, W(a_{1i}, Z_i(O_{n+1}), P_1)$$
$$- \max_{a_{1i}} p(Z_i(O_{n+1})/K)\, W(a_{1i}, Z_i(O_{n+1}), P_1)]\,. \qquad (2.20)$$

Nach der Definition der möglichen Zustände (2.1) enthält genau die Hälfte der insgesamt 2^g Zustandsbeschreibungen in der sie definierenden Konjunktion $E_k(x)$, die andere Hälfte $-E_k(x)$.

Unter der Voraussetzung, daß die Elemente von H (2.11) — die möglichen Zustandsbeschreibungen des Objekts O_{n+1} — so umbenannt werden, daß die Elemente derjenigen Teilmenge von H, die in der sie definierenden Konjunktion (2.1) $E_k(x)$ enthalten, die Indizes $i = 1, \dots, 2^{g-1}$ tragen, und unter Beachtung des Umstandes, daß

$$p(E_k(O_{n+1}) \wedge Z_i(O_{n+1})/K)$$
$$= p(E_k(O_{n+1})/Z_i(O_{n+1}) \wedge K)\, p(Z_i(O_{n+1})/K)$$
$$p(-E_k(O_{n+1}) \wedge Z_i(O_{n+1})/K)$$
$$= p(-E_k(O_{n+1})/Z_i(O_{n+1}) \wedge K)\, p(Z_i(O_{n+1})/K)\,, \qquad (2.21)$$

folgt, da

$$p(E_k(O_{n+1})/Z_i(O_{n+1}) \wedge K) = \begin{cases} 0 & \text{für} \quad i = 2^{g-1}+1, \dots, 2^g \\ 1 & \text{für} \quad i = 1, \dots, 2^{g-1} \end{cases}$$

$$p(-E_k(O_{n+1})/Z_i(O_{n+1}) \wedge K) = \begin{cases} 0 & \text{für} \quad i = 1, \dots, 2^g \\ 1 & \text{für} \quad i = 2^{g-1}+1, \dots, 2^g\,, \end{cases} \qquad (2.22)$$

daß

$$p(E_k(O_{n+1}) \wedge Z_i(O_{n+1})/K) = \begin{cases} 0 & \text{für} \quad i = 2^{g-1}+1, \dots, 2^g \\ p(Z_i(O_{n+1})/K) & \text{für} \quad i = 1, \dots, 2^{g-1} \end{cases}$$

$$p(-E_k(O_{n+1}) \wedge Z_i(O_{n+1})/K) = \begin{cases} 0 & \text{für} \quad i = 1, \dots, 2^{g-1} \\ p(Z_i(O_{n+1})/K) & \\ \quad \text{für} \quad i = 2^{g-1}+1, \dots, 2^g . \end{cases} \tag{2.23}$$

Damit wird (2.20) zu

$$\begin{aligned} EW(e_k, P_1) = 2\,[&\max_{a_{1i}} p(Z_i(O_{n+1})/K)\, W(a_{1i}, Z_i(O_{n+1}), P_1) \\ &\qquad i = 1, \dots, 2^{g-1} \\ &+ \max_{a_{1i}} p(Z_i(O_{n+1})/K)\, W(a_{1i}, Z_i(O_{n+1}), P_1) \\ &\qquad i = 2^{g-1}+1, \dots, 2^g \\ &- \max_{a_{1i}} p(Z_i(O_{n+1})/K)\, W(a_{1i}, Z_i(O_{n+1}), P_1)] \\ &\qquad i = 1, \dots, 2^g . \end{aligned} \tag{2.24}$$

Unter der Annahme, daß es genau ein $Z_i(O_{n+1}) \in H$ gibt, für das der Ausdruck $p(Z_i(O_{n+1})/K)\, W(a_{1i}, Z_i(O_{n+1}), P_1)$ ein Maximum annimmt, und da dann entweder

$$\begin{aligned} &\max_{a_{1i}} p(Z_i(O_{n+1})/K)\, W(a_{1i}, Z_i(O_{n+1}), P_1) \\ &\qquad i = 1, \dots, 2^{g-1} \\ &= \max_{a_{1i}} p(Z_i(O_{n+1})/K)\, W(a_{1i}, Z_i(O_{n+1}), P_1) \\ &\qquad i = 1, \dots, 2^g \end{aligned} \tag{2.25}$$

oder

$$\begin{aligned} &\max_{a_{1i}} p(Z_i(O_{n+1})/K)\, W(a_{1i}, Z_i(O_{n+1}), P_1) \\ &\qquad i = 2^{g-1}+1, \dots, 2^g \\ &= \max_{a_{1i}} p(Z_i(O_{n+1})/K)\, W(a_{1i}, Z_i(O_{n+1}), P_1) \\ &\qquad i = 1, \dots, 2^g \end{aligned} \tag{2.26}$$

ist, ergibt sich

$$\begin{aligned} EW(e_k, P_1) = 2 \min\,[&\max_{a_{1i}} p(Z_i(O_{n+1})/K)\, W(a_{1i}, Z_i(O_{n+1}), P_1)\,, \\ &\qquad i = 1, \dots, 2^{g-1} \\ &\max_{a_{1i}} p(Z_i(O_{n+1})/K)\, W(a_{1i}, Z_i(O_{n+1}), P_1)] \\ &\qquad i = 2^{g-1}+1, \dots, 2^g . \end{aligned} \tag{2.27}$$

Mit (2.13) kommt man zu dem Ergebnis

$$EW(e_k, P_1) = 2 \min [- \min_i p(Z_i(O_{n+1})/K) \operatorname{ldp} Z_i(O_{n+1})/K) ,$$
$$i = 1, \ldots, 2^{g-1}$$
$$- \min_i p(Z_i(O_{n+1})/K) \operatorname{ldp} (Z_i(O_{n+1})/K)]$$
$$i = 2^{g-1} + 1, \ldots, 2^g . \quad (2.28)$$

Offensichtlich haben genau diejenigen Experimente (2.9) den maximalen Erwartungswert für die Lösung des Problems P_1 — $\max_{1 \leq k \leq g} EW(e_k, P_1)$ —, deren Erwartungswert gleich dem zweitgrößten Produkt aus der Menge der Produkte

$$\{p(Z_i(O_{n+1})/K) \; W(a_{1i}, Z_i(O_{n+1}), P_1) : i = 1, \ldots, 2^g\}$$

ist.

Es sei erwähnt, daß man die Ergebnisse (2.27) bzw. (2.28) auch erhält, wenn man an die Stelle der Bedingungen (2.14) die Bedingung (2.31) $W(a_{1i}, Z_j(O_{n+1}), P_1) = 0$ für $i \neq j$ setzt, wie man mittels einer Betrachtung von (2.17) leicht sieht.

In Worten ausgedrückt, liegt der Unterschied zwischen den Bedingungen (2.14) und (2.31) darin, daß mit (2.14) angenommen wird, daß gerade der Wert des Beschreibens des Objektes mittels $Z_j(O_{n+1})$ verlorengeht, wenn das Objekt O_{n+1} mittels $Z_i(O_{n+1})$ $(i \neq j)$ beschrieben wird, es sich jedoch in dem mit Z_j bezeichneten Zustand befindet, während (2.31) bedeutet, daß der Wert Null erhalten wird, wenn der Zustand des Objektes durch $Z_i(O_{n+1})$ beschrieben wird, während sich O_{n+1} in dem mit Z_j bezeichneten Zustand befindet. Bei (2.28) handelt es sich um einen absoluten Wert, da für $W(a_{1i}, Z_j(O_{n+1}), P_1)$ mit (2.13) ein absoluter Wert eingesetzt wurde.

Es gilt außerdem die Möglichkeit, $W(a_{1i}, Z_j(O_{n+1}), P_1)$ nicht als einen absoluten Wert, sondern als einen Wert für die Lösung des in gewisser Weise übergeordneten Problems P_2 aufzufassen. In diesem Fall gilt, daß

$$W(a_{1i}, Z_j(O_{n+1}), P_1) = W(a_{1i}, Z_j(O_{n+1}), P_2) . \quad (2.32)$$

Damit erhält man auch einen anderen Erwartungswert eines Experiments für die Lösung des Problems P_1, der mit $EW'(e_k, P_1)$ bezeichnet sei.

Es sei erwähnt, daß der Erwartungswert eines Experiments für die Lösung des Problems P_1 auf der Grundlage von (2.32) zu berechnen ist, wenn es sich bei P_1 um ein Problem innerhalb des Rahmens einer Theorie handelt. Bei den Werten bzw. Erwartungswerten von Handlungen zur Lösung von Problemen, die sich innerhalb des Rahmens von Theorien befinden, handelt es sich immer um relative Werte, um Werte bzw. Erwartungswerte für die Lösung des Problems der Beschreibung des Gegenstandsbereiches durch die Theorie.

(2.32) drückt aus, daß bei der Bewertung von Handlungen a_{1i}, die auf die Lösung des Problems P_1 gerichtet sind, von dem Beitrag zur Lösung des Problems der Beschreibung des Gegenstandsbereiches — P_2 — ausgegangen wird.

Mit der inf-Funktion erhält man für $W(a_{1i}, Z_j(O_{n+1}), P_2)$

$$W(a_{1i}, Z_j(O_{n+1}), P_2) = \begin{cases} \sum_{w=0}^{2^g-c} p(ZG_{c+w}/K)\,(\inf(ZG_{c+w}) - \inf(ZG_{c+w}/Z_i)) \\ = \sum_{w=0}^{2^g-c} p(ZG_{c+w}/K) \operatorname{ld} \dfrac{p(ZG_{c+w}/Z_i(O_{n+1}) \wedge K)}{p(ZG_{c+w}/K)} \\ \qquad\qquad \text{für} \quad i = j \\ -\sum_{w=0}^{2^g-c} p(ZG_{c+w}/K)\,(\inf(ZG_{c+w}) - \inf(ZG_{c+w}/Z_j)) \\ = \sum_{w=0}^{2^g-c} p(ZG_{c+w}/K) \operatorname{ld} \dfrac{p(ZG_{c+w}/K)}{p(ZG_{c+w}/Z_i(O_{n+1}) \wedge K)} \\ \qquad\qquad \text{für} \quad i \neq j\,. \end{cases} \tag{2.33}$$

$\inf(ZG_{c+w})$ gibt die Ungewißheit darüber an, ob ZG_{c+w} Beschreibung des Gegenstandsbereiches ist. $\inf(ZG_{c+w}/Z_i)$ ist die Ungewißheit, ob ZG_{c+w} Beschreibung des Gegenstandsbereiches ist, wenn $Z_i(O_{n+1})$ Beschreibung von O_{n+1} ist. Damit ist $\inf(ZG_{c+w}) - \inf(ZG_{c+w}/Z_i)$ die Reduktion der Ungewißheit darüber, ob ZG_{c+w} Beschreibung des Gegenstandsbereiches ist, die sich ergibt, wenn man annimmt, daß $Z_i(O_{n+1})$ Beschreibung des Objektes O_{n+1} ist.

Nach einer Mittelung über die Wahrscheinlichkeiten aller möglichen mit K verträglichen Beschreibungen des Gegenstandsbereiches ZG_{c+w} ergibt sich die erwartete Reduktion von Ungewißheit.

Das Minuszeichen in (2.33) für $i \neq j$ rührt daher, daß gerade der Wert einer Beschreibung durch $Z_j(O_{n+1})$ verlorengeht, wenn O_{n+1} durch $Z_i(O_{n+1})$ beschrieben wird, $Z_j(O_{n+1})$ dagegen Beschreibung ist. Das heißt, es gilt

$$W(a_{1i}, Z_j(O_{n+1}), P_2) = -W(a_{1j}, Z_j(O_{n+1}), P_2) \quad \text{für} \quad i \neq j\,. \tag{2.34}$$

Mittels der Ableitung, die zu (2.27) führte, erhält man auch $EW'(e_k, P_1)$. Die Aktionen zur Lösung des Problems P_1 bzw. die Hypothesen über den Zustand des Objektes O_{n+1} sind durch (2.10) bzw. (2.11) gegeben. Man erhält

$$\begin{aligned} EW'(e_k, P_1) = 2\Big[& \max_{\substack{a_{1i} \\ i = 1, \dots, 2^{g-1}}} p(Z_i(O_{n+1})/K)\, W(a_{1i}, Z_i(O_{n+1}), P_2) \\ & + \max_{\substack{a_{1i} \\ i = 2^{g-1}+1, \dots, 2^g}} p(Z_i(O_{n+1})/K)\, W(a_{1i}, Z_i(O_{n+1}), P_2) \\ & - \max_{\substack{a_{1i} \\ i = 1, \dots, 2^g}} p(Z_i(O_{n+1})/K)\, W(a_{1i}, Z_i(O_{n+1}), P_2)\Big]\,. \end{aligned} \tag{2.35}$$

Mit einer Überlegung, die analog zu der zu (2.25) bzw. (2.26) führenden ist, erhält man

$$\begin{aligned}
&EW'(e_k, P_1) \\
&= 2 \min \Big[\max_{a_{1i}} p(Z_i(O_{n+1})/K)\, W(a_{1i}, Z_i(O_{n+1}), P_2)\,, \quad i = 1, \ldots, 2^{g-1} \\
&\qquad \max_{a_{1i}} p(Z_i(O_{n+1})/K)\, W(a_{1i}, Z_i(O_{n+1}), P_2) \Big] \\
&\qquad\qquad i = 2^{g-1} + 1, \ldots, 2^g\,. \qquad (2.36)
\end{aligned}$$

Mit der Voraussetzung von (2.33) erhält man

$$\begin{aligned}
&EW'(e_k, P_1) \\
&= 2 \min \Bigg[- \min_i p(Z_i(O_{n+1})/K) \sum_{w=0}^{2^g - c} p(ZG_{c+w}/K)\, \mathrm{ld} \frac{p(ZG_{c+w}/K)}{p(ZG_{c+w}/Z_i(O_{n+1}) \wedge K)}\,, \\
&\qquad\qquad i = 1, \ldots, 2^{g-1} \\
&\quad - \min_i p(Z_i(O_{n+1})/K) \sum_{w=0}^{2^g - c} p(ZG_{c+w}/K)\, \mathrm{ld} \frac{p(ZG_{c+w}/K)}{p(ZG_{c+w}/Z_i(O_{n+1}) \wedge K)} \Bigg] \\
&\qquad\qquad i = 1, \ldots, 2^{g-1}\,. \qquad (2.37)
\end{aligned}$$

Da

$$\frac{p(ZG_{c+w}/K)}{p(ZG_{c+w}/Z_i(O_{n+1}) \wedge K)} = \frac{p(Z_i(O_{n+1})/K)}{p(Z_i(O_{n+1})/ZG_{c+w} \wedge K)}\,, \qquad (2.38)$$

erhält man

$$\begin{aligned}
&EW'(e_k, P_1) \\
&= 2 \min \Bigg[- \min_i \big(p(Z_i(O_{n+1})/K)\, \mathrm{ldp}\, (Z_i(O_{n+1})/K) \\
&\quad - p(Z_i(O_{n+1})/K) \sum_{w=0}^{2^g - c} p(ZG_{c+w}/K)\, \mathrm{ldp}\, (Z_i(O_{n+1})/ZG_{c+w} \wedge K)\big)\,, \\
&\qquad\qquad i = 1, \ldots, 2^{g-1} \\
&\quad - \min_i \big(p(Z_i(O_{n+1})/K)\, \mathrm{ldp}\, (Z_i(O_{n+1})/K) \\
&\quad - p(Z_i(O_{n+1})/K) \sum_{w=0}^{2^g - c} p(ZG_{c+w}/K)\, \mathrm{ldp}\, (Z_i(O_{n+1})/ZG_{c+w} \wedge K)\big) \Bigg] \qquad (2.39) \\
&\qquad\qquad i = 2^{g-1} + 1, \ldots, 2^g\,.
\end{aligned}$$

Da der zweite Summand in beiden Ausdrücken in der Klammer größer als Null ist, folgt, daß

$$EW(e_k, P_1) \geqq EW'(e_k, P_1)\,. \qquad (2.40)$$

Das Ergebnis (2.40) erhält man unter der Bedingung, daß der Wert durch die inf-Funktion bestimmt wird, d. h. unter der Bedingung (2.33).

(2.40) bedeutet in Worten ausgedrückt, daß der Erwartungswert eines Experiments (2.9) größer ist, wenn der Wert des Beschreibens des Objektes O_{n+1} durch $Z_i(O_{n+1})$, unter der Bedingung, daß sich O_{n+1} in einem Zustand befindet, der durch $Z_i(O_{n+1})$ zu beschreiben ist — für die Lösung des Problems P_1 —, als ein absoluter Wert (2.13) angenommen wird, als wenn dieser Wert auf die Lösung des Problems der Beschreibung des Gegenstandsbereiches P_2 durch (2.33) relativiert wird.

Nun soll der Erwartungswert des durch (2.9) definierten Experimentes für das Problem P_2 berechnet werden.

Mögliche Aktionen zur Lösung des Problems P_2 können durch

$$a_{2w} \underset{\text{Def}}{=} \text{Beschreiben des Gegenstandsbereichs durch } ZG_{c+w} \tag{2.41}$$

beschrieben werden. Es sei $A = \{a_{2w}: w = 0, 1, \dots, 2^g - c\}$. Die Menge der Hypothesen ist die Menge der möglichen Beschreibungen des Gegenstandsbereichs, d. h. es ist

$$H = \{ZG_{c+w}: w = 0, 1, \dots, 2^g - c\}. \tag{2.42}$$

Mit der Funktion

$$\inf(ZG_{c+w}) = -\operatorname{ld} p(ZG_{c+w}/K) \tag{2.43}$$

ist der Wert einer Aktion a_w für die Lösung des Problems P_2

$$W(a_{2w}, ZG_{c+w'}, P_2) = \begin{cases} \inf(ZG_{c+w}) = -\operatorname{ld} p(ZG_{c+w}/K) & \text{für } w = w' \\ -\inf(ZG_{c+w'}) = \operatorname{ld} p(ZG_{c+w'}/K) & \text{für } w \neq w'. \end{cases} \tag{2.44}$$

Es gilt also wieder — analog zu (2.14) —, daß

$$W(a_{2w}, ZG_{c+w'}, P_2) = -W(a_{2w'}, ZG_{c+w'}, P_2) \quad \text{für} \quad w \neq w'. \tag{2.45}$$

Für die Wahrscheinlichkeiten der möglichen Beschreibungen des Gegenstandsbereiches und die Wahrscheinlichkeiten der Beschreibungen der möglichen Resultate eines Experiments (2.9) gilt das unter d) und e) Gesagte.

Ausgehend von (1.17), ergibt sich für den Erwartungswert eines Experiments (2.9) für die Lösung des Problems P_2

$$\begin{aligned} &EW(e_k, P_2) \\ &= p(E_k(O_{n+1})/K) \max_{a_{2w}} \sum_{w=0}^{2^g-c} p(ZG_{c+w'}/K \wedge E_k(O_{n+1}))\, W(a_{2w}, ZG_{c+w'}, P_2) \\ &\quad + p(-E_k(O_{n+1})/K) \max_{a_{2w}} \sum_{w=0}^{2^g-c} p(ZG_{c+w'}/K \wedge -E_k(O_{n+1}))\, W(a_{2w}, ZG_{c+w'}, P_2) \\ &\quad - \max_{a_{2w}} \sum_{w=0}^{2^g-c} p(ZG_{c+w}/K)\, W(a_{2w}, ZG_{c+w'}, P_2). \end{aligned} \tag{2.46}$$

Daraus wird mit (2.45) und einer zu (2.16) analogen Beziehung

$$\begin{aligned}
&EW(e_k, P_2)\\
&= \max_{a_{2w}}\Bigg[p(ZG_{c+w} \wedge E_k(O_{n+1})/K)\, W(a_{2w}, ZG_{c+w}, P_2)\\
&\quad - \sum_{w'=0(w'\neq w)}^{2^g-c} p(ZG_{c+w'} \wedge E_k(O_{n+1})/K)\, W(a_{2w'}, ZG_{c+w'}, P_2)\Bigg]\\
&+ \max_{a_{2w}}\Bigg[p(-E_k(O_{n+1}) \wedge ZG_{c+w}/K))\, W(a_{2w}, ZG_{c+w}, P_2)\\
&\quad - \sum_{w'=0(w'\neq w)}^{2^g-c} p(-E_k(O_{n+1}) \wedge ZG_{c+w'}/K)\, W(a_{2w'}, ZG_{c+w'}, P_2)\Bigg]\\
&- \max_{a_{2w}}\Bigg[p(ZG_{c+w}/K)\, W(a_{2w}, ZG_{c+w}, P_2)\\
&\quad - \sum_{w'=0(w'\neq w)}^{2^g-c} p(ZG_{c+w'}/K)\, W(a_{2w'}, ZG_{c+w'}, P_2)\Bigg]. \qquad (2.47)
\end{aligned}$$

Mittels zu (2.18) bzw. (2.19) analogen Beziehungen wird (2.47) zu

$$\begin{aligned}
EW(e_k, P_2) = 2\Big[&\max_{a_{2w}} p(E_k(O_{n+1}) \wedge ZG_{c+w}/K)\, W(a_{2w}, ZG_{c+w}, P_2)\\
&+ \max_{a_{2w}} p(-E_k(O_{n+1}) \wedge ZG_{c+w}/K)\, W(a_{2w}, ZG_{c+w}, P_2)\\
&- \max_{a_{2w}} p(ZG_{c+w}/K)\, W(a_{2w}, ZG_{c+w}, P_2)\Big]. \qquad (2.48)
\end{aligned}$$

Wenn mit H_k^+ diejenige Teilmenge von H (2.42) bezeichnet wird, deren Elemente in dem sie definierenden Ausdruck (2.2) solche möglichen Zustandsbeschreibungen eines beliebigen Objekts des Gegenstandsbereiches haben, die in der sie definierenden Konjunktion (2.1) $E_k(x)$ enthalten, und wenn H_k^- diejenige Teilmenge von H (2.42) bezeichnet, deren Elemente in dem sie definierenden Ausdruck (2.2) solche $Z_i(x)$ ($i = 1, \dots, 2^g$) (2.1) haben, die in der sie definierenden Konjunktion $-E_k(x)$ enthalten, ergibt sich

$$p(E_k(O_{n+1}) \wedge ZG_{c+w}/K) = \begin{cases} p(ZG_{c+w}/K) & \text{für } ZG_{c+w} \in H_k^+ \\ 0 & \text{für } ZG_{c+w} \notin H_k^+ \end{cases}$$

$$p(-E_k(O_{n+1}) \wedge ZG_{c+w}/K) = \begin{cases} p(ZG_{c+w}/K) & \text{für } ZG_{c+w} \in H_k^- \\ 0 & \text{für } ZG_{c+w} \notin H_k^-. \end{cases} \qquad (2.49)$$

Unter A_k^+ bzw. A_k^- seien nun diejenigen Teilmengen der Menge aller Aktionsbeschreibungen (2.41) verstanden, deren Elemente jeweils genau das Beschreiben durch ein Element von H_k^+ bzw. H_k^- sind und deren Mächtigkeiten gleich denen von H_k^+ bzw. H_k^- sind.

Wenn angenommen wird, daß es genau eine mögliche Beschreibung des Gegenstandsbereichs ZG_{c+w} (2.2) gibt, für die der Ausdruck $p(ZG_{c+w}/K) \times W(a_{2w}, ZG_{c+w}, K)$ ein Maximum annimmt, gilt entweder

$$\max_{a_{2w} \in A_k^+} p(ZG_{c+w}/K)\, W(a_{2w}, ZG_{c+w}, P_2) = \max_{a_{2w} \in A} p(ZG_{c+w}/K)\, W(a_{2w}, ZG_{c+w}, P_2) \tag{2.50}$$

oder

$$\max_{a_{2w} \in A_k^-} p(ZG_{c+w}/K)\, W(a_{2w}, ZG_{c+w}, P_2) = \max_{a_{2w} \in A} p(ZG_{c+w}/K)\, W(a_{2w}, ZG_{c+w}, P_2) \tag{2.51}$$

oder

$$\max_{a_{2w} \in A_k^+} p(ZG_{c+w}/K)\, W(a_{2w}, ZG_{c+w}, P_2) = \max_{a_{2w} \in A_k^-} p(ZG_{c+w}/K)\, W(a_{2w}, ZG_{c+w}, P_2) = \max_{a_{2w} \in A} p(ZG_{c+w}/K)\, W(a_{2w}, ZG_{c+w}, P_2)\,. \tag{2.52}$$

(2.52) gilt genau dann, wenn dasjenige ZG_{c+w}, für das der Ausdruck $p(ZG_{c+w}/K)\, W(a_{2w}, ZG_{c+w}, P_2)$ sein Maximum annimmt, Element des Durchschnitts von H_k^+ und H_k^- ist. Es sei angemerkt, daß die Beziehungen

$$\begin{aligned} &H_k^+ \cup H_k^- = H \qquad H_k^+ \cap H_k^- \neq \emptyset \qquad k = 1, \dots, g \\ &A_k^+ \cup A_k^- = A \qquad A_k^+ \cap A_k^- \neq \emptyset \end{aligned} \tag{2.53}$$

gelten. $\emptyset$ bezeichnet die leere Menge.

Damit wird (2.48) zu

$$EW(e_k, P_2) = 2 \min \left[\max_{a_{2w} \in A_k^+} p(ZG_{c+w}/K)\, W(a_{2w}, ZG_{c+w}, P_2)\,, \max_{a_{2w} \in A_k^-} p(ZG_{c+w}/K)\, W(a_{2w}, ZG_{c+w}, P_2) \right]. \tag{2.54}$$

Durch Einsetzen von (2.44) wird der Erwartungswert eines Experiments (2.9) für die Lösung des Problems P_2 zu

$$EW(e_k, P_2) = 2 \min \left[\max_{ZG_{c+w} \in H_k^+} p(ZG_{c+w}/K) \operatorname{ldp} (ZG_{c+w}/K)\,, \max_{ZG_{c+w} \in H_k^-} p(ZG_{c+w}/K) \operatorname{ldp} (ZG_{c+w}/K) \right]. \tag{2.55}$$

Für die Lösung von P_2 haben genau diejenigen Experimente (2.9) den maximalen Erwartungswert, deren Erwartungswert gleich dem Doppelten des zweitgrößten

Produkts aus der Menge der Produkte

$$\{p(ZG_{c+w}/K)\, W(a_{2w}, ZG_{c+w}, P_2) : w = 0, 1, \ldots, 2^g - c\}$$

ist.

3. Der Erwartungswert von Tests über das Vorliegen eines Merkmals bei einem Patienten — ein Beitrag zur automatischen Diagnostik in der Medizin

In diesem dritten Abschnitt soll der Erwartungswert von medizinischen Tests über das Vorliegen eines Merkmals bei Patienten bestimmt werden. Das geschieht, um das im ersten Abschnitt entwickelte Verfahren anhand eines Beispiels zu demonstrieren und es auf seine Richtigkeit und Brauchbarkeit hin zu prüfen. Damit soll gleichzeitig ein Beitrag zur automatischen Diagnostik in der Medizin geleistet werden.

Leser, die die Problematik der automatischen Diagnostik kennenlernen möchten, seien auf D. Barthels umfassende formale Darstellung verwiesen.[11]

Die im zweiten Abschnitt mit E_k bezeichneten Eigenschaften von Objekten seien in diesem dritten Abschnitt mit m_l bezeichnete Merkmale von Patienten. Es sei nun angenommen, daß es so viele Testverfahren gibt, daß über das Vorliegen von insgesamt g Merkmalen m_l ein Urteil gefällt werden kann. Mittels der Merkmale m_l wird für die Zwecke dieser Untersuchung ein möglicher Krankheitskomplex eines Patienten als

$$K_j(x) \underset{\text{Def}}{=} (\pm)\, m_1(x) \wedge (\pm)\, m_2(x) \wedge \ldots \wedge (\pm)\, m_g(x)\,, \qquad j = 1, \ldots, 2^g\,, \tag{3.1}$$

definiert.

x ist eine Variable, deren Bereich die Menge der Patienten ist. Die Beschreibungen der möglichen Krankheitskomplexe (3.1) eines Patienten sind mögliche Zustandsbeschreibungen dieses Patienten.

Da aus medizinischen Gründen (entweder aus der Erfahrung oder aus einer Theorie, die bestimmte Einsichten in die Zusammenhänge der Merkmale gestattet, folgernd) nicht alle Kombinationen von Merkmalen möglich sind, ist die Anzahl der möglichen Beschreibungen der Krankheitskomplexe kleiner als 2^g. Sie sei gleich q. Im Spezialfall bezeichnet K_j (3.1) nur eine Krankheit.

Es sei weiter angenommen, daß insgesamt m Therapien zur Verfügung stehen, die mit dem Ziel angewendet werden, daß eine Durchführung der g zur Verfügung stehenden Testverfahren an einem Patienten keine Kombination von Merkmalen ergeben würde, die einer der q Krankheitskomplexbeschreibungen (3.1) entspricht.

[11] D. Barthel: Prinzipien der automatischen Diagnosestellung, in: Fortschritte der experimentellen und theoretischen Biophysik, Leipzig 1970.

Das mit P_1 bezeichnete zu lösende Problem möge darin bestehen, den Patienten Pat_{n+1} in einen solchen Zustand zu versetzen, der nicht durch eine der q möglichen Krankheitskomplexbeschreibungen beschrieben werden kann.

Vorstellbar ist z. B. auch, daß ein hier mit P_2 bezeichnetes Problem vorliegt, das darin besteht, eine Klassifizierung der Bevölkerung eines Staates nach Krankheitskomplexen durchzuführen.

In diesem dritten Abschnitt soll lediglich der Erwartungswert eines Experiments für das mit P_1 bezeichnete Problem bestimmt werden.

Ein Experiment sei als die Menge der möglichen Resultate eines Tests über das Vorliegen eines Merkmals bei einem Patienten Pat_{n+1}, d. h. als

$$e_k \underset{\text{Def}}{=} \{m_k(Pat_{n+1}), -m_k(Pat_{n+1})\}, \qquad k = 1, \dots, g, \tag{3.2}$$

definiert.

Um zwischen den mit (3.1) definierten Krankheitskomplexen unterscheiden zu können, muß ein Test so beschaffen sein, daß sein Resultat eine Entscheidung über das Vorliegen eines Merkmals m_k gestattet. Wenn also die Meßwerte ein kontinuierliches Intervall überstreichen können, ist ein Grenzwert so festzulegen, daß, wenn dieser Wert überschritten wird, ein Merkmal vorliegt.

Die Menge der möglichen Aktionen zur Lösung des mit P_1 bezeichneten Problems ist die Menge der zur Verfügung stehenden Therapien. Damit ist

$$A = \{T_i : i = 1, \dots, m\}. \tag{3.3}$$

Die Menge der Hypothesen über den Zustand des Patienten Pat_{n+1} ist gleich der Menge der möglichen Krankheitskomplexbeschreibungen (3.1), d. h.

$$H = \{K_j(Pat_{n+1}) : j = 1, \dots, q\}. \tag{3.4}$$

$W(T_i, K_j(Pat_{n+1}), P_1)$ möge den Wert einer Therapie T_i — unter der Bedingung, daß sich der Patient Pat_{n+1} in einem Zustand befindet, der durch $K_j(Pat_{n+1})$ zu beschreiben ist — für die Lösung des mit P_1 bezeichneten Problems angegeben.

Es sei bemerkt, daß sich der Autor der Tatsache bewußt ist, daß mit der Bestimmung des Wertes $W(T_i, K_j(Pat_{n+1}), P_1)$ schwierige Probleme verbunden sind, von deren Lösung die Anwendbarkeit des hier vorgeschlagenen Verfahrens abhängt.

Der Befund eines Patienten Pat_{n+1} sei mit $B(Pat_{n+1})$ bezeichnet und als

$$\begin{aligned} B(Pat_{n+1}) \underset{\text{Def}}{=} & (\pm) m_{1_{n+1}}(Pat_{n+1}) \wedge (\pm) m_{2_{n+1}}(Pat_{n+1}) \wedge \\ & \dots \wedge (\pm) m_{p_{n+1}}(Pat_{n+1}) \\ & \qquad p_{n+1} < g \end{aligned} \tag{3.5}$$

definiert.

Der Befund ist eine unvollständige Beschreibung des Zustands des Patienten Pat_{n+1}.

Die Vorkenntnisse über die Krankheitskomplexe von n Patienten seien mit V bezeichnet und als

$$V \underset{\text{Def}}{=} K_{j1}(Pat_1) \wedge K_{j2}(Pat_2) \wedge \ldots \wedge K_{jn}(Pat_n) \tag{3.6}$$

definiert.

Mit (1.17) ist der Erwartungswert eines Experiments (3.2) für die Lösung des Problems P_1, d. h. eines Tests über das Vorliegen eines bestimmten Merkmals bei einem Patienten Pat_{n+1}, gleich

$$\begin{aligned}
&EW(e_k, P_1)\\
&= p(m_k(Pat_{n+1})/V \wedge B(Pat_{n+1}))\\
&\quad \times \max_i \sum_j p(K_j(Pat_{n+1})/V \wedge B(Pat_{n+1}) \wedge m_k(Pat_{n+1}))\, W(T_i, K_j(Pat_{n+1}), P_1)\\
&\quad + p(-m_k(Pat_{n+1})/V \wedge B(Pat_{n+1}))\\
&\quad \times \max_i \sum_j p(K_j(Pat_{n+1})/V \wedge B(Pat_{n+1}) \wedge - m_k(Pat_{n+1}))\, W(T_i, K_j(Pat_{n+1}), P_1)\\
&\quad - \max_i \sum_j p(K_j(Pat_{n+1})/V \wedge B(Pat_{n+1}))\, W(T_i, K_j(Pat_{n+1}), P_1)\,.
\end{aligned} \tag{3.7}$$

Da

$$\begin{aligned}
&p(m_k(Pat_{n+1})/V \wedge B(Pat_{n+1}))\, p(K_j(Pat_{n+1})/V \wedge B(Pat_{n+1}) \wedge m_k(Pat_{n+1}))\\
&= p(m_k(Pat_{n+1})/K_j(Pat_{n+1}) \wedge V \wedge B(Pat_{n+1}))\, p(K_j(Pat_{n+1})/V \wedge B(Pat_{n+1}))\\
&p(-m_k(Pat_{n+1})/V \wedge B(Pat_{n+1}))\, p(K_j(Pat_{n+1})/V \wedge B(Pat_{n+1}) \wedge - m_k(Pat_{n+1}))\\
&= p(-m_k(Pat_{n+1})/K(Pat_{n+1}) \wedge V \wedge B(Pat_{n+1}))\, pK_j(Pat_{n+1})/V \wedge B(Pat_{n+1}))\,,
\end{aligned} \tag{3.8}$$

und da

$$p(m_k(Pat_{n1})/K_j(Pat_{n+1}) \wedge V \wedge B(Pat_{n+1})) = \begin{cases} 1 & \text{für} \quad K_j(Pat_{n+1}) \in H_k^+ \\ 0 & \text{für} \quad K_j(Pat_{n+1}) \in H_k^- \end{cases} \tag{3.9}$$

— mit H_k^+ als derjenigen Teilmenge von H (3.4), deren Elemente in dem sie definierenden Ausdruck (3.1) $m_k(Pat_{n+1})$ enthalten, und H_k^- als derjenigen Teilmenge von H (3.4), deren Elemente in dem sie definierenden Ausdruck (3.1) $-m_k(Pat_{n+1})$ enthalten —, bzw. da

$$p(-m_k(Pat_{n+1})/K_j(Pat_{n+1}) \wedge V \wedge B(Pat_{n+1}) = \begin{cases} 1 & \text{für} \quad K_j(Pat_{n+1}) \in H_k^- \\ 0 & \text{für} \quad K_j(Pat_{n+1}) \in H_k^+ \end{cases} \tag{3.10}$$

wird (3.8.) zu

$$\begin{aligned}
&EW(e_k, P_1)\\
&= \max_i \sum_{K_j(Pat_{n+1}) \in H_k^+} p(K_j(Pat_{n+1})/V \wedge B(Pat_{n+1}))\, W(T_i, K_j(Pat_{n+1}), P_1)\\
&\quad + \max_i \sum_{K_j(Pat_{n+1}) \in H_k^-} p(K_j(Pat_{n+1})/V \wedge B(Pat_{n+1}))\, W(T_i, K_j(Pat_{n+1}), P_1)\\
&\quad - \max_i \sum_{K_j(Pat_{n+1}) \in H} p(K_j(Pat_{n+1})/V \wedge B(Pat_{n+1}))\, W(T_i, K_j(Pat_{n+1}), P_1)\,.
\end{aligned} \tag{3.11}$$

Es gilt $H_k^+ \cup H_k^- = H$ und $H_k^+ \cap H_k^- = \emptyset$. $\emptyset$ bezeichnet die leere Menge. Da entweder a) der erste Summand auf der rechten Seite größer als der zweite und gleich dem dritten ist oder b) der zweite Summand auf der rechten Seite größer als der erste und gleich dem dritten ist, wird (3.11) zu

$$EW(e_k, P_1) = \max_i \sum_{\substack{\text{a) } K_j(Pat_{n+1}) \in H_k^- \\ \text{oder} \\ \text{b) } K_j(Pat_{n+1}) \in H_k^+}} p(K_j(Pat_{n+1})/V \wedge B(Pat_{n+1}))W(T_i, K_j(Pat_{n+1}), P_1) . \tag{3.12}$$

Wenn für die beiden Teilmengen von H (3.4), H_k^+ und H_k^-, jeweils der maximale Ausdruck

$$\sum_{\substack{K_j(Pat_{n+1}) \in H_k^- \\ \text{oder} \\ K_j(Pat_{n+1}) \in H_k^+}} p(K_j(Pat_{n+1})/V \wedge B(Pat_{n+1}))W(T_i, K_j(Pat_{n+1}), P_1)$$

bestimmt wird, so ist der Erwartungswert eines Experiments (3.2) gleich dem kleineren der beiden maximalen Ausdrücke. Offensichtlich hat dasjenige Experiment (3.2), d. h. um es zu wiederholen, derjenige Test über das Vorliegen eines bestimmten Merkmals bei einem Patienten Pat_{n+1}, den maximalen Erwartungswert, für das das kleinere der beiden Maxima von

$$\sum_{\substack{K_j(Pat_{n+1}) \in H_k^- \\ \text{oder} \\ K_j(Pat_{n+1}) \in H_k^+}} p(K_j(Pat_{n+1})/V \wedge B(Pat_{n+1}))W(T_i, K_j(Pat_{n+1}, P_1)$$

gleich dem zweitgrößten der Ausdrücke

$$\sum_{K_j(Pat_{n+1}) \in H} p(K_j(Pat_{n+1})/V \wedge B(Pat_{n+1}))W(T_i, K_j(Pat_{n+1}), P_1)$$

ist.

Sofern noch kein Befund vorliegt, ergibt sich für den Erwartungswert eines Experiments (3.2)

$$EW(e_k, P_1) = \max_i \sum_{\substack{\text{a) } K_j(Pat_{n+1}) \in H_k^- \\ \text{oder} \\ \text{b) } K_j(Pat_{n+1}) \in H_k^+}} p(K_j(Pat_{n+1})/V)W(T_i, K_j(Pat_{n+1}), P_1) . \tag{3.13}$$

Für die Erhebung des Befundes B_{n+1} am Patienten Pat_{n+1} ist nun die folgende Strategie vorstellbar.

Zu Beginn wird mittels des Ausdruckes (3.8) derjenige Test bestimmt, der den maximalen Erwartungswert hat; das geschieht dadurch, daß das Maximum des Ausdrucks (3.8) bestimmt wird. Anschließend wird der Test durchgeführt. Auf Grund der Kenntnis über das Vorliegen oder Nichtvorliegen dieses einen Merkmals wird dann wieder der Test bestimmt, der den maximalen Erwartungswert hat. Ist er gleich Null, wird die Therapie angegeben, die den maximalen Nutzen verspricht. Ist der Wert größer als Null, wird der Test durchgeführt.

Diese Prozedur wird so lange fortgeführt, bis das Maximum der Erwartungswerte aller Tests gleich Null ist.

Es sei erwähnt, daß die Kosten der Tests (die unterschiedlich hoch sein werden) nicht beachtet wurden.

Wolfram Heitsch

Induktive Methoden der Hypothesenbestätigung

1. Zum Begriff der induktiven Methode

Beim Lösen von Erkenntnisproblemen in der wissenschaftlichen Forschung stellt die Hypothesenbildung ohne Zweifel die kreativste Phase dar. Aus diesem Grunde ist nicht verwunderlich, daß der Prozeß der Hypothesenbildung in den empirischen Wissenschaften für eine Anwendung formaler Methoden als ungeeignet erscheint. Jedenfalls sind bisher keine formalen Methoden der Hypothesenbildung bekannt. Damit wird jedoch nicht behauptet, daß bei der Hypothesenbildung ein methodisches Vorgehen unmöglich ist. Die Untersuchung des methodischen Vorgehens bei der Hypothesenbildung wäre eine bedeutsame Aufgabenstellung für die Methodologie der Wissenschaften. Diese Aufgabenstellung soll aber nicht Gegenstand der folgenden Ausführungen sein, da die bekannten, bei der Hypothesenbildung angewandten induktiven Methoden keine formalen Methoden sind.

In der auf die Hypothesenbildung folgenden Phase der Hypothesenüberprüfung ist für die Anwendung formaler Methoden ein großer Spielraum vorhanden. In dieser Abhandlung ist jedoch nur das bei der Hypothesenüberprüfung verwendete logische Schließen von Interesse. Sowohl das deduktive Schließen als auch das induktive Schließen beruht auf der Anwendung formaler Methoden. Die Begründung der Regeln des deduktiven Schließens erfolgt in der deduktiven Logik; die Regeln des induktiven Schließens werden im Rahmen der induktiven Logik begründet. Während in der experimentellen Forschung eine Menge von Regeln des induktiven Schließens als induktive Methode erscheint, werden in dieser Abhandlung die Funktionen, die zur Begründung der Regeln des induktiven Schließens im Rahmen der induktiven Logik herangezogen werden, als induktive Methoden aufgefaßt. Im Sinne dieser Auffassung sind induktive Methoden der Hypothesenbestätigung von grundlegender Bedeutung für das induktive Schließen in der experimentellen Forschung. Sie gestatten eine exakte Begründung der Regeln des induktiven Schließens, die bei der Hypothesenüberprüfung angewendet werden, und dürfen daher nicht mit induktiven Methoden der Hypothesenbildung verwechselt werden.

Mit der vorliegenden Abhandlung werden zwei Ziele realisiert:

1. Eine strenge Begründung der von G. *Polya* angegebenen Regeln des induktiven (plausiblen) Schließens[1] erfolgt im Rahmen der induktiven Logik R. *Carnaps*[2]. Dabei wird der Intention *Polyas*, die Wahrscheinlichkeit als „Grad vernünftigen Glaubens" bzw. „Glaubwürdigkeit" aufzufassen, Rechnung getragen. Eine exakte Formulierung der Regeln des induktiven Schließens als Schlußregeln ermöglicht eine bewußte Anwendung und bessere Handhabung dieser Regeln in der experimentellen Forschung.

2. Da es nicht nur eine induktive Methode gibt, die den von *Carnap* angegebenen Adäquatheitsbedingungen genügt,[3] sondern ein Kontinuum solcher Methoden, das rein logisch nicht weiter eingeschränkt werden kann, wird — einer Problemdiskussion von W. K. *Essler* folgend[4] — ein Verfahren beschrieben, nach dem man unter den adäquaten induktiven Methoden eine bezüglich des vorhandenen Erfahrungswissens optimale induktive Methode aussondern kann. Eine derartige optimale induktive Methode gestattet, nicht nur den Grad der Bestätigung einer Hypothese auf Grund des vorhandenen Wissens zu bestimmen, sondern auch eine adäquate Wahrscheinlichkeitsbewertung von Ereignissen vorzunehmen. Letzteres ist von besonderer Bedeutung für die Meisterung von Entscheidungssituationen in der experimentellen Forschung, denn hier handelt es sich meistens um Entscheidungen unter Risiko, die eine Wahrscheinlichkeitsbewertung von Ereignissen zur Voraussetzung haben.

Eine induktive Methode ist eine Funktion c, die jedem Paar von Sätzen H und E der zugrunde gelegten Sprache eine reelle Zahl r mit $0 \leqq r \leqq 1$ als Wert zuordnet, vorausgesetzt, daß der Satz E nicht logisch falsch ist. Logisch äquivalente Explikationen des Begriffs der induktiven Methode sind die Begriffe der regulären Bestätigungsfunktion, der streng kohärenten Wettfunktion und der regulären Wahrscheinlichkeitsfunktion. Aus diesem Grunde erscheint der metasprachliche Ausdruck „$c(H, E) = r$" als Abkürzung für die Ausdrücke „H wird durch E im Grad r bestätigt", „der Wettquotient einer fairen Wette auf H bezüglich E ist r" und „die Wahrscheinlichkeit von H bezüglich E ist r". Statt „H wird durch E im Grad r bestätigt" sagt man auch „H wird von E im Grad r induktiv impliziert". Schließlich kann der Ausdruck „der Wettquotient einer fairen Wette auf H bezüglich E ist r" als eine Präzisierung der Ausdrücke „die Glaubwürdigkeit von H bezüglich E ist r" und „der Grad vernünftigen Glaubens an H auf Grund von E ist r" aufgefaßt werden.

[1] G. Polya: Mathematik und plausibles Schließen, Bd. 2, Basel—Stuttgart 1963, S. 167ff.

[2] Vgl. R. Carnap, W. Stegmüller: Induktive Logik und Wahrscheinlichkeit, Wien 1959; W. Stegmüller: Probleme und Resultate der Wissenschaftstheorie und Analytischen Philosophie, Bd. IV, Erster Halbband, Berlin—Heidelberg—New York 1973.

[3] Vgl. R. Carnap, W. Stegmüller: Induktive Logik und Wahrscheinlichkeit, a. a. O.; W. K. Essler: Induktive Logik, Freiburg—München 1970.

[4] W. K. Essler: Wissenschaftstheorie, Bd. III, Freiburg—München 1973, S. 104ff.

In Gestalt einer regulären Wahrscheinlichkeitsfunktion wird eine induktive Methode durch sechs Bedingungen charakterisiert, die den Axiomen der Wahrscheinlichkeitstheorie entsprechen. Allein mit Hilfe dieser Bedingungen kann jedoch — abgesehen von den trivialen Werten 0 und 1 — kein einziger Wahrscheinlichkeitswert ermittelt werden. Das ist ein wesentlicher Grund dafür, daß der Begriff der adäquaten induktiven Methode unter Hinzuziehung weiterer Bedingungen definiert wird. Eine adäquate induktive Methode wird durch vier Bedingungen charakterisiert, von denen die erste garantiert, daß jede adäquate induktive Methode eine reguläre Wahrscheinlichkeitsfunktion ist. Bezüglich der adäquaten induktiven Methoden gibt es eine Normalform. In der Normalform wird jede adäquate induktive Methode durch eine positive reelle Zahl L charakterisiert. Man sagt daher auch „c ist eine L-Funktion" statt „c ist eine adäquate induktive Methode" und wählt die Abkürzung „c^L" zur Bezeichnung.

Welche Methode c^L aus dem Kontinuum der adäquaten induktiven Methoden in einem bestimmten Fall einer Hypothesenbestätigung als optimal anzusehen und demzufolge anzuwenden ist, hängt davon ab, welchen Uniformitätsgrad der Gegenstandsbereich, über dem die zugrunde gelegte Sprache interpretiert wird, bezüglich der bei der Standardinterpretation ausgedrückten Eigenschaften besitzt. Da die adäquaten induktiven Methoden selbstkorrigierend sind, kann durch die Schätzung der relativen Häufigkeiten der einzelnen Eigenschaften im Gegenstandsbereich mit einer adäquaten induktiven Methode c^L bezüglich des vorhandenen Erfahrungswissens ein Näherungswert für den Uniformitätsgrad des Gegenstandsbereichs ermittelt werden, der zu einer bezüglich des vorhandenen Erfahrungswissens optimalen induktiven Methode $c^{L'}$ führt. Durch die bezüglich des vorhandenen Erfahrungswissens optimale induktive Methode $c^{L'}$ wird dann jedem Paar von Sätzen H und E der zugrunde gelegten Sprache — wobei der Satz E nicht logisch falsch ist — der Wert $c^{L'}(H, E)$ als die Wahrscheinlichkeit zugeordnet, mit der man aus der Wahrheit von E auf die Wahrheit von H schließen darf.

2. Begriffe der Prädikatenlogik

Im Sinne eines methodologischen Finitismus wird vorausgesetzt, daß die experimentelle Forschung auf der Grundlage einer elementaren Theorie erfolgt, für die folgendes gilt:

1. In der Theorie werden Aussagen über einen endlichen Gegenstandsbereich unter Verwendung endlich vieler in ihr nicht reduzierbarer Eigenschafts- und Beziehungsbegriffe gemacht.
2. In der Sprache der Theorie wird jeder Gegenstand des Gegenstandsbereiches und jede in einem nicht reduzierbaren Eigenschafts- oder Beziehungsbegriff erfaßte Eigenschaft oder Beziehung durch genau einen Ausdruck bezeichnet.

Eine derartige Theorie wird nun im Prädikatenkalkül der ersten Stufe formalisiert. Das Alphabet der Sprache der formalisierten Theorie umfaßt folgende Grundzeichen:

1) Individuenkonstanten: $a_j \quad (1 \leqq j \leqq n)$,
2) Prädikatenkonstanten: $P_i^{n_i} \quad (1 \leqq i \leqq m;\ 1 \leqq n_1 \leqq n_2 \leqq \ldots \leqq n_m)$,
3) Aussagenlogische Funktoren: $\sim, \wedge, \vee, \rightarrow, \leftrightarrow$,
4) Technische Zeichen: (,).

Zum Alphabet gehören also außer den logischen und technischen Zeichen n Individuenkonstanten und m Prädikatenkonstanten, wobei n_i die Stellenzahl der i-ten Prädikatenkonstanten ist. Unter den Zeichenreihen über diesem Alphabet befinden sich die elementaren Sätze. Elementare Sätze sind Zeichenreihen folgender Gestalt:

$$P_i^{n_i} a_{j_1} \ldots a_{j_{n_i}} \qquad (1 \leqq i \leqq m;\ 1 \leqq j_1 \leqq n; \ldots; 1 \leqq j_{n_i} \leqq n)\,.$$

Es gibt $\sum_{i=1}^{m} n^{n_i}$ elementare Sätze. Davon ausgehend werden die Sätze durch folgende induktive Definition unter den Zeichenreihen ausgesondert:

(1) Die elementaren Sätze sind Sätze.
(2) a) Wenn S_0 ein Satz ist, dann ist auch $\sim S_0$ ein Satz.
b) Wenn S_1 und S_2 Sätze sind, dann sind auch $(S_1 \wedge S_2)$, $(S_1 \vee S_2)$, $(S_1 \rightarrow S_2)$ und $(S_1 \leftrightarrow S_2)$ Sätze.
(3) Eine Zeichenreihe ist nur dann ein Satz, wenn dies auf Grund von (1) und (2) der Fall ist.

Für beliebige Sätze $S_1, \ldots, S_k$ wird die kanonisch geklammerte k-gliedrige Konjunktion, die diese Sätze in der angegebenen Reihenfolge enthält, durch $\bigwedge_{i=1}^{k} S_i$ abgekürzt. Die Abkürzung $\bigwedge_{i=1}^{k} S_i$ steht also für $((\ldots((S_1 \wedge S_2) \wedge S_3) \wedge \ldots \wedge S_{k-1}) \wedge S_k)$. Für die kanonisch geklammerte k-gliedrige Alternative $((\ldots((S_1 \vee S_2) \vee S_3) \vee \ldots \vee S_{k-1}) \vee S_k)$ wird die Abkürzung $\bigvee_{i=1}^{k} S_i$ verwendet. Im Falle $k = 1$ wird sowohl mit $\bigwedge_{i=1}^{k} S_i$ als auch mit $\bigvee_{i=1}^{k} S_i$ der Satz S_1 gemeint.

Interpretiert wird die Sprache über dem Gegenstandsbereich B^n der zugrunde gelegten Theorie, der n Gegenstände umfaßt. Eine k-stellige Relation über B^n wird als eine Menge von geordneten k-Tupeln von Gegenständen aus B^n aufgefaßt. Dabei ist zu beachten, daß im Falle $k = 1$ ein geordnetes k-Tupel von Gegenständen mit dem Gegenstand selbst identisch ist. Es gibt $2^{(n^k)}$ k-stellige Relationen über B^n. Eine Interpretation ist eine Funktion, die jeder Individuenkonstanten einen Gegenstand aus B^n und jeder Prädikatenkonstanten eine Relation gleicher Stellenzahl über B^n zuordnet. Durch die zugrunde gelegte Theorie wird die Standardinterpretation I^+ festgelegt. Die Standardinterpretation I^+ ordnet jeder der n Individuenkonstanten umkehrbar eindeutig einen der n Gegenstände aus B^n zu. Außerdem ordnet die Standardinterpretation I^+ jeder Prädikatenkonstanten umkehrbar eindeutig die Extension eines in der zugrunde gelegten Theorie nicht reduzierbaren Eigenschafts- oder Beziehungsbegriffes zu. Dabei ist zu beachten, daß die Extensionen von Eigenschafts- und Beziehungsbegriffen Relationen sind. Außer der Standardinterpretation I^+ werden auch andere Interpretationen zugelassen. Eine Interpretation I ist genau dann eine zulässige Interpretation, wenn für jedes j mit $1 \leqq j \leqq n$ gilt: $I(a_j) = I^+(a_j)$. Es gibt $\prod_{i=1}^{m} 2^{(n^{n_i})}$ zulässige Interpretationen. Bei jeder zulässigen Interpretation nimmt jeder Satz entweder den Wahrheitswert W (wahr) oder den Wahrheitswert F (falsch) an. Der Begriff des Wahrheitswertes eines Satzes S bei einer zulässigen Interpretation I (*Wert*(S, I)) wird unter Bezugnahme auf beliebige Sätze S_0, S_1, S_2, S wie folgt induktiv definiert:

a) *Wert*$(P_i^{n_i} a_{j_1} \dots a_{j_{n_i}}, I) = W$ genau dann, wenn
$[I(a_{j_1}), \dots, I(a_{j_{n_i}})] \in I(P_i^{n_i})$.

b) *Wert*$(\sim S_0, I) = W$ genau dann, wenn
Wert$(S_0, I) = F$.

c) *Wert*$((S_1 \wedge S_2), I) = W$ genau dann, wenn
Wert$(S_1, I) = W$ und *Wert*$(S_2, I) = W$.

d) *Wert*$((S_1 \vee S_2), I) = W$ genau dann, wenn
Wert$(S_1, I) = W$ oder *Wert*$(S_2, I) = W$.

e) *Wert*$((S_1 \rightarrow S_2), I) = W$ genau dann, wenn
Wert$(S_1, I) = F$ oder *Wert*$(S_2, I) = W$.

f) *Wert*$((S_1 \leftrightarrow S_2), I) = W$ genau dann, wenn
Wert$(S_1, I) =$ *Wert*(S_2, I).

g) *Wert*$(S, I) = F$ genau dann, wenn nicht
Wert$(S, I) = W$.

Damit ist *Wert*(S, I) für einen beliebigen Satz S und eine beliebige zulässige Interpretation I definiert. Es werden nun noch einige Begriffe für beliebige Sätze S, S_1, S_2 eingeführt.

1) Eine zulässige Interpretation I erfüllt einen Satz S (I *Erf* S) genau dann, wenn gilt: *Wert*$(S, I) = W$.
2) Ein Satz S ist erfüllbar (*ef* S) genau dann, wenn es eine zulässige Interpretation I gibt, so daß gilt: I *Erf* S.
3) Ein Satz S ist logisch falsch (*lf* S) genau dann, wenn es keine zulässige Interpretation I gibt, so daß gilt: I *Erf* S.
4) Ein Satz S ist logisch wahr (*lw* S) genau dann, wenn für jede zulässige Interpretation I gilt: I *Erf* S.
5) Aus einem Satz S_1 folgt logisch ein Satz S_2 (S_1 *fl* S_2) genau dann, wenn gilt: *lw* $(S_1 \rightarrow S_2)$.

6) Ein Satz S_1 und ein Satz S_2 sind logisch unverträglich (S_1 *uv* S_2) genau dann, wenn gilt: *lw* $(S_1 \rightarrow \sim S_2)$.
7) Ein Satz S_1 und ein Satz S_2 sind logisch äquivalent (S_1 *äq* S_2) genau dann, wenn gilt: *lw* $(S_1 \leftrightarrow S_2)$.

Auf Grund der angegebenen Definitionen können aus der Prädikatenlogik bzw. aus der Aussagenlogik bekannte Lehrsätze bewiesen werden. Von derartigen Lehrsätzen wird in dieser Abhandlung ohne besondere Erwähnung Gebrauch gemacht.

Es soll nun präzise ausgedrückt werden, was es heißt, daß die in Betracht gezogenen Begriffe der zugrunde gelegten Theorie in ihr nicht reduzierbar sind. Zu diesem Zweck muß noch die Abkürzung $H(x_1, \ldots, x_k)$ eingeführt werden. $H(x_1, \ldots, x_k)$ ist eine beliebige Zeichenreihe über dem durch die k Individuenvariablen $x_1, \ldots, x_k$ erweiterten Alphabet, für die folgendes gilt:

1. Jede der k Variablen $x_1, \ldots, x_k$ kommt in $H(x_1, \ldots, x_k)$ an wenigstens einer Stelle vor.
2. Jede Zeichenreihe der Gestalt $H(a_{j_1}, \ldots, a_{j_k})$, die aus $H(x_1, \ldots, x_k)$ dadurch entsteht, daß in $H(x_1, \ldots, x_k)$ für jedes i mit $1 \leqq i \leqq k$ die Variable x_i an allen Stellen ihres Vorkommens durch die Individuenkonstante a_{j_i} ersetzt wird, ist ein Satz.

Daß die in Betracht gezogenen Begriffe der zugrunde gelegten Theorie in ihr nicht reduzierbar sind, besagt, daß keiner dieser Begriffe durch andere dieser Begriffe in der zugrunde gelegten Theorie definierbar ist. Letzteres kann versuchsweise wie folgt präzisiert werden:

Zu keiner Prädikatenkonstanten $P_i^{n_i}$ gibt es eine Zeichenreihe $H(x_1, \ldots, x_{n_i})$, so daß gilt:

(1) $P_i^{n_i}$ kommt nicht in $H(x_1, \ldots, x_{n_i})$ vor, und

(2) $$Wert\left(\bigwedge_{j_1=1}^{n} \ldots \bigwedge_{j_{n_i}=1}^{n} (P_i^{n_i}a_{j_1} \ldots a_{j_{n_i}} \leftrightarrow H(a_{j_1}, \ldots, a_{j_{n_i}})), I^+\right) = W .$$

Dieser Versuch einer Präzisierung ist naheliegend, da die Standardinterpretation I^+ durch die zugrunde gelegte Theorie festgelegt ist. Er scheitert jedoch daran, daß die Extensionen der Eigenschafts- und Beziehungsbegriffe der zugrunde gelegten Theorie, die den Prädikatenkonstanten durch die Standardinterpretation I^+ zugeordnet werden, in der Regel nicht bekannt sind, obwohl sie durch die Intensionen dieser Begriffe festgelegt werden. Aus diesem Grunde muß mit einer Analyse der Intensionen der Eigenschafts- und Beziehungsbegriffe der zugrunde gelegten Theorie begonnen werden. Die bei einer solchen Analyse festgestellten intensionalen Zusammenhänge sind in Sätzen der Sprache der formalisierten Theorie zum Ausdruck zu bringen. Unter der Voraussetzung, daß K eine bestimmte Konjunktion der Sätze ist, die die bekannten intensionalen Zusammenhänge der in Betracht gezogenen Eigenschafts- und Beziehungsbegriffe der zugrunde gelegten Theorie zum Ausdruck bringen, kann nun endgültig präzisiert werden, was es heißt, daß keiner dieser Begriffe durch die anderen Begriffe in der zugrunde gelegten Theorie definierbar ist:

Zu keiner Prädikatenkonstanten $P_i^{n_i}$ gibt es eine Zeichenreihe $H(x_1, \dots, x_{n_i})$, so daß gilt:

(1) $P_i^{n_i}$ kommt nicht in $H(x_1, \dots, x_{n_i})$ vor, und

(2) $K \vdash l \bigwedge_{j_1=1}^{n} \dots \bigwedge_{j_{n_i}=1}^{n} (P_i^{n_i} a_{j_1} \dots a_{j_{n_i}} \leftrightarrow H(a_{j_1}, \dots, a_{j_{n_i}}))$.

Bei dieser endgültigen Präzisierung ist allerdings zu beachten, daß K nur den jeweiligen Entwicklungsstand der zugrunde gelegten Theorie zum Ausdruck bringt.

Es folgt noch eine Bemerkung zur Ausdrucksfähigkeit der zugrunde gelegten Sprache. Da der Gegenstandsbereich B^n, über dem die zugrunde gelegte Sprache interpretiert wird, endlich ist, sind die über dem durch abzählbar unendlich viele Individuenvariablen x_i ($i \geqq 1$) und durch die Quantoren $\forall$ und $\exists$ erweiterten Alphabet ausdrückbaren All- und Existenzaussagen bereits in der zugrunde gelegten Sprache ausdrückbar. Unter Verwendung der schon eingeführten Abkürzung $H(x_1, \dots, x_k)$ für $k = 1$ kann der Allsatz $\forall x_1 H(x_1)$ durch die Konjunktion $\bigwedge_{j_1=1}^{n} H(a_{j_1})$ und der Existenzsatz $\exists x_1 H(x_1)$ durch die Alternative $\bigvee_{j_1=1}^{n} H(a_{j_1})$ wiedergegeben werden.

3. Begriffe der induktiven Logik

3.1. Der Begriff der regulären Bestätigungsfunktion

Bevor der Begriff der regulären Bestätigungsfunktion definiert werden kann, müssen noch einige andere Begriffe eingeführt werden. Zunächst werden die Zustandsbeschreibungen charakterisiert. Zustandsbeschreibungen sind Sätze folgender Gestalt:

$$\bigwedge_{i=1}^{m} \bigwedge_{j_1=1}^{n} \dots \bigwedge_{j_{n_i}=1}^{n} N_{i;j_1,\dots,j_{n_i}}^{n_i} P_i^{n_i} a_{j_1} \dots a_{j_{n_i}} .$$

Dabei ist jedes $N_{i;j_1,\dots,j_{n_i}}^{n_i}$ ($1 \leqq i \leqq m$; $1 \leqq j_1 \leqq n$; ...; $1 \leqq j_{n_i} \leqq n$) entweder die leere Zeichenreihe oder das Negationszeichen $\sim$. Es gibt $2^{\sum_{i=1}^{m} n^{n_i}}$ Zustandsbeschreibungen. Die Zustandsbeschreibungen können lexikographisch angeordnet werden. Unter der Standardalternative einer Menge von Zustandsbeschreibungen wird die kanonisch geklammerte Alternative aller Zustandsbeschreibungen aus dieser Menge in lexikographischer Anordnung verstanden. Es bestehen folgende Zusammenhänge:

1) Die Anzahl der Zustandsbeschreibungen ist gleich der Anzahl der zulässigen Interpretationen.
2) Zu jeder Zustandsbeschreibung Z gibt es genau eine zulässige Interpretation I, so daß gilt: I *Erf* Z.
3) Zu jeder zulässigen Interpretation I gibt es genau eine Zustandsbeschreibung Z, so daß gilt: I *Erf* Z.
4) Je zwei Zustandsbeschreibungen sind logisch unverträglich.
5) Die Standardalternative der Menge aller Zustandsbeschreibungen ist logisch wahr.
6) Jeder erfüllbare Satz S ist logisch äquivalent mit der Standardalternative der Menge aller Zustandsbeschreibungen Z, für die gilt: Z *fl* S.

Für die weiteren Ausführungen wird folgendes vereinbart:

a) T ist ein bestimmter logisch wahrer Satz.
b) Zb ist die Menge aller Zustandsbeschreibungen.
c) Wenn S ein beliebiger Satz ist, dann ist $Zb(S)$ die Menge aller Zustandsbeschreibungen Z, für die gilt: Z *fl* S.
d) Wenn $\mathfrak{M}$ eine beliebige Menge von Zustandsbeschreibungen ist, dann ist $Sa(\mathfrak{M})$ die Standardalternative von $\mathfrak{M}$.
e) Die Standardalternative der leeren Menge $\emptyset$ ($Sa(\emptyset)$) ist der logisch falsche Satz $\sim T$.
f) Die leere Konjunktion $\bigwedge_{i=1}^{0} S_i$ ist der logisch wahre Satz T, und die leere Alternative $\bigvee_{i=1}^{0} S_i$ ist der logisch falsche Satz $\sim T$.
g) c ist eine beliebige Funktion, die für Paare von Sätzen definiert ist und reelle Zahlen als Werte annimmt.

Auf Grund dieser Vereinbarungen gilt für einen beliebigen Satz S und eine beliebige Menge $\mathfrak{M}$ von Zustandsbeschreibungen: $Zb(T) = Zb$ und $Zb(\sim T) = \emptyset$ und $Zb(Sa(\mathfrak{M})) = \mathfrak{M}$ und $Sa(Zb(S))$ *äq* S. Für beliebige Sätze S_1 und S_2 gilt außerdem: $Zb(S_1) = Zb(S_2)$ genau dann, wenn S_1 *äq* S_2. Für beliebige Mengen $\mathfrak{M}_1$ und $\mathfrak{M}_2$ von Zustandsbeschreibungen gilt schließlich: $Sa(\mathfrak{M}_1)$ *äq* $Sa(\mathfrak{M}_2)$ genau dann, wenn $\mathfrak{M}_1 = \mathfrak{M}_2$.

Es werden nun Begriffe definiert, die zum Begriff der regulären Bestätigungsfunktion hinführen.

Definition 1

c ist eine reguläre Maßfunktion für die Zustandsbeschreibungen genau dann, wenn $\sum_{Z \in Zb} c(Z, T) = 1$ ist und für jede Zustandsbeschreibung Z gilt: $c(Z, T) > 0$.

Definition 2

c ist eine reguläre Maßfunktion genau dann, wenn c eine reguläre Maßfunktion für die Zustandsbeschreibungen ist und für jeden Satz S gilt:

$$c(S, T) = \sum_{Z \in Zb(S)} c(Z, T).$$

Definition 3
c ist eine reguläre Bestätigungsfunktion genau dann, wenn c eine reguläre Maßfunktion ist und für jeden Satz H und jeden erfüllbaren Satz E gilt:

$$c(H, E) = \frac{c((H \wedge E), T)}{c(E, T)}.$$

Ist zu ermitteln, in welchem Grad ein Satz H durch einen erfüllbaren Satz E bestätigt wird, so wird angenommen, daß E wahr ist. Wenn E wahr ist, dann wird der wirkliche Zustand des Gegenstandsbereiches B^n durch eine Zustandsbeschreibung aus $Zb(E)$ beschrieben. Der Grad der Bestätigung von H durch E ist dann das Verhältnis der Summe der Maße jener Zustandsbeschreibungen aus Zb(E), die auch in $Zb(H)$ enthalten sind, zur Summe der Maße aller Zustandsbeschreibungen aus $Zb(E)$. Dieses Verhältnis hängt im allgemeinen davon ab, welche Maße (Gewichte) den einzelnen Zustandsbeschreibungen auf Grund von Aprioriüberlegungen zugeordnet werden.

Ist die Konjunktion K, die die bekannten intensionalen Zusammenhänge der in Betracht gezogenen Eigenschafts- und Beziehungsbegriffe der zugrunde gelegten Theorie zum Ausdruck bringt, von der leeren Konjunktion verschieden, so muß diese stets bei der Ermittlung des Grades der Bestätigung eines Satzes H durch einen erfüllbaren Satz E berücksichtigt werden, indem an Stelle des Wertes $c(H, E)$ der Wert $c(H, (E \wedge K))$ berechnet wird, vorausgesetzt, daß nicht $\sim E$ aus K logisch folgt.

3.2. Der Begriff der streng kohärenten Wettfunktion

Als Ausgangspunkt für die folgenden Überlegungen fungiert der Begriff der Wette. Eine Wette einer Person X gegen eine Person Y auf den Satz H, der eine Hypothese darstellt, bezüglich des Satzes E, der das gemeinsame Wissen zum Ausdruck bringt, mit dem Wettquotienten r und dem Gesamteinsatz s ist eine Vereinbarung, wonach X an Y den Betrag $r \cdot s$ bezahlt, wenn sich H als falsch herausstellt und X von Y den Betrag $(1 - r) \cdot s$ erhält, falls sich H als wahr erweist. In beiden Fällen wird vorausgesetzt, daß E wahr ist. Für den Fall, daß sich E wider Erwarten als falsch erweist, wird zusätzlich vereinbart, daß die Wette als nicht abgeschlossen gilt, so daß weder X noch Y etwas bezahlen, unabhängig davon, ob H wahr ist oder nicht. Vergleicht man nun in allen drei Fällen den Gewinn von X mit dem Gewinn von Y, wobei ein Verlust als negativer Gewinn erscheint, und beachtet man dabei, daß eine Wette von X gegen Y auf H bezüglich E mit dem Wettquotienten r und dem Gesamteinsatz s zugleich eine Wette von Y gegen X gegen H bezüglich E mit dem Wettquotienten r und dem Gesamteinsatz s ist, so erkennt man, daß eine Wette von Y gegen X gegen H bezüglich E mit dem Wettquotienten r und dem Gesamteinsatz s auch als eine Wette von Y gegen X auf H bezüglich E mit dem Wettquotienten r und dem Gesamteinsatz $-s$

aufgefaßt werden kann. Aus diesem Grunde kann durch den Gesamteinsatz allein bestimmt werden, ob auf H oder gegen H oder überhaupt nicht gewettet wird. Eine Wette auf H ist gleichbedeutend mit einem positiven Gesamteinsatz, eine Wette gegen H mit einem negativen Gesamteinsatz und eine nicht abgeschlossene Wette mit dem Gesamteinsatz null.

Eine Wette wird fair genannt, wenn sie weder X noch Y begünstigt, so daß X und Y ihre Rollen vertauschen können, ohne daß X oder Y bei dem Rollentausch Nachteile befürchten muß. X wird bestrebt sein, einen fairen Wettquotienten und damit eine faire Wette zu ermitteln, wenn Y entscheiden darf, ob X auf H oder gegen H zu wetten hat und X zugesagt hat, die Entscheidung von Y zu akzeptieren. X hat einen fairen Wettquotienten und damit eine faire Wette ermittelt, wenn X sich auf Grund rationaler Gründe allein nicht entscheiden kann, auf H oder gegen H zu wetten. Die Angabe aller in Betracht zu ziehenden rationalen Gründe würde eine Explikation des Begriffs der Fairneß bedeuten, die hier nicht beabsichtigt ist. Es wird in den weiteren Ausführungen dieses Abschnitts lediglich eine Definition des schwächeren Begriffs der strengen Kohärenz angestrebt.

Definition 4

a) d ist eine Wette auf H bezüglich E mit dem Wettquotienten r und dem Gesamteinsatz s genau dann, wenn $d = [H, E, r, s]$ ist und H ein Satz und E ein erfüllbarer Satz ist und r und s reelle Zahlen sind.

b) d ist eine Wette genau dann, wenn es Sätze H und E und reelle Zahlen r und s gibt, so daß d eine Wette auf H bezüglich E mit dem Wettquotienten r und dem Gesamteinsatz s ist.

Definition 5

a) D ist ein aus $[H_1, E_1, r_1, s_1], \dots, [H_k, E_k, r_k, s_k]$ bestehendes und mit c übereinstimmendes Wettsystem genau dann, wenn $D = [[H_1, E_1, r_1, s_1], \dots, [H_k, E_k, r_k, s_k]]$ ist und für jedes i mit $1 \leqq i \leqq k$ gilt: $[H_i, E_i, r_i, s_i]$ ist eine Wette auf H_i bezüglich E_i mit dem Wettquotienten r_i und dem Gesamteinsatz s_i und $c(H_i, E_i) = r_i$.

b) D ist ein mit c übereinstimmendes Wettsystem genau dann, wenn es eine natürliche Zahl k und Wetten $[H_1, E_1, r_1, s_1], \dots, [H_k, E_k, r_k, s_k]$ gibt, so daß D ein aus $[H_1, E_1, r_1, s_1], \dots, [H_k, E_k, r_k, s_k]$ bestehendes und mit c übereinstimmendes Wettsystem ist.

Auf Grund von Definition 5 ist ein Wettsystem ein geordnetes k-Tupel von Wetten ($k \geqq 1$). Dies ist bereits bei den folgenden bedingten Definitionen zu beachten.

Definition 6

Wenn D ein aus $[H_1, E_1, r_1, s_1], \dots, [H_k, E_k, r_k, s_k]$ bestehendes und mit c übereinstimmendes Wettsystem ist, dann gilt:

a) A ist ein Ausgang bezüglich D genau dann, wenn A eine erfüllbare Konjunktion der Gestalt $\bigwedge_{i=1}^{k} B_i$ ist, wobei für jedes i mit $1 \leqq i \leqq k$ gilt: B_i ist der Satz $(H_i \wedge E_i)$ oder der Satz $(\sim H_i \wedge E_i)$ oder der Satz $\sim E_i$;

b) A ist ein normaler Ausgang bezüglich D genau dann, wenn A ein Ausgang bezüglich D ist und von der Konjunktion $\bigwedge_{i=1}^{k} \sim E_i$ verschieden ist.

Nun werden die Begriffe des Gewinns bei einer Wette d bezüglich eines Ausgangs A ($gw(d, A)$) und des Gesamtgewinns bei einem Wettsystem D bezüglich eines Ausgangs A ($gs(D, A)$) eingeführt.

Definition 7

Wenn D ein aus $[H_1, E_1, r_1, s_1], \ldots, [H_k, E_k, r_k, s_k]$ bestehendes und mit c übereinstimmendes Wettsystem ist und A ein Ausgang bezüglich D ist, dann gilt:

a) Für jedes i mit $1 \leqq i \leqq k$ gilt:
   1) Wenn A *fl* $(H_i \wedge E_i)$, dann $gw([H_i, E_i, r_i, s_i], A) = (1 - r_i) \cdot s_i$,
   2) wenn A *fl* $(\sim H_i \wedge E_i)$, dann $gw([H_i, E_i, r_i, s_i], A) = - r_i \cdot s_i$,
   3) wenn A *fl* $\sim E_i$, dann $gw([H_i, E_i, r_i, s_i], A) = 0$;

b) $gs(D, A) = \sum_{i=1}^{k} gw([H_i, E_i, r_i, s_i], A)$.

Die Definition des Begriffes des Gewinns ist sinnvoll, da bei jedem Ausgang A bezüglich D für jedes i mit $1 \leqq i \leqq k$ aus A entweder $(H_i \wedge E_i)$ oder $(\sim H_i \wedge E_i)$ oder $\sim E_i$ logisch folgt, je nachdem, welcher der drei Sätze in A als Konjunktionsglied vorkommt.

Definition 8

Wenn D ein mit c übereinstimmendes Wettsystem ist, dann gilt:

a) Bei D ist ein Verlust möglich genau dann, wenn es wenigstens einen Ausgang A bezüglich D gibt, so daß gilt: $gs(D, A) < 0$;

b) bei D ist ein positiver Gewinn unmöglich genau dann, wenn für jeden Ausgang A bezüglich D gilt: $gs(D, A) \leqq 0$.

Durch die folgende Definition wird der Begriff der c-Mittel-Schätzung des Gesamtgewinns bei einem mit c übereinstimmenden Wettsystem D ($Sg_c(D)$) eingeführt. Dabei ist zu beachten: Wenn D ein mit c übereinstimmendes Wettsystem ist, dann liefert c die Wettquotienten für die einzelnen Wetten, aus denen D besteht.

Definition 9

Wenn D ein mit c übereinstimmendes Wettsystem ist, dann gilt: $Sg_c(D) = \sum_{A \in Ag(D)} c(A, T) \cdot gs(D, A)$, wobei $Ag(D)$ die Menge aller Ausgänge bezüglich D ist.

Definition *10*

c ist eine streng kohärente Wettfunktion genau dann, wenn es kein mit c übereinstimmendes Wettsystem D gibt, so daß gilt: Bei D ist ein Verlust möglich, und bei D ist ein positiver Gewinn unmöglich.

Damit ist der Begriff der streng kohärenten Wettfunktion definiert. Eine Funktion c ist also genau dann eine streng kohärente Wettfunktion, wenn es kein mit c übereinstimmendes Wettsystem gibt, bei dem ein Verlust möglich, aber ein positiver Gewinn unmöglich ist, oder, anders ausgedrückt, wenn bei jedem mit c übereinstimmenden Wettsystem, bei dem ein Verlust möglich ist, auch ein positiver Gewinn möglich ist.

3.3. Der Begriff der regulären Wahrscheinlichkeitsfunktion

Der Begriff der regulären Wahrscheinlichkeitsfunktion wird unter Bezugnahme auf die Axiome der Wahrscheinlichkeitstheorie definiert.

Definition 11
c ist eine reguläre Wahrscheinlichkeitsfunktion genau dann, wenn für beliebige Sätze H und H' und beliebige erfüllbare Sätze E und E' gilt:
(1) $c(H, E) \geqq 0$,
(2) $c(E, E) = 1$,
(3) $c(H, E) + c(\sim H, E) = 1$,
(4) wenn H *äq* H' und E *äq* E', dann $c(H, E) = c(H', E')$,
(5) wenn *ef* $(H \wedge E)$, dann $c((H \wedge H'), E) = c(H, E) \cdot c(H', (H \wedge E))$,
(6) wenn nicht E *fl* H, dann $c(H, E) \neq 1$.
Es kann der Nachweis erbracht werden, daß sowohl die streng kohärenten Wettfunktionen als auch die regulären Bestätigungsfunktionen reguläre Wahrscheinlichkeitsfunktionen sind.

Theorem 1
Wenn c eine streng kohärente Wettfunktion ist, dann ist c eine reguläre Wahrscheinlichkeitsfunktion.

Das Theorem kann in kontraponierter Form bewiesen werden. Die Kontraposition des Theorems lautet: Wenn c keine reguläre Wahrscheinlichkeitsfunktion ist, dann ist c keine streng kohärente Wettfunktion. Wenn c keine reguläre Wahrscheinlichkeitsfunktion ist, dann sind sechs Fälle zu unterscheiden. In jedem der sechs Fälle kann ein mit c übereinstimmendes Wettsystem angegeben werden, bei dem ein Verlust möglich, aber ein positiver Gewinn unmöglich ist. Aus diesem Grunde ist c keine streng kohärente Wettfunktion.

Theorem 2
Wenn c eine reguläre Bestätigungsfunktion ist, dann ist c eine reguläre Wahrscheinlichkeitsfunktion.

Unter der Voraussetzung, daß c eine reguläre Bestätigungsfunktion ist, kann bewiesen werden, daß c den sechs Bedingungen genügt, durch die eine reguläre Wahrscheinlichkeitsfunktion charakterisiert wird. Aus diesem Grunde ist c eine reguläre Wahrscheinlichkeitsfunktion.

Von den Theoremen 1 und 2 gelten auch die Umkehrungen. Aus diesem Grunde gilt insgesamt:

1) c ist eine streng kohärente Wettfunktion genau dann, wenn c eine reguläre Wahrscheinlichkeitsfunktion ist.
2) c ist eine reguläre Bestätigungsfunktion genau dann, wenn c eine reguläre Wahrscheinlichkeitsfunktion ist.
3) c ist eine reguläre Bestätigungsfunktion genau dann, wenn c eine streng kohärente Wettfunktion ist.

Wie weit der Begriff der regulären Bestätigungsfunktion von einer adäquaten Explikation des quantitativen Begriffs des Bestätigungsgrades noch entfernt ist, bringt der folgende, erstmals von Carnap bewiesene Lehrsatz zum Ausdruck[5]:

Theorem 3

Für beliebige Sätze H und E und eine beliebige reelle Zahl r gilt: Wenn nicht $E\,fl\,H$ und nicht $E\,fl \sim H$ und $0 < r < 1$, dann gibt es wenigstens eine reguläre Bestätigungsfunktion c, so daß $c(H, E) = r$ ist.

4. Lehrsätze der Wahrscheinlichkeitslogik

Die Wahrscheinlichkeitslogik ist nichts anderes als der elementare Wahrscheinlichkeitskalkül. Zum elementaren Wahrscheinlichkeitskalkül gehören die Axiome der Wahrscheinlichkeitstheorie und die daraus zu gewinnenden logischen Folgerungen. Den Axiomen der Wahrscheinlichkeitstheorie entsprechen die sechs Bedingungen der Definition 11. Von diesen Bedingungen muß beim Beweis der folgenden Theoreme für eine beliebige reguläre Wahrscheinlichkeitsfunktion c Gebrauch gemacht werden.

Theorem 4

Für einen beliebigen Satz H und einen beliebigen erfüllbaren Satz E gilt:

(a) $c(H, E) \leqq 1$;

(b) wenn $E\,fl\,H$, dann $c(H, E) = 1$;

(c) wenn $E\,fl \sim H$, dann $c(H, E) = 0$;

(d) wenn $c(H, E) = 1$, dann $E\,fl\,H$;

(e) wenn $c(H, E) = 0$, dann $E\,fl \sim H$.

Theorem 5

Für beliebige Sätze H und H' und einen beliebigen erfüllbaren Satz E gilt:

(a) $c(H, E) = c((H \wedge H'), E) + c((H \wedge \sim H'), E)$;

(b) $c((H \vee H'), E) = c(H, E) + c(H', E) - c((H \wedge H'), E)$;

(c) wenn nicht $ef((H \wedge H') \wedge E)$, dann
$c((H \vee H'), E) = c(H, E) + c(H', E)$.

[5] R. Carnap, W. Stegmüller: Induktive Logik und Wahrscheinlichkeit, a. a. O., S. 165.

Theorem 6
Für beliebige Sätze H, H' und E gilt:
(a) Wenn $ef(H \wedge E)$ und $ef(H' \wedge E)$, dann
$c(H, E) \cdot c(H', (H \wedge E)) = c(H', E) \cdot c(H, (H' \wedge E))$;
(b) wenn $ef(H \wedge E)$ und $ef(\sim H \wedge E)$, dann
$c(H', E) = c(H, E) \cdot c(H', (H \wedge E)) + c(\sim H, E) \cdot c(H', (\sim H \wedge E))$.

Theorem 7
Für beliebige Sätze H und H' gilt:
(a) Wenn $ef\,H$, dann $c((H \wedge H'), T) = c(H, T) \cdot c(H', H)$;
(b) wenn nicht $ef(H \wedge H')$, dann $c((H \vee H'), T) = c(H, T) + c(H', T)$.

Theorem 8
Für eine beliebige natürliche Zahl r mit $r \geqq 2$ und beliebige Sätze E und $H_1, \ldots, H_r$ gilt:
(a) Wenn $ef\left(\bigwedge_{i=1}^{r-1} H_i \wedge E\right)$, dann $c\left(\bigwedge_{i=1}^{r} H_i, E\right) = \prod_{i=1}^{r} c\left(H_i, \left(\bigwedge_{j=1}^{i-1} H_j \wedge E\right)\right)$;
(b) wenn $ef\,E$ und nicht $ef((H_i \wedge H_j) \wedge E)$ für alle i und j mit
$1 \leqq i < j \leqq r$, dann $c\left(\bigvee_{i=1}^{r} H_i, E\right) = \sum_{i=1}^{r} c(H_i, E)$.

Theorem 9
Für eine beliebige natürliche Zahl r mit $r \geqq 2$ und beliebige Sätze H, E und $D_1, \ldots, D_r$ gilt:
Wenn $ef(H \wedge E)$ und $ef(D_i \wedge E)$ für jedes i mit $1 \leqq i \leqq r$ und $(H \wedge E)\,fl\,\bigvee_{i=1}^{r} D_i$ und $(H \wedge E)\,fl \sim (D_i \wedge D_j)$ für alle i und j mit $1 \leqq i < j \leqq r$, dann gilt:
(a) $c(H, E) = \sum_{i=1}^{r} c(H, (D_i \wedge E)) \cdot c(D_i, E)$;
(b) für jedes j mit $1 \leqq j \leqq r$ ist

$$c(D_j, (H \wedge E)) = \frac{c(H, (D_j \wedge E)) \cdot c(D_j, E)}{\sum_{i=1}^{r} c(H, (D_i \wedge E)) \cdot c(D_i, E)}$$

Das Theorem 9(b) entspricht dem aus der Wahrscheinlichkeitstheorie bekannten Lehrsatz von *Bayes* über die Wahrscheinlichkeit von Hypothesen.

Es wird nun noch die übliche Charakterisierung einer regulären Wahrscheinlichkeitsfunktion angegeben.

Theorem 10
c ist eine reguläre Wahrscheinlichkeitsfunktion genau dann, wenn für beliebige Sätze H und H' und beliebige erfüllbare Sätze E und E' gilt:

(1) $c(H, E) \geqq 0$,

(2) $c(E, E) = 1$,

(3′) wenn nicht $ef((H \wedge H') \wedge E)$, dann $c((H \vee H'), E) = c(H, E) + c(H', E)$,

(4) wenn H äq H' und E äq E', dann $c(H, E) = c(H', E')$,

(5) wenn $ef(H \wedge E)$, dann $c((H \wedge H'), E) = c(H, E) \cdot c(H', (H \wedge E))$,

(6) wenn nicht $E\,fl\,H$, dann $c(H, E) \neq 1$.

Die Bedingungen (1), (2) und (3′) entsprechen den Axiomen, die *Kolmogoroff* der Wahrscheinlichkeitstheorie zugrunde gelegt hat.[6] Die Bedingung (3′) wird das spezielle Additionsprinzip genannt. Das allgemeine Additionsprinzip kommt im Theorem 5(b) zum Ausdruck. *Von Wright* hat erstmals die Bedingungen (1), (2) und (3) als Axiome der Wahrscheinlichkeitstheorie aufgestellt. Die Bedingung (5) entspricht der Definition der bedingten Wahrscheinlichkeit und wird das allgemeine Multiplikationsprinzip genannt. Da logisch äquivalente Sätze den gleichen Sachverhalt beschreiben und der Wahrscheinlichkeitsbegriff in der Wahrscheinlichkeitstheorie auf Sachverhalte bzw. Ereignisse bezogen wird, wird die Bedingung (4) hinzugenommen. Der Bedingung (4) entspricht in der Wahrscheinlichkeitstheorie eine identitätstheoretische Trivialität. Anders verhält es sich mit der Bedingung (6). Die Bedingung (6) gilt ohne Einschränkungen nur für endliche Gegenstandsbereiche. Da sich die Wahrscheinlichkeitstheorie in erster Linie auf unendliche Gegenstandsbereiche bezieht, wird in ihr kein der Bedingung (6) entsprechendes Axiom aufgestellt.

Es wird nun der Begriff des endlich-additiven Wahrscheinlichkeitsraumes eingeführt. Zu diesem Zweck wird vereinbart, daß U eine beliebige nicht leere Menge ist, daß $\mathfrak{P}(U)$ die Potenzmenge von U und daß $C_U A$ für eine beliebige Teilmenge A von U die Komplementmenge von A bezüglich U ist

Definition 12

$\mathfrak{K}$ ist ein Mengenkörper über U genau dann, wenn $\mathfrak{K} \subseteq \mathfrak{P}(U)$ ist und für beliebige Mengen A, B gilt:

(1) $U \in \mathfrak{K}$,

(2) wenn $A \in \mathfrak{K}$, dann $C_U A \in \mathfrak{K}$,

(3) wenn $A \in \mathfrak{K}$ und $B \in \mathfrak{K}$, dann $A \cup B \in \mathfrak{K}$.

Definition 13

$\mathfrak{R}$ ist ein endlich-additiver Wahrscheinlichkeitsraum genau dann, wenn es eine nicht leere Menge U, einen Mengenkörper $\mathfrak{K}$ über U und eine reelle Mengenfunktion P auf $\mathfrak{K}$ gibt, so daß $\mathfrak{R} = [U, \mathfrak{K}, P]$ ist und für beliebige Mengen $A, B \in \mathfrak{K}$ gilt:

(1) $P(A) \geqq 0$,

(2) $P(U) = 1$,

(3) wenn $A \cap B = \emptyset$, dann $P(A \cup B) = P(A) + P(B)$.

[6] Vgl. B. W. Gnedenko: Lehrbuch der Wahrscheinlichkeitsrechnung, Berlin 1962, S. 43.

Wenn $\mathfrak{R}$ ein endlich-additiver Wahrscheinlichkeitsraum mit $\mathfrak{R} = [U, \mathfrak{K}, P]$ ist, dann wird U der zu $\mathfrak{R}$ gehörende Möglichkeitsraum, $\mathfrak{K}$ der zu $\mathfrak{R}$ gehörende Ereigniskörper und P das zu $\mathfrak{R}$ gehörende endlich-additive Wahrscheinlichkeitsmaß genannt. Unter der zusätzlichen Voraussetzung, daß A und B beliebige Mengen aus $\mathfrak{K}$ mit $P(A) \neq 0$ sind, wird der Begriff der bedingten Wahrscheinlichkeit von B bezüglich A ($P(B/A)$) definiert.

Definition 14
Wenn $\mathfrak{R}$ ein endlich-additiver Wahrscheinlichkeitsraum ist und $\mathfrak{R} = [U, \mathfrak{K}, P]$ ist und $A, B \in \mathfrak{K}$ sind und $P(A) \neq 0$ ist, dann gilt:

$$P(B/A) = \frac{P(A \cap B)}{P(A)} .$$

Bei Zugrundelegung einer beliebigen regulären Wahrscheinlichkeitsfunktion c wird nun für beliebige Teilmengen A, B der Menge Zb aller Zustandsbeschreibungen unter der Voraussetzung, daß A von der leeren Menge $\emptyset$ verschieden ist, die durch c determinierte Wahrscheinlichkeit von B ($P_c(B)$) und die durch c determinierte Wahrscheinlichkeit von B unter der Bedingung A ($P_c(B/A)$) definiert.

Definition 15
Wenn c eine reguläre Wahrscheinlichkeitsfunktion ist und $A, B \subseteq Zb$ sind und $A \neq \emptyset$ ist, dann gilt:

a) $P_c(B) = c(Sa(B), T)$;
b) $P_c(B/A) = c(Sa(B), Sa(A))$.

Es kann der Nachweis erbracht werden, daß $[Zb, \mathfrak{P}(Zb), P_c]$ ein endlich-additiver Wahrscheinlichkeitsraum ist. Da Zb eine nicht leere Menge ist und $\mathfrak{P}(Zb)$ ein Mengenkörper über Zb ist, genügt es, für eine beliebige reguläre Wahrscheinlichkeitsfunktion c den folgenden Lehrsatz zu beweisen.

Theorem 11
Für beliebige Teilmengen $A, B \subseteq Zb$ gilt:

(a) $P_c(A) \geqq 0$;
(b) $P_c(Zb) = 1$;
(c) wenn $A \cap B = \emptyset$, dann $P_c(A \cup B) = P_c(A) + P_c(B)$;
(d) $P_c(A) = 0$ genau dann, wenn $A = \emptyset$;
(e) wenn $A \neq \emptyset$, dann $P_c(B/A) = \dfrac{P_c(A \cap B)}{P_c(A)}$.

Mit den letzten Ausführungen wurde der Zusammenhang des Begriffs der regulären Wahrscheinlichkeitsfunktion mit dem Begriff der Wahrscheinlichkeit aus der Wahrscheinlichkeitstheorie aufgezeigt.

5. Regeln des induktiven Schließens

Unter Verwendung der angegebenen Lehrsätze der Wahrscheinlichkeitslogik können für eine beliebige reguläre Wahrscheinlichkeitsfunktion c die Theoreme 12 bis 15 bewiesen werden, die zur Begründung der von *Polya* formulierten Regeln des induktiven Schließens dienen.

Theorem 12
Für beliebige Sätze D, D', E und H gilt:
(a) Wenn $ef(H \wedge E)$ und $(H \wedge E)\,fl\,D$ und nicht $E\,fl\,D$, dann $c(H, (E \wedge D)) > c(H, E)$;
(b) wenn $ef(H \wedge E)$ und $(H \wedge E)\,fl\,D$ und $(H \wedge E)\,fl\,D'$ und $c(D', E) < c(D, E)$, dann $c(H, (E \wedge D')) > c(H, (E \wedge D))$.

Theorem 13
Für beliebige Sätze D, D', E und H gilt:
(a) Wenn $ef(\sim H \wedge E)$ und $(E \wedge D)\,fl\,H$ und nicht $E\,fl \sim D$, dann $c(H, (E \wedge \sim D)) < c(H, E)$;
(b) wenn $ef(\sim H \wedge E)$ und $(E \wedge D)\,fl\,H$ und $(E \wedge D')\,fl\,H$ und $c(D', E) > c(D, E)$, dann $c(H, (E \wedge \sim D')) < c(H, (E \wedge \sim D))$.

Theorem 14
Für beliebige Sätze D, D', E und H gilt:
(a) Wenn $ef(H \wedge E)$ und $(H \wedge E)\,fl \sim D$ und nicht $E\,fl \sim D$, dann $c(H, (E \wedge \sim D)) > c(H, E)$;
(b) wenn $ef(H \wedge E)$ und $(H \wedge E)\,fl \sim D$ und $(H \wedge E)\,fl \sim D'$ und $c(D', E) > c(D, E)$, dann $c(H, (E \wedge \sim D')) > c(H, (E \wedge \sim D))$.

Theorem 15
Für beliebige Sätze D, D', E und H gilt:
(a) Wenn $ef(H \wedge E)$ und $ef(\sim H \wedge E)$ und $c(D, (H \wedge E)) > c(D, (\sim H \wedge E))$, dann $c(H, (E \wedge D)) > c(H, E)$;
(b) wenn $ef(H \wedge E)$ und $ef(\sim H \wedge E)$ und $c(D', (H \wedge E)) > c(D, (H \wedge E))$ und $c(D', (\sim H \wedge E)) < c(D, (\sim H \wedge E))$, dann $c(H, (E \wedge D')) > c(H, (E \wedge D))$.

Es erfolgt nun eine Deutung der Theoreme dieses Abschnitts im Hinblick auf die Regeln des induktiven Schließens, die durch sie begründet werden.
Im Theorem 12 werden die Ergebnisse der Untersuchung einer Konsequenz aus einer Hypothese zusammengefaßt:
(a) „Die Verifizierung einer Konsequenz macht eine Vermutung glaubwürdiger.“[7]
(b) „Die auf der Verifizierung einer Konsequenz einer Vermutung beruhende Zu-

[7] G. Polya, Mathematik und plausibles Schließen, a. a. O., S. 185.

nahme des Vertrauens zu dieser Vermutung steht im umgekehrten Verhältnis zu der Glaubwürdigkeit der Konsequenz vor ihrer Verifizierung."[8]

Wird als Satz *E* eine Konjunktion der bereits verifizierten Konsequenzen aus einer Hypothese *H* gewählt, dann kann das Theorem 12 außerdem wie folgt gedeutet werden:

(a) „Die Verifizierung einer neuen Konsequenz erhöht unser Vertrauen zu der Vermutung, wenn nicht die neue Konsequenz in den vorher verifizierten logisch mit eingeschlossen ist."[9]

(b) „Die durch die Bestätigung einer neuen Konsequenz bewirkte Zunahme unseres Vertrauens ... steht im umgekehrten Verhältnis zu der im Licht der vorher verifizierten Konsequenzen bewerteten Glaubwürdigkeit der neuen Konsequenz."[10] „Diejenige Konsequenz, die im Licht der vorhergehenden Verifizierungen beurteilt die bessere Chance hat, die aufgestellte Behauptung zu widerlegen, wird die stärkere induktive Beweisstütze abgeben, wenn sie sich der Erwartung entgegen bestätigt."[11]

Im Theorem 13 werden die Ergebnisse der Untersuchung eines Beweisgrundes für eine Hypothese zusammengefaßt:

(a) „Unser Vertrauen zu einer Vermutung kann nur abnehmen, wenn sich ein möglicher Beweisgrund für diese Vermutung als unzutreffend erweist."[12]

(b) „Je größer das Vertrauen ist, das wir auf einen möglichen Beweisgrund unserer Vermutung setzen, um so größer wird der Verlust des Vertrauens zu dieser Vermutung sein, wenn dieser mögliche Beweisgrund widerlegt wird."[13]

Im Theorem 14 werden die Ergebnisse der Untersuchung einer mit einer Hypothese unverträglichen Konkurrenzvermutung zusammengefaßt:

(a) „Unser Vertrauen zu einer Vermutung kann nur zunehmen, wenn eine mit ihr unverträgliche Konkurrenzvermutung sich als unzutreffend erweist."[14]

(b) „Je größer das Vertrauen ist, das wir auf eine mit unserer Vermutung unverträgliche Konkurrenzvermutung setzen, um so größer wird die Zunahme unseres Vertrauens zu unserer Vermutung sein, wenn sich diese Konkurrenzvermutung als unzutreffend erweist."[15]

Im Theorem 15 werden die Ergebnisse der Untersuchung einer Indizienbehauptung zu einer Hypothese zusammengefaßt:

(a) „Wenn ein gewisser Umstand mit einer gewissen Vermutung zusammen glaubwürdiger ist als ohne diese Vermutung, kann die Bestätigung des Umstands die Glaubwürdigkeit jener Vermutung nur erhöhen."[16]

[8] Ebenda, S. 186.
[9] Ebenda, S. 192.
[10] Ebenda, S. 192f.
[11] Ebenda, S. 193.
[12] Ebenda, S. 189.
[13] Ebenda, S. 189.
[14] Ebenda, S. 190.
[15] Ebenda, S. 191.
[16] Ebenda, S. 195.

(b) Je glaubwürdiger ein Umstand mit einer gewissen Vermutung und je weniger glaubwürdig der Umstand ohne diese Vermutung ist, „um so mehr wird die Bestätigung dieses Umstands die Glaubwürdigkeit der Vermutung stärken"[17].

Eine exakte Formulierung der durch die Theoreme 12 bis 15 begründeten Regeln des induktiven Schließens hat folgenden Wortlaut:

1.a) Man darf nach der Verifizierung einer Konsequenz aus einer Hypothese mit einer größeren Wahrscheinlichkeit auf die Wahrheit der Hypothese schließen als vor der Verifizierung der Konsequenz.

b) Man darf nach der Verifizierung einer Konsequenz aus einer Hypothese mit einer um so größeren Wahrscheinlichkeit auf die Wahrheit der Hypothese schließen, je kleiner die Wahrscheinlichkeit der Wahrheit der Konsequenz vor ihrer Verifizierung war.

2.a) Man darf nach der Falsifizierung eines Beweisgrundes für eine Hypothese mit einer größeren Wahrscheinlichkeit auf die Falschheit der Hypothese schließen als vor der Falsifizierung des Beweisgrundes.

b) Man darf nach der Falsifizierung eines Beweisgrundes für eine Hypothese mit einer um so größeren Wahrscheinlichkeit auf die Falschheit der Hypothese schließen, je größer die Wahrscheinlichkeit der Wahrheit des Beweisgrundes vor seiner Falsifizierung war.

3.a) Man darf nach der Falsifizierung einer mit einer Hypothese unverträglichen Konkurrenzvermutung mit einer größeren Wahrscheinlichkeit auf die Wahrheit der Hypothese schließen als vor der Falsifizierung der Konkurrenzvermutung.

b) Man darf nach der Falsifizierung einer mit einer Hypothese unverträglichen Konkurrenzvermutung mit einer um so größeren Wahrscheinlichkeit auf die Wahrheit der Hypothese schließen, je größer die Wahrscheinlichkeit der Wahrheit der Konkurrenzvermutung vor ihrer Falsifizierung war.

4.a) Man darf nach der Verifizierung einer Indizienbehauptung zu einer Hypothese mit einer größeren Wahrscheinlichkeit auf die Wahrheit der Hypothese schließen als vor der Verifizierung der Indizienbehauptung.

b) Man darf nach der Verifizierung einer Indizienbehauptung zu einer Hypothese mit einer um so größeren Wahrscheinlichkeit auf die Wahrheit der Hypothese schließen, je größer die Wahrscheinlichkeit der Wahrheit der Indizienbehauptung mit der Hypothese und je kleiner die Wahrscheinlichkeit der Wahrheit der Indizienbehauptung ohne die Hypothese vor ihrer Verifizierung war.

Zum besseren Verständnis der formulierten Regeln des induktiven Schließens sei noch erwähnt, daß man bei einem induktiven Schluß gemäß einer induktiven Methode c mit der Wahrscheinlichkeit $c(H, E)$ aus der Wahrheit der Prämisse E auf die Wahrheit der Konklusion H schließen darf und daß unter der Voraus-

[17] Ebenda, S. 195.

setzung der Wahrheit der Prämisse E die Wahrscheinlichkeit $c(H, E)$, mit der man aus der Wahrheit der Prämisse E auf die Wahrheit der Konklusion H schließen darf, zugleich die Wahrscheinlichkeit der Wahrheit der Konklusion H bezüglich der Prämisse E ist.

6. Adäquate induktive Methoden

Bevor der Begriff der adäquaten induktiven Methode definiert werden kann, müssen noch einige andere Begriffe eingeführt werden. Zunächst wird vorausgesetzt, daß alle Prädikatenkonstanten der zugrunde gelegten Sprache einstellig sind und daß die Anzahl der Prädikatenkonstanten größer als eins ist. Es wird also vorausgesetzt, daß $m > 1$ ist und daß für jedes i mit $1 \leqq i \leqq m$ gilt: $n_i = 1$. Da nunmehr alle Prädikatenkonstanten einstellig sind, wird der obere Index, der die Stellenzahl angibt, weggelassen. Die Spezialisierung der Sprache der formalisierten Theorie hinsichtlich der Stellenzahl der zu ihr gehörenden Prädikatenkonstanten kann ohne Beschränkung der Allgemeinheit vorgenommen werden, da verschiedene Verfahren bekannt sind, die durch die Einführung von Pseudogegenständen und Pseudoeigenschaften die Darstellung der zugrunde gelegten Theorie im Rahmen einer derartigen Sprache ermöglichen. Durch die Voraussetzung hinsichtlich der Anzahl der zur Sprache der formalisierten Theorie gehörenden Prädikatenkonstanten erfolgt lediglich eine für praktische Anwendungen irrelevante Einschränkung bezüglich der Wahl der zugrunde gelegten Theorie. Außerdem kann diese Einschränkung unter einer zusätzlichen Bedingung, die in dieser Abhandlung nicht angegeben wird, wieder aufgehoben werden.

Die m ($m > 1$) einstelligen Prädikatenkonstanten P_i ($1 \leqq i \leqq m$) der zugrunde gelegten Sprache werden von nun an Grundprädikate genannt. Die Grundprädikate bilden eine Familie genau dann, wenn die Gegenstände aus dem Gegenstandsbereich B^n durch die Begriffsextensionen (extensionalen Eigenschaften), die die Standardinterpretation I^+ den Grundprädikaten zuordnet, vollständig (erschöpfend) und disjunkt (elementfremd) klassifiziert werden. Bilden die Grundprädikate eine Familie, so sind sie selbst V-Prädikate. V-Prädikate sind vollständig beschreibende Prädikate.

Bei den folgenden Ausführungen wird vorausgesetzt, daß die Grundprädikate keine Familie bilden. Unter dieser Voraussetzung wird das Alphabet der zugrunde gelegten Sprache durch q ($q = 2^m$) V-Prädikate erweitert. Wenn k eine beliebige natürliche Zahl mit $1 \leqq k \leqq q$ ist und $k - 1 = \sum_{i=1}^{m} v_i(k) \cdot 2^{m-i}$ die dyadische Entwicklung von $k - 1$ ist, dann wird das k-te V-Prädikat V_k durch die Definition $\bigwedge_{j=1}^{n} \left(V_k a_j \leftrightarrow \bigwedge_{i=1}^{m} N_{ki} P_i a_j \right)$ eingeführt, wobei für jedes i mit $1 \leqq i \leqq m$ gilt: Wenn $v_i(k) = 0$ ist, dann ist N_{ki} die leere Zeichenreihe, und wenn $v_i(k) = 1$ ist, dann ist N_{ki} das Negationszeichen $\sim$. Jede zulässige Interpretation I der zugrunde gelegten Sprache wird nun so auf die V-Prädikate ausgedehnt (fortgesetzt), daß für alle j und k mit $1 \leqq j \leqq n$ und $1 \leqq k \leqq q$ gilt: $I(a_j) \in I(V_k)$ genau dann, wenn

$$Wert\left(\bigwedge_{i=1}^{m} N_{ki}P_i a_j, I\right) = W.$$

Die Zeichenreihen $V_k a_j$ mit $1 \leqq j \leqq n$ und $1 \leqq k \leqq q$ werden V-Sätze genannt. Der Wahrheitswert eines V-Satzes $V_k a_j$ bei einer zulässigen Interpretation I ($Wert(V_k a_j, I)$) wird wie folgt bestimmt: Wenn $I(a_j) \in I(V_k)$, dann ist $Wert(V_k a_j, I) = W$, und wenn nicht $I(a_j) \in I(V_k)$, dann ist $Wert(V_k a_j, I) = F$. Beachtet man nun, daß die V-Sätze zu den elementaren Sätzen über dem durch die V-Prädikate erweiterten Alphabet gehören und daß der Begriff des Wahrheitswertes auch für V-Sätze definiert ist, so ergibt sich, daß die Definitionen für die V-Prädikate logisch wahr sind. Da die Definitionen für die V-Prädikate logisch wahr sind, können die q^n Zustandsbeschreibungen unter Verwendung dieser Definitionen logisch äquivalent in Konjunktionen von V-Sätzen umgeformt werden, die von nun an Zustandsbeschreibungen genannt werden. Wenn k eine beliebige natürliche Zahl mit $1 \leqq k \leqq q^n$ ist und $k - 1 = \sum_{i=1}^{n} (w_i(k) - 1) \cdot q^{n-i}$ die q-adische Entwicklung von $k - 1$ ist, dann ist die k-te Zustandsbeschreibung Z_k der Satz $\bigwedge_{i=1}^{n} V_{w_i(k)} a_i$.
Da jeder erfüllbare Satz der zugrunde gelegten Sprache mit einer Alternative von Zustandsbeschreibungen und jeder nicht erfüllbare Satz der zugrunde gelegten Sprache mit der Negation einer Alternative aller Zustandsbeschreibungen logisch äquivalent ist, ist jeder Satz über dem durch die V-Prädikate erweiterten Alphabet mit einem Satz logisch äquivalent, in dem an Prädikaten nur V-Prädikate vorkommen.

Für die weiteren Ausführungen wird folgendes vereinbart:

a) Wenn H ein beliebiger Satz ist, in dem an Prädikaten nur V-Prädikate vorkommen, dann ist $H(a_i/a_j, a_j/a_i)$ ($H(V_k/V_l, V_l/V_k)$) der Satz, der dadurch aus H entsteht, daß in H simultan $a_i(V_k)$ an allen Stellen, an denen $a_i(V_k)$ in H vorkommt, durch a_j (V_l) und a_j (V_l) an allen Stellen, an denen a_j (V_l) in H vorkommt, durch a_i (V_k) ersetzt wird.

b) Wenn E eine beliebige erfüllbare Konjunktion von V-Sätzen ist, dann ist $E(V_k)$ der Satz, der dadurch aus E entsteht, daß jeder in E vorkommende V-Satz $V_l a_j$ mit $l \neq k$ an allen Stellen seines Vorkommens in E durch den negierten V-Satz $\sim V_k a_j$ ersetzt wird.

c) Wenn j und k_j und l beliebige natürliche Zahlen mit $0 \leqq j < n$ und $1 \leqq k_j \leqq q^j$ und $1 \leqq l \leqq q$ sind und $k_j - 1 = \sum_{i=1}^{j} (u_{ji}(k_j) - 1) \cdot q^{j-i}$ die q-adische Entwicklung von $k_j - 1$ ist, dann ist E_{jk_j} der Satz $\bigwedge_{i=1}^{j} V_{u_{ji}(k_j)} a_i$ und $f(j, k_j, l)$ die Anzahl der Elemente der Menge aller i, für die gilt: $1 \leqq i \leqq j$ und $u_{ji}(k_j) = l$.

Es werden nun Begriffe definiert, die zum Begriff der adäquaten induktiven

Methode hinführen. Dabei wird vorausgesetzt, daß c eine reguläre Bestätigungsfunktion ist.

Definition 16

c ist symmetrisch bezüglich der außerlogischen Konstanten genau dann, wenn für jeden Satz H, in dem an Prädikaten nur V-Prädikate vorkommen, und für alle Individuenkonstanten a_i und a_j mit $1 \leqq i, j \leqq n$ und für alle V-Prädikate V_k und V_l mit $1 \leqq k, l \leqq q$ gilt: $c(H, T) = c(H(a_1/a_j, a_j/a_i), T)$ und $c(H, T) = c(H(V_k/V_l, V_l/V_k), T)$.

Definition 17

c läßt irrelevantes Erfahrungswissen unberücksichtigt genau dann, wenn für jeden Satz E, der eine erfüllbare Konjunktion von V-Sätzen ist, und für jede Individuenkonstante a_j mit $1 \leqq j \leqq n$ und für jedes V-Prädikat V_k mit $1 \leqq k \leqq q$ gilt: $c(V_k a_j, E) = c(V_k a_j, E(V_k))$.

Definition 18

c ermöglicht es, aus der Erfahrung zu lernen, genau dann, wenn für alle Individuenkonstanten a_i und a_j mit $1 \leqq i, j \leqq n$ und für jedes V-Prädikat V_k mit $1 \leqq k \leqq q$ gilt: $c(V_k a_j, V_k a_i) > c(V_k a_i, T)$.

Definition 19

c ist eine adäquate induktive Methode genau dann, wenn gilt:

(1) c ist eine reguläre Bestätigungsfunktion,

(2) c ist symmetrisch bezüglich der außerlogischen Konstanten,

(3) c läßt irrelevantes Erfahrungswissen unberücksichtigt,

(4) c ermöglicht es, aus der Erfahrung zu lernen.

Von den vier Bedingungen, die in die Definition einer adäquaten induktiven Methode c eingehen, erweist sich nur die Bedingung (3) als problematisch, wonach c irrelevantes Erfahrungswissen unberücksichtigt läßt. Auf Grund der Definition 17 wird durch das Akzeptieren der Bedingung (3) vorausgesetzt, daß bezüglich einer Hypothese, mit der behauptet wird, daß ein Gegenstand eine durch ein V-Prädikat (bei der Standardinterpretation I^+) bezeichnete Eigenschaft besitzt, nur relevant ist, ob die in der Prämisse erwähnten Gegenstände diese Eigenschaft haben oder nicht. Es wird als irrelevant angesehen, welche anderen ebenfalls durch V-Prädikate bezeichneten Eigenschaften die in der Prämisse erwähnten Gegenstände haben, wenn sie nicht die in der Hypothese erwähnte Eigenschaft besitzen. Diese Voraussetzung ist sicher nicht gerechtfertigt, wenn zwischen den durch die V-Prädikate (mittelbar) bezeichneten (intensionalen) Eigenschaften Ähnlichkeiten bestehen, die eine Anordnung dieser Eigenschaften nach Ähnlichkeit ermöglichen. In diesem Falle ist bezüglich der Hypothese durchaus relevant, ob die in der Prämisse erwähnten Gegenstände zu der in der Hypothese erwähnten Eigenschaft benachbarte Eigenschaften besitzen oder nicht. *Carnap* sprach in dem Zusammenhang vom „Einfluß der Ähnlichkeit"[18]. Mit dem Akzeptieren der Bedin-

[18] W. Stegmüller: Probleme und Resultate der Wissenschaftstheorie und Analytischen Philosophie, a. a. O., S. 486.

gung (3) wird also vorausgesetzt, daß zwischen den durch die V-Prädikate bezeichneten Eigenschaften keine Ähnlichkeitsbeziehung besteht. Ob diese Voraussetzung erfüllt ist oder nicht, muß in jedem Anwendungsfall geprüft werden.

Unter Verwendung der angegebenen Definitionen kann der folgende Lehrsatz bewiesen werden, der zum Ausdruck bringt, daß jede adäquate induktive Methode in ihrer Normalform durch eine positive reelle Zahl L gekennzeichnet wird.

Theorem 16

Wenn c eine reguläre Bestätigungsfunktion ist, dann ist c eine adäquate induktive Methode genau dann, wenn es eine positive reelle Zahl L gibt, so daß für alle natürlichen Zahlen j und k_j und l mit $0 \leqq j < n$ und $1 \leqq k_j \leqq q^j$ und $1 \leqq l \leqq q$ gilt:

$$c(V_l a_{j+1}, E_{jk_j}) = \frac{q \cdot f(j, k_j, l) + L}{q \cdot (j + L)}.$$

Auf Grund von Theorem 16 kann man sagen, daß durch die Wahl einer positiven reellen Zahl L die singulären Voraussageschlüsse aus den möglichen Erfahrungsdaten auf die möglichen singulären Voraussagen gemäß der adäquaten induktiven Methode c^L, die in der Normalform durch die positive reelle Zahl L gekennzeichnet wird, festgelegt sind. Man darf gemäß der adäquaten induktiven Methode c^L mit der Wahrscheinlichkeit $\frac{q \cdot f(j, k_j, l) + L}{q \cdot (j + L)}$ aus der Wahrheit des möglichen Erfahrungsdatums E_{jk_j} auf die Wahrheit der möglichen singulären Voraussage $V_l a_{j+1}$ schließen.

Daß eine adäquate induktive Methode c^L tatsächlich durch die positive reelle Zahl L, durch die sie in ihrer Normalform gekennzeichnet wird, vollständig festgelegt ist, kann man wie folgt begründen:

1. Da jede adäquate induktive Methode c^L eine reguläre Bestätigungsfunktion ist, ist der Wahrscheinlichkeitswert $c^L(H, E)$ für einen beliebigen Satz H und einen beliebigen erfüllbaren Satz E berechenbar, wenn die Wahrscheinlichkeitswerte $c^L(Z_k, T)$ für alle Zustandsbeschreibungen Z_k mit $1 \leqq k \leqq q^n$ gegeben sind.

2. Für jedes k mit $1 \leqq k \leqq q^n$ kann der Wahrscheinlichkeitswert $c^L(Z_k, T)$ berechnet werden. Die Zustandsbeschreibung Z_k ist der Satz $\bigwedge_{i=1}^{n} V_{w_i(k)} a_i$. Für jedes j mit $0 \leqq j < n$ wird eine natürliche Zahl $k_j(k)$ so gewählt, daß $k_j(k) - 1 = \sum_{i=1}^{j} (w_i(k) - 1) \cdot q^{j-i}$ ist. Da jede Zustandsbeschreibung Z_k erfüllbar ist, ist auch jedes Konjunktionsglied von Z_k erfüllbar. Aus diesem Grunde erhält man durch Anwendung des Theorems 8(a) unter Verwendung von bereits eingeführten

Abkürzungen das folgende Resultat:

$$c^L(Z_k, T) = c^L\left(\bigwedge_{j=1}^{n} V_{w_j(k)}a_j \cdot T\right) = \prod_{j=1}^{n} c^L\left(V_{w_j(k)}a_j, \bigwedge_{i=1}^{j-1} V_{w_i(k)}a_i\right)$$

$$= \prod_{j=0}^{n-1} c^L\left(V_{w_{j+1}(k)}a_{j+1}, \bigwedge_{i=1}^{j} V_{w_i(k)}a_i\right)$$

$$= \prod_{j=0}^{n-1} c^L(V_{w_{j+1}(k)}a_{j+1}, E_{jk_j(k)}) .$$

Die n Faktoren des Produktes sind als Wahrscheinlichkeitswerte singulärer Voraussageschlüsse gemäß der adäquaten induktiven Methode c^L mit der Wahl von L gegeben. Für jedes k mit $1 \leqq k \leqq q^n$ und für jedes j mit $0 \leqq j < n$ gilt:

$$c^L(V_{w_{j+1}(k)}a_{j+1}, E_{jk_j(k)}) = \frac{q \cdot f(j, k_j(k), w_{j+1}(k)) + L}{q \cdot (j + L)} .$$

7. Optimale induktive Methoden

Zum besseren Verständnis der weiteren Ausführungen werden folgende Vereinbarungen getroffen:

1) Für alle natürlichen Zahlen i und k mit $1 \leqq i \leqq q$ und $1 \leqq k \leqq q^n$ ist $n_i(k)$ die Anzahl der Gegenstände aus dem Gegenstandsbereich B^n, die die durch das V-Prädikat V_i bei der Zustandsbeschreibung Z_k bezeichnete Eigenschaft besitzen.
2) c^L ist diejenige adäquate induktive Methode, die in ihrer Normalform durch die positive reelle Zahl L gekennzeichnet wird.
3) Wenn k und i beliebige natürliche Zahlen mit $1 \leqq k \leqq 2^n$ und $1 \leqq i \leqq q$ sind und $k - 1 = \sum_{j=1}^{n} r_j(k) \cdot 2^{n-j}$ die dyadische Entwicklung von $k - 1$ ist, dann ist die k-te Strukturbeschreibung bezüglich V_i der Satz $\bigwedge_{j=1}^{n} N_{kj}V_ia_j$, wobei für jedes j mit $1 \leqq j \leqq n$ gilt: Wenn $r_j(k) = 0$ ist, dann ist N_{kj} die leere Zeichenreihe, und wenn $r_j(k) = 1$ ist, dann ist N_{kj} das Negationszeichen $\sim$.
4) Unter der Standardalternative einer Menge von Strukturbeschreibungen bezüglich V_i wird die kanonisch geklammerte Alternative aller Strukturbeschreibungen aus dieser Menge in natürlicher Anordnung verstanden. Dabei ist zu beachten, daß die natürliche Anordnung durch die angegebene Numerierung der Strukturbeschreibungen bezüglich V_i bestimmt wird.
5) Für alle natürlichen Zahlen i und k mit $0 \leqq i \leqq n$ und $1 \leqq k \leqq q$ ist D_{ki} die Standardalternative der Menge aller $\binom{n}{i}$ Strukturbeschreibungen bezüglich

V_k, in denen V_k genau i-mal unnegiert vorkommt. Bei der Standardinterpretation I^+ besagt der Satz D_{ki}, daß i der n Gegenstände aus dem Gegenstandsbereich B^n die durch V_k bezeichnete Eigenschaft $I^+(V_k)$ haben, oder, mit anderen Worten, daß $\frac{i}{n}$ die relative Häufigkeit der Eigenschaft $I^+(V_k)$ in B^n ist.

6) Für jede natürliche Zahl j mit $0 < j < n$ ist $E_{jk_j^+}$ derjenige Satz E_{jk_j}, für den gilt: $Wert(E_{jk_j}, I^+) = W$. Dies bedeutet, daß der Satz $E_{jk_j^+}$ das wirkliche Erfahrungsdatum darstellt, nachdem genau j Gegenstände aus dem Gegenstandsbereich B^n hinsichtlich der durch die V-Prädikate bei der Standardinterpretation I^+ bezeichneten Eigenschaften untersucht wurden. Dabei wird vorausgesetzt, daß für jedes i mit $1 \leqq i \leqq j$ der durch a_i bezeichnete Gegenstand $I^+(a_i)$ der i-te untersuchte Gegenstand aus B^n ist und daß der durch a_{j+1} bezeichnete Gegenstand $I^+(a_{j+1})$ derjenige Gegenstand aus B^n ist, der als nächster ($(j + 1)$-ter) untersucht wird.

7) Z_{k^+} ist diejenige Zustandsbeschreibung Z_k, für die gilt: $Wert(Z_k, I^+) = W$.

Welche induktive Methode c^L aus dem Kontinuum der adäquaten induktiven Methoden optimal ist, hängt davon ab, welchen Uniformitätsgrad der Gegenstandsbereich B^n bezüglich der durch die V-Prädikate bei der Standardinterpretation I^+ bezeichneten Eigenschaften besitzt. Ein begriffliches Verständnis dieses Zusammenhangs wird durch die Definitionen 20 und 21 ermöglicht.

Definition 20

U_k ist der Uniformitätsgrad, den der Gegenstandsbereich B^n bezüglich der durch die q V-Prädikate bei der Zustandsbeschreibung Z_k bezeichneten Eigenschaften hat, genau dann, wenn $U_k = \sum_{i=1}^{q} \left(\frac{n_i(k)}{n} \right)^2$ ist.

Definition 21

c^{L_k} ist relativ zum Uniformitätsgrad U_k, den der Gegenstandsbereich B^n bezüglich der durch die q V-Prädikate bei der Zustandsbeschreibung Z_k bezeichneten Eigenschaften hat, optimal genau dann, wenn $L_k = \frac{q \cdot (1 - U_k)}{q \cdot U_k - 1}$ ist.

Nun werden die beiden Definitionen gedeutet. Für den Uniformitätsgrad U_{k^+} gilt auf Grund der Definition 20:

$$U_{k^+} = \frac{\sum_{i=1}^{q} \frac{n_i(k^+)}{n} \cdot \frac{n_i(k^+)}{n}}{\sum_{i=1}^{q} \frac{n_i(k^+)}{n}} .$$

Der Uniformitätsgrad U_{k^+} wird also als gewichteter Mittelwert der relativen Häufigkeiten der q Eigenschaften $I^+(V_1), \ldots, I^+(V_q)$ im Gegenstandsbereich B^n

eingeführt, wobei als Wichtungskoeffizienten die objektiven Wahrscheinlichkeiten ihres Vorkommens erscheinen, die mit den relativen Häufigkeiten $\frac{n_1(k^+)}{n}, \ldots, \frac{n_q(k^+)}{n}$ identisch sind. Aus diesem Grunde wird mit dem Uniformitätsgrad U_{k^+} angegeben, mit welcher durchschnittlichen relativen Häufigkeit man damit rechnen kann, wiederum einen Gegenstand mit einer beliebig vorgegebenen Eigenschaft $I^+(V_l)$ zu beobachten, wenn der gegenwärtig untersuchte Gegenstand bereits diese Eigenschaft besitzt. Von einer relativ zum Uniformitätsgrad U_{k^+} optimalen induktiven Methode $c^{L_{k^+}}$ wird man demnach erwarten, daß sie auf Grund des Erfahrungsdatums $V_l a_1$ der Hypothese $V_l a_2$ den Wahrscheinlichkeitswert U_{k^+} zuordnet. Tatsächlich gilt auf Grund des Theorems 16 und der Definition 21: $c^{L_{k^+}}(V_l a_2, V_l a_1) = U_{k^+}$.

Daß die induktive Methode $c^{L_{k^+}}$ relativ zum Uniformitätsgrad U_{k^+} optimal ist, bedeutet nicht, daß sie in jedem Anwendungsfall den größten Erfolg garantiert, sondern nur, daß man mit ihr bei dem Uniformitätsgrad U_{k^+} im Durchschnitt den größten Erfolg hat. Daraus folgt, daß man selbst bei Kenntnis des Uniformitätsgrades U_{k^+}, den der Gegenstandsbereich B^n bezüglich der q Eigenschaften $I^+(V_1), \ldots, I^+(V_q)$ hat, und bei Anwendung der relativ zum Uniformitätsgrad U_{k^+} optimalen induktiven Methode $c^{L_{k^+}}$ keine Erfolgsgarantie hat. Da man aber mit der Methode $c^{L_{k^+}}$ im Durchschnitt den größten Erfolg hat, ist es von Vorteil, wenn man den Uniformitätsgrad U_{k^+} und damit die Methode $c^{L_{k^+}}$ kennt. Ist der Uniformitätsgrad U_{k^+} nicht bekannt, was in der Regel der Fall ist, so erweist es sich als zweckmäßig, einen Näherungswert für den Uniformitätsgrad U_{k^+} durch Schätzung der relativen Häufigkeiten der q Eigenschaften $I^+(V_1), \ldots, I^+(V_q)$ im Gegenstandsbereich B^n bezüglich des vorhandenen Erfahrungsdatums $E_{jk_j^+}$ mit einer adäquaten induktiven Methode c^L zu ermitteln. Dabei ist zu beachten, daß der Begriff der Schätzung der relativen Häufigkeit der Eigenschaft $I^+(V_k)$ im Gegenstandsbereich B^n bezüglich des Erfahrungsdatums $E_{jk_j^+}$ mit der adäquaten induktiven Methode c^L $(Srh_{c^L}(I^+(V_k), B^n, E_{jk_j^+}))$ wie folgt definiert wird:

$$Srh_{c^L}(I^+(V_k), B^n, E_{jk_j^+}) = \sum_{i=0}^{n} \frac{i}{n} \cdot c^L(D_{ki}, E_{jk_j^+}) .$$

Ein Näherungswert U' für den Uniformitätsgrad U_{k^+} wird nun durch folgende Gleichung bestimmt:

$$U' = \sum_{k=1}^{q} (Srh_{c^L}(I^+(V_k), B^n, E_{jk_j^+}))^2 .$$

Für die Berechnung des Näherungswertes U' ist folgender für jedes k mit $1 \leqq k \leqq q$ bestehender Zusammenhang von Bedeutung:

$$
\begin{aligned}
Srh_{c^L}(I^+(V_k), B^n, E_{jk_j^+}) &= \frac{1}{n} \cdot \sum_{i=1}^{n} c^L(V_k a_i, E_{jk_j^+}) \\
&= \frac{1}{n} \cdot \left(\sum_{i=1}^{j} c^L(V_k a_i, E_{jk_j^+}) + \sum_{i=j+1}^{n} c^L(V_k a_i, E_{jk_j^+}) \right) \\
&= \frac{1}{n} \cdot (f(j, k_j^+, k) + (n - j) \cdot c^L(V_k a_{j+1}, E_{jk_j^+})) \\
&= \frac{1}{n} \cdot \left(f(j, k_j^+, k) + (n - j) \cdot \frac{q \cdot f(j, k_j^+, k) + L}{q \cdot (j + L)} \right) \\
&= c^L(V_k a_{j+1}, E_{jk_j^+}) + \frac{j \cdot L}{n \cdot (j + L)} \cdot \left(\frac{f(j, k_j^+, k)}{j} - \frac{1}{q} \right).
\end{aligned}
$$

In Abhängigkeit von dem Näherungswert U' wird eine positive reelle Zahl L' so bestimmt, daß gilt: $L' = \frac{q \cdot (1 - U')}{q \cdot U' - 1}$.

Unter der Voraussetzung, daß die Anzahl j der bereits untersuchten Gegenstände viel größer als null, aber klein im Vergleich zur Anzahl n der Elemente des Gegenstandsbereiches B^n ist und daß L klein ist im Vergleich zu j, was im wesentlichen nur bedeutet, daß der Gegenstandsbereich B^n sehr viele Gegenstände umfaßt, daß umfangreiche Erfahrungen gemacht wurden und daß den gemachten Erfahrungen (den beobachteten relativen Häufigkeiten) ein großes Gewicht beigemessen wird, ist die induktive Methode $c^{L'}$ relativ zum Erfahrungsdatum $E_{jk_j^+}$ optimal, denn in diesem Falle unterscheiden sich die mit c^L bezüglich $E_{jk_j^+}$ erhaltenen Schätzwerte der relativen Häufigkeiten so wenig von den mit $c^{L'}$ bezüglich $E_{jk_j^+}$ ermittelbaren Schätzwerten für die relativen Häufigkeiten, daß dieser Unterschied vernachlässigt werden kann. Unter der angegebenen Voraussetzung gilt also für jedes k mit $1 \leqq k \leqq q$:

$$Srh_{c^L}(I^+(V_k), B^n, E_{jk_j^+}) \approx Srh_{c^{L'}}(I^+(V_k), B^n, E_{jk_j^+})\,.$$

Aus diesem Grunde kann der durch Schätzung ermittelte Näherungswert U' für den Uniformitätsgrad U_{k^+} nicht nur durch c^L, sondern auch durch $c^{L'}$ gerechtfertigt werden. Dies bedeutet, daß c^L durch Selbstkorrektur zu $c^{L'}$ führt. In diesem Sinne sind die adäquaten induktiven Methoden selbstkorrigierend. Es wird a priori eine Annahme über den Uniformitätsgrad des Gegenstandsbereiches gemacht und damit eine bestimmte induktive Methode als optimal angesehen. Durch das Erfahrungsdatum wird dann jene Annahme über den Uniformitätsgrad teilweise korrigiert, indem die beobachteten relativen Häufigkeiten berücksichtigt werden.

Mit den letzten Ausführungen wurde gezeigt, wie man eine relativ zum vorhandenen Erfahrungswissen optimale induktive Methode ermitteln kann. Durch eine derartige induktive Methode wird eine akzeptierbare Wahrscheinlichkeitsbewertung für alle Paare von Sätzen der zugrunde gelegten Sprache, in denen der zweite Satz nicht logisch falsch ist, festgelegt. Werden gemäß der *Carnap*schen Forderung des Gesamtdatums nur jene Paare von Sätzen zur Wahrscheinlichkeitsbewertung herangezogen, in denen der zweite Satz das gesamte vorhandene Wissen zum Ausdruck bringt und daher eine Konjunktion der als wahr akzeptierten Sätze ist, so erhält man für alle Sätze der zugrunde gelegten Sprache, insbesondere für die Sätze, die Hypothesen darstellen, die Wahrscheinlichkeit ihrer Wahrheit auf Grund des vorhandenen Wissens.

Personenregister

Sachregister